普通高等学校工程材料及机械制造基础
创新人才培养系列教材

工程实践教程
（非机械类）

主　编　骆　莉　杨　雄　陈仪先
副主编　夏先平　吴海华　常万顺

华中科技大学出版社
中国武汉

内容简介

本书根据教育部高等院校机械学科教学指导委员会机械基础课程教学指导分委员会工程材料及机械制造基础课程指导小组修订的“机械制造实习教学基本要求”的精神编写。

本书共分工程材料、毛坯成形、切削加工3篇，内容包括工程材料简介、钢的热处理、铸造、锻压、焊接、切削加工基础、车削加工、刨削加工、铣削加工、磨削加工、钳工、数控加工、电火花加工等13章。书中采用最新国家标准。

本书特点：实践教学内容以传统机械制造工艺为基础，进而介绍先进的制造工艺和方法。注重培养学生理论联系实际的意识和能力，通过实际制作产品或作品，强化学生的工程实践效果；充分发挥学生的潜力，激发学生的创新思维，为学生参加“创新制作”、“创业计划”等大赛及今后工作做好相关知识和能力储备。

本书是高等院校非机械类专业的工程实践教材，也可供职工大学、电视大学等相关专业选用。

图书在版编目(CIP)数据

工程实践教程(非机械类)/骆莉　杨雄　陈仪先　主编.—武汉：华中科技大学出版社，2010.8 (2025.7重印)

ISBN 978-7-5609-6248-1

Ⅰ.工…　Ⅱ.①骆…　②杨…　③陈…　Ⅲ.金属加工-高等学校-教材　Ⅳ.TG

中国版本图书馆 CIP 数据核字(2010)第095802号

工程实践教程(非机械类)　　骆 莉　杨 雄　陈仪先　主编

策划编辑：徐正达
责任编辑：姚同梅
封面设计：刘　卉
责任校对：朱　霞
责任监印：徐　露
出版发行：华中科技大学出版社(中国·武汉)　电话：(027)81321913
武汉市东湖新技术开发区华工科技园　邮编：430223
录　　排：华中科技大学惠友文印中心
印　　刷：河北虎彩印刷有限公司
开　　本：710mm×1000mm　1/16
印　　张：13.5
字　　数：286千字
版　　次：2025年7月第1版第11次印刷
定　　价：29.80元

普通高等学校工程材料及机械制造基础
创新人才培养系列教材

编审委员会

序　言

党的十七大提出，要把"提高自主创新能力、建设创新型国家"作为国家发展战略的核心和提高综合国力的关键。这是时代对我们提出的迫切要求。

改革开放以来，我国的经济建设取得了举世瞩目的成就，科学技术发展步入了一个重要跃升期。然而，与世界先进国家相比，我国科技缺乏原创性和可持续的动力，缺乏跨学科、跨领域重大继承创新的能力，缺乏引领世界科技发展的影响力。同时，我国科技人员的知识结构、业务能力、综合素质显得不足。多年以来形成的学校教育与社会教育的隔阂、智力教育与能力教育的隔阂、自然科学与社会科学的隔阂，造成了几代人科技创新能力的缺陷。时代呼唤各种类型的创新人才，知识的创新、传播和应用将成为社会发展的决定因素。

担负着培养创新人才重任的高等学校，如何培养创新人才呢？我以为有两点非常重要：创新教育和创新实践。湖北省金属工艺学教学专业委员会近年来完成了省级教学改革项目"工程材料及机械制造基础系列课程教学内容和课程体系改革的研究与实践"，获得湖北省教学成果二等奖，并在全省十几所大学中推广应用，取得了良好的教学效果，由此带动了一批新的教学研究课题的开展。这是在创新教育和创新实践方面的有益尝试。

要进行创新教育，应当站在巨人的肩膀上，而这位巨人就是各门科学的重点基础课。只有打下了牢固的基础，才能自如地实现向新领域的转变，才能具有可靠的应变能力和坚实的后劲。没有良好的理论基础和知识结构，创新与创造就将成为无源之水、无本之木。然而，传统教育重传习、重因袭，缺乏对学生探究问题的鼓励，这极大地制约了学生智力的培养和独创性的发挥。因此，亟须在基本教育理念方面进行变革，在教学活动的实施中加强创新意识，在教材的编写中注入大量创新元素。在有效提升学生的创新品质方面，学校和教师有着不可替代的影响力和感召力。因此，重新理清"工程材料及机械制造基础系列课程"教学改革和教材编写的发展思路，探索该教学课程体系的内容与教学方法，是一项迫在眉睫而又意义深远的工作。

科学的目的在于认识，而技术与工程的目的则在于实践，创造性思维基于实践，始于问题。正如杨叔子院士所说："创新之根在实践。"对培养高素质创新人才而言，加强实践性教学环节具有重要的基础性作用和现实意义。工科教学的特征是实用性强，专业性强，方法性强，必须让学生从书本和课堂中适度解放出来，通过接触实践，接触实际问题，来增强学生对课堂书本知识的理解和掌握，以减少传习教学色彩，使学生获取宽广的工程感性知识。

近年来"工程材料及机械制造基础系列课程"教学改革实践表明，按照教学体系的总体方案和学生认知水平的发展，创新实践教育的内容似可划分为三个层次。第一层次，针对低年级学生的知识背景，着重让学生建立起工程系统概念，初步学会选用材料和选择制作工艺，了解制作对象的结构工艺性及常用的技术装备。第二层次，着手训练学生的动手能力与创新意识。首先通过基础科学原理的实验训练，养成科学、规范的研究习惯与方法；其次通过技术基础课程实验训练，了解工程技术创新的方法和过程；最后，也是最重要的一点，通过验证基础科学原理和技术科学原理的动手过程，切身体验科学发现与工程创新的方法与历程。第三层次，通过专业课程实验、课程设计、生产实习和毕业论文研究等综合实践环节，着重培养学生分析问题、解决问题的能力，让学生体会如何在工程上应用与发挥自身知识和能力，进行学以致用的过渡。

湖北省金属工艺学教学专业委员会在组织实施"工程材料及机械制造基础系列课程"教学改革实践基础上，提出了"以工业系统认知为基础，以工艺实验分析能力为根本，以工艺设计为主线，加强工程实践，注重工艺创新"的教学新思路，打破了原有四门课程（金工实习、工程材料、材料成形工艺基础和机械制造基础）相对隔离的现状，改善了课程结构体系，努力实现整体优化，体现基于问题的学习、基于项目的学习、基于案例的学习以及探究式学习的创新教育思想，并在此基础上建立起新型的工业培训中心教学基地，大大推动了本系列课程的发展。

呈献给大家的"普通高等学校工程材料及机械制造基础创新人才培养系列教材"，是湖北省金属工艺学教学专业委员会获得省优秀教学成果二等奖后，与华中科技大学出版社经过进一步探索和实践取得的新成果，拟由《工程系统认识实践》（理工科通识）、《工程材料》、《材料成形工艺基础》、《机械制造基础》、《工程材料及其成形工艺》、《材料成形及机械制造工艺基础》、《机械制造工艺基础》、《制造工艺综合实验》、《基于项目的工程实践》(机械及近机械类)、《工程实践教程》(非机械类)、《工程实践报告》等组成。它通过构建新的课程体系,改革教学内容、教学方法与教学手段,以期达到整体优化,促进学生的知识、能力和素质的均衡发展,特别是培养学生的工程素质、创新思维能力和独立获取知识的能力。殷切希望该系列教材能够得到广大读者和全国同仁的关心、支持和帮助。相信经过湖北省金属工艺学教学专业委员会的统一规划和各高校师生的团结协作,汲取国内同行课程改革的成功经验,遵循"解放思想、实事求是"的原则,我们能够进一步转变教育观念,在教学改革上更上一层楼。

面对科学技术的飞速发展,面对全球信息化浪潮的挑战,我们必须贯彻落实科学发展观,坚持与时俱进的精神品质,讲求竞争,倡导无私无畏的开拓精神,为全面提高全民族的创新能力,建设创新型国家培养更多的创新人才。

谨此为序。

教育部高等学校机械学科教学指导委员会委员
材料成型与控制工程专业教学指导分委员会副主任
湖北省金属工艺学教学专业委员会理事长
华中科技大学常务副校长,教授

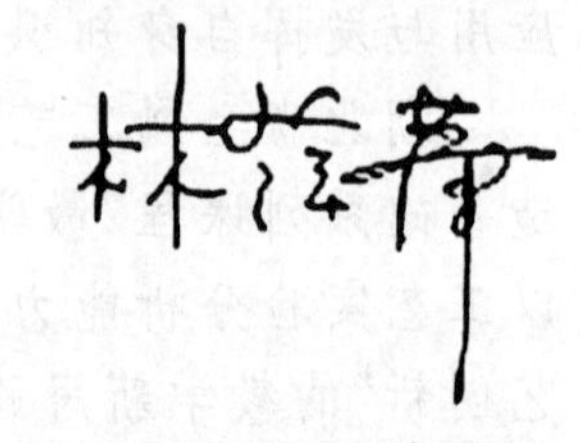

2010 年 8 月于喻家山

前　言

工程实践是一门实践性技术基础课，是工科非机械类学生必备的技能训练课，以及经管类学生增加工程背景、培养综合素质的重要必修课。本课程的教学目的是培养学生的工程实践能力和创新意识。

本书根据教育部高等院校机械学科教学指导委员会机械基础课程教学指导分委员会工程材料及机械制造基础课程指导小组修订的"机械制造实习教学基本要求"的精神，并结合相关专业人才培养目标及编者多年的工程实践教学改革经验编写而成。

本书特点如下：

(1)注重教材内容的基础性和实用性，力求文字简练、图文并茂，并采用最新国家标准，以期起到指导工程实践教学的目的；

(2)注重实践教学内容合理配置，以精选的传统机械制造工艺为基础，进而介绍先进的现代制造技术及工艺方法；

(3)注重培养学生理论联系实际的意识和能力，通过实际制作产品或作品，强化学生的工程实践效果，以充分发挥学生的潜力，激发学生的创新思维，培养其综合素质。

本书由武汉纺织大学骆莉、长江大学杨雄、武汉工业学院陈仪先任主编，武汉工程大学夏先平、三峡大学吴海华、海军工程大学常万顺任副主编。本书编写分工情况如下：骆莉编写第6、7、8章，杨雄编写第9、10、11章，陈仪先编写第3章，夏先平、宛农(武汉工业学院)合编第1章，吴海华、常旺宝(三峡大学)、郑晓(武汉工业学院)共同编写第12、13章，骆莉、常万顺、郭毕佳(武汉纺织大学)共同编写第2、4章，吴修德(长江大学)、龚文邦(武汉纺织大学)共同编写第5章。

由于编者水平有限，书中难免存在不妥之处，敬请广大读者批评指正。

编　者

2010年5月

目　录

第1篇　工程材料

第2篇　毛坯成形

第3篇　切削加工

第1篇　工程材料

第1章　工程材料简介

本章重点　机械制造中常用工程材料性能和特点，不同材料的类型及基本特点，材料科学的发展趋势。

学习方法　先进行集中讲课，然后进行现场教学，让学生按教材中的要求将现场教学和操作中的内容填写入相应的表格中，回答相应的问题。

1.1　金属材料的力学性能

机械工程材料的选用，对机械设备的可靠性和使用寿命有直接影响，与机械设备的制造工艺、成本和生产率也密切相关。作为一名工程技术人员，必须了解材料的性能、牌号及用途。

金属材料的力学性能是指金属材料在外力作用下表现出来的性能，如强度、硬度、塑性和冲击韧度等。

1. 强度

强度是指材料在外力作用下抵抗永久变形和断裂的能力。强度通常以应力的形式来表示。当材料受外力作用而未被破坏时，其内部产生与外力相平衡的抵抗力（即内力），单位截面积上的内力称为应力。

强度可由拉伸试验测定，首先将标准拉伸试样（见图1-1）夹持在拉伸试验机的两个夹头中，然后逐渐增加载荷，直至试样被拉断为止，图1-1右侧为拉伸试样，左侧为低碳钢的拉伸曲线。在点 O 至点 e 范围内，当应力去除后，试样恢复原状，表明材料处于弹性变形阶段；当应力超过点 e 时，材料除产生弹性变形外，还有塑性变形，即应力去除后试样不能恢复原状，尚有部分伸长量残留下来。当应力增大至点 H 后，曲线呈近似水平线段，表示应力虽未增加，但试样继续伸长，这种现象称为屈服。此后，欲使试样继续伸长又需增加外力，到点 m 后试样出现局部变细的缩颈现象，这是由于试样截面缩小，继续变形所需的应力开始减小，直到点 k 为止，此时试样在缩颈处断裂。

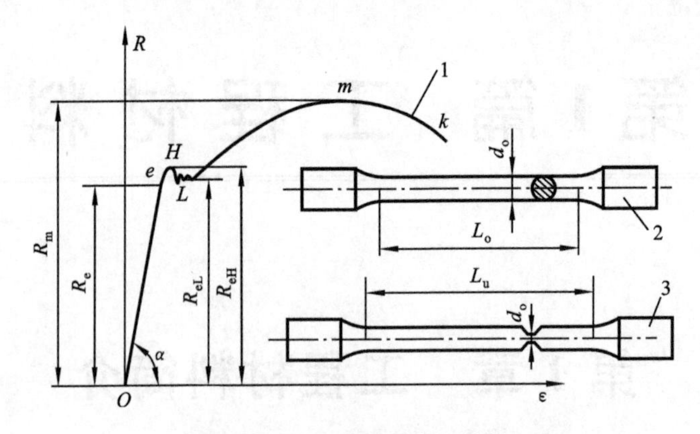

图 1-1　拉伸试样与拉伸曲线

1—低碳钢拉伸曲线　2—拉伸试样　3—拉断后的试样

常用的强度指标有屈服强度和抗拉强度两种。

(1) 屈服强度　当材料呈现屈服现象时，在试验期间达到塑性变形发生而力不增加的应力点称为屈服强度(yield strength)。

试样发生屈服而力首次下降前的最高应力称为上屈服强度 R_{eH}；在屈服期间，不计初始瞬时效应时的最低应力称为下屈服强度 R_{eL}。如

$$R_{eL} = \frac{F_{eL}}{S_o} \quad (\text{MPa})$$

式中　F_{eL}——试样产生下屈服现象时承受的载荷(N)；

S_o——试样原始横截面积(mm^2)。

由于许多金属材料(如高碳钢、铸铁等)没有明显的屈服现象，所以工程中规定残余延伸率为 0.2%时的应力称为“规定残余延伸强度”(条件屈服强度)$R_{r0.2}$。

(2) 抗拉强度　抗拉强度(tensile strength)以 R_m(旧标准中为 σ_b)表示，是指材料在断裂前能承受的最大力 F_m的应力。

$$R_m = \frac{F_m}{S_o} \quad (\text{MPa})$$

式中　F_m——试样在拉断前承受的最大载荷(N)；

S_o——试样原始横截面积(mm^2)。

大多数机械零件工作时都不允许产生塑性变形，所以屈服强度是零件设计的主要参数，而对于因断裂而失效的零件，则用抗拉强度作为零件设计的主要参数。

塑性是金属材料在外力作用下，产生永久变形而不破坏的性能。常用的塑性指标有断后伸长率 A 和断面收缩率 Z，定义

$$A = \frac{L_u - L_o}{L_o} \times 100\%$$

$$Z = \frac{S_o - S_u}{S_o} \times 100\%$$

式中　L_o——试样原始标距(mm)；

L_u——试样断后标距(mm)；

S_o——试样原始横截面积(mm^2)；

S_u——试样断后最小横截面积(mm^2)。

用同样材料、不同长度的试样测得的断后延伸率将有所不同，应分别标以不同符号。用长试样($L_o=11.3\sqrt{S_o}$)测得的伸长率，以 $A_{11.3}$ 表示；用短试样($L_o=5.65\sqrt{S_o}$)测得的伸长率以 A 表示。在比较不同材料的断后伸长率时，应采用同样规格的试样进行测试。由于测定 $A_{11.3}$ 比较方便，一般情况下用 $A_{11.3}$ 作为塑性指标。

金属材料的塑性好坏对零件的加工和使用具有重要意义。塑性好的材料能顺利地进行锻压、轧制等成形工艺；使用时万一超载，也因产生塑性变形而不致立即断裂。因此大多数零件除要求具有较高强度外，还必须具有一定塑性，一般 $A_{11.3}$ 达到5%或 Z 达到10%就能满足使用要求。片面追求材料的塑性指标会导致强度降低，是不合适的。

2. 硬度

硬度(hardness)是金属材料抵抗硬物侵入其内部的能力。常用的硬度表示法有布氏硬度(HBS或HBW)和洛氏硬度(HRC)两种。

(1) 布氏硬度　布氏硬度是用直径为 D 的淬火钢球或硬质合金钢球，在规定载荷 F 作用下，压入试样表面并保持一定时间，然后卸除载荷，在试样上留下直径为 d 的压痕，以压痕单位球面积上所承受载荷的大小来确定的。布氏硬度值可按试验时的压痕直径 d，直接查表得出。布氏硬度的测定方法如图1-2所示。

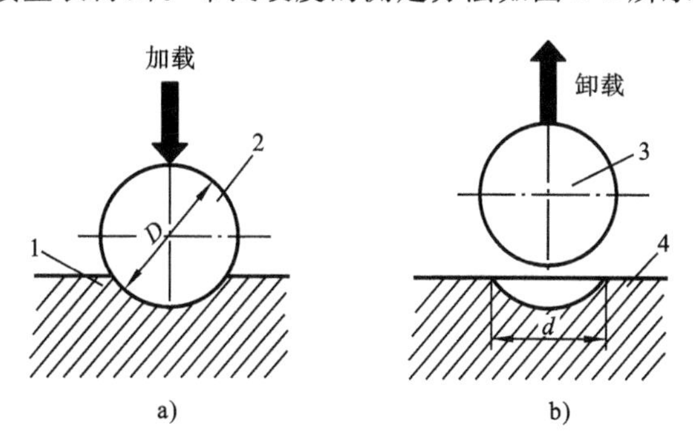

图1-2　布氏硬度测定示意图

a) 加载　b) 卸载

1,4—被测金属　2,3—压头

硬度值写在硬度符号之前。当用淬火钢球作为压头时，硬度符号为HBS，适用于测定较软的金属，如灰铸铁、非铁金属及经过退火、正火和调质处理的钢，其布氏硬度值小于450。当用硬质合金球作为压头时，硬度符号为HBW，适用于测定布氏硬度值为450～650的较硬的金属。

(2) 洛氏硬度　洛氏硬度是用顶角为 120°的圆锥形金刚石压头压入试样进行测定的，根据压痕深度可从硬度计刻度盘上直接读出洛氏硬度值。其应用范围为 20～67 HRC。

与布氏硬度比较，洛氏硬度测定简便迅速，但由于压痕较小，测量组织不均匀材料的硬度时误差较大。

洛氏硬度和布氏硬度在数值上有以下近似关系：

$$1\ \mathrm{HRC} \approx \frac{1}{10}\ \mathrm{HBS}$$

由于硬度测定简便易行，在不破坏产品的情况下就能进行，而且硬度和其他力学性能指标(如抗拉强度)有一定的关系，所以在零件的技术条件中常标出硬度要求。

3. 冲击韧度

有些机械零件(如汽车上的齿轮、起重机吊钩等)在使用过程中，要承受较大冲击载荷的作用，从而会产生比静载荷作用大得多的应力和变形。因此，对承受冲击载荷的零件，要求其不仅具有较高的强度，而且还必须具有足够的韧度。金属材料抵抗冲击载荷作用的能力称为冲击韧度(sharp toughness)。

冲击韧度的测定是在冲击试验机上进行的。用一定高度的摆锤落下将试样冲断，测出冲断试样所需的冲击功 A_K(单位为 J)，除以试样断口处的横截面积 S($\mathrm{cm^2}$)所得的值，即为冲击韧度 a_K，得

$$a_K = \frac{A_K}{S} \quad (\mathrm{J/cm^2})$$

1.2 金属学基础

1.2.1 金属的晶体构造

固态物质按其原子排列情况可分为晶体(crystal)和非晶体两种。塑料、玻璃、松香等非晶体物质的原子无规则排列，食盐、石墨和金属及其合金等晶体物质的原子有规则排列。

晶体中最简单的原子排列如图 1-3a 所示。为了便于描述晶体中原子排列的规则，把每个原子看成一个点，把这些点用假想线连接起来便形成一个空间格子，称为晶格(crystal lattice)，如图 1-3b 所示。晶格中的每个点称为结点。组成晶格的最基本单元称为晶胞(crystal embryo)，如图 1-3c 所示。

金属的晶格类型很多，最常见的有体心立方晶格和面心立方晶格两种。

(1) 体心立方晶格　体心立方晶格(body-centered cubic)的晶胞是一个立方体，原子分布在立方体的各结点和中心处，如图 1-4a 所示。属于这种晶格类型的金属有 Cr(铬)、Pt(铂)、W(钨)、α-Fe(温度在 912 ℃以下的纯铁)等。

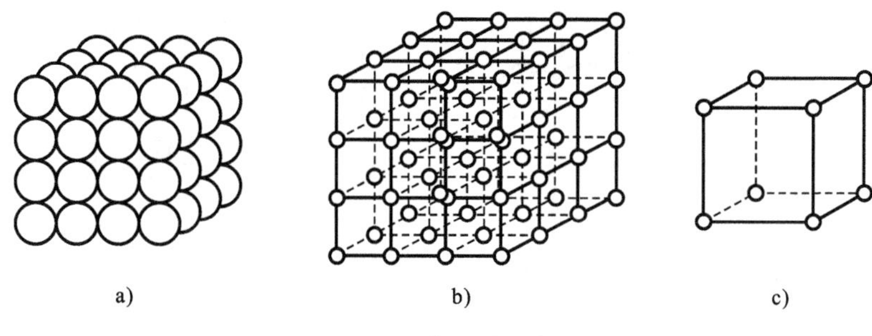

图 1-3 晶体构造示意图

a）晶体中最简单的原子排列 b）晶格 c）晶胞

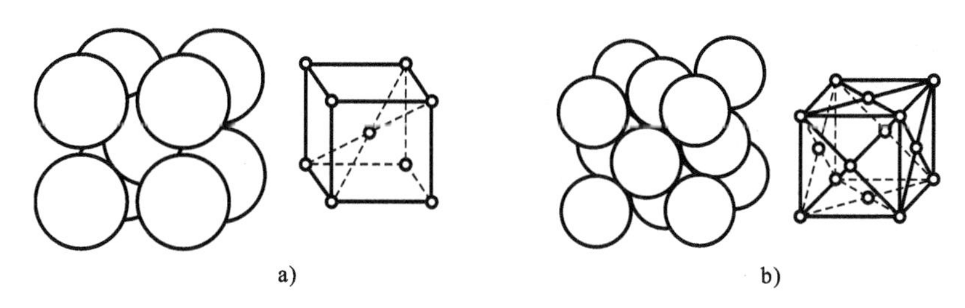

图 1-4 最常见的金属晶格类型

a）体心立方晶格 b）面心立方晶格

（2）面心立方晶格 面心立方晶格（face-centered cubic）的晶胞也是一个立方体，原子分布在立方体的各结点和各面的中心处，如图 1-4b 所示。属于这种晶格类型的金属有 Cu（铜）、Ni（镍）、γ-Fe（温度在 912～1 394 ℃的铁）等。

金属的晶格类型不同，其性能也不同。例如，面心立方晶格的 γ-Fe 的塑性比体心立方晶格的 α-Fe 的塑性好。

1.2.2 合金的基本结构

1. 固溶体

最简单的合金是二元合金，其组成元素有两种，在液态时它们互相溶解，形成成分均匀的液相。当液态金属结晶为固态时，如果这两种元素仍能互相溶解，即形成固溶体（solid solution）。固溶体具有溶剂组元的晶格类型。当溶质原子代替了部分溶剂原子所占据的结点时，称为置换固溶体，如图 1-5a 所示；当溶质原子直径小于溶剂原子直径的 59%时，溶质原子易嵌入溶剂原子各结点之间的空隙内，形成间隙固溶体，如图 1-5b 所示。溶剂晶格中的间隙是有限的，所以溶解度不能很大。铁碳合金中 C（碳）溶解在 α-Fe 中形成的固溶体是间隙固溶体。

固溶体中溶质原子的大小和性质与溶剂的不同，迫使溶剂晶格产生畸变，使合金塑性变形阻力增大，表现为固溶体的强度和硬度增加，这种现象称为固溶强化。它是提高合金力学性能的一种方法。

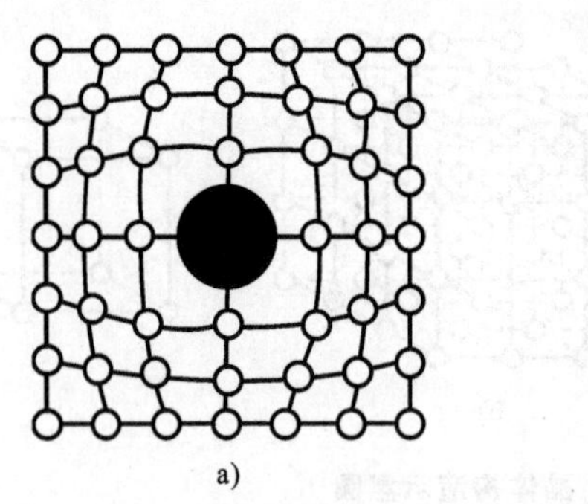
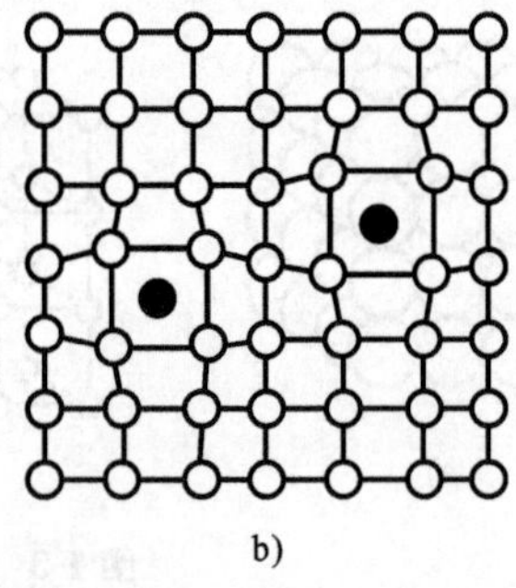

a)　b)

图 1-5　固溶体的晶格畸变

a）置换固溶体　b）间隙固溶体

2. 金属化合物

金属化合物是组元按一定比例结合而成的新物质。其晶格结构较复杂，与原组元完全不同，具有明显的金属特性。金属化合物一般具有熔点高、硬度高、脆性大的特点。这些硬质点在合金中可以提高合金的强度、硬度和耐磨性，降低塑性和韧度。铁碳合金中的 Fe_3C 就是金属化合物，称为渗碳体。这种金属化合物在合金中可以看做一个基本组元。

1.2.3　铁碳合金相图

合金是以一种金属元素为基础，在其中加入其他金属元素或非金属元素，经过熔炼或烧结制成的具有金属特性的材料。例如，钢铁是以铁为基础的铁碳合金。

铁碳合金相图是铁碳合金的含碳量、温度和组织之间关系的图解。

1. 纯铁的同素异晶转变

金属在固态时晶格类型随温度升降而发生变化的现象称为同素异晶转变。

纯铁在 1 538 ℃凝固后呈体心立方晶格（称为 δ-Fe）；当温度降至 1 394 ℃时，原子重新排列成面心立方晶格（称为 γ-Fe）；继续冷却到 912 ℃，纯铁又呈体心立方晶格（称为 α-Fe）。

由于纯铁在不同温度时具有不同晶格类型，对碳元素和其他合金元素的溶解能力不同，因此采用加热和冷却的方法（即热处理），可以改变其组织状态，从而达到改善性能的目的。

2. 铁碳合金的基本组织

铁碳合金有以下五种基本组织。

(1) 铁素体　铁素体（ferrite）是 C 溶解在 α-Fe 中的固溶体，用符号 F 表示，它仍然保持α-Fe的体心立方晶格。由于 C 在 α-Fe 中的溶解度（质量分数）很小（室温时为 0.000 8%，在 727 ℃时为 0.02%），因此其性能与纯铁几乎相同，其强度（R_m = 250 MPa）、硬度（80 HBS）都很低，而塑性很好，断后伸长率（$A_{11.3}$ = 45%～50%）较高。

(2) 奥氏体　奥氏体(austenite)是C溶解在γ-Fe中的固溶体,用符号A表示,它仍然保持γ-Fe的面心立方晶格。C在γ-Fe中溶解度较大,在1 148 ℃时 w_C = 2.11%,在727 ℃时 w_C = 0.77%。奥氏体的强度、硬度较低,塑性很好,所以钢常常加热到奥氏体区内进行锻造。

(3) 渗碳体　渗碳体(cementite)是Fe与C形成的金属化合物 Fe_3C,具有八面体的晶格,结构复杂。其中 w_C = 6.69%。渗碳体的硬度很高,塑性、韧度几乎为零。渗碳体在钢中起强化作用。

(4) 珠光体　珠光体(perlite)是由铁素体和渗碳体组成的机械混合物,用符号P表示。软而韧的铁素体和硬的层片状渗碳体相间,使珠光体既有较高的强度(R_m 约为750 MPa),又有较好的塑性($A_{11.3}$ = 20%～25%)和冲击韧度(a_K = 30～40 J/cm²)。

(5) 莱氏体　莱氏体(ledeburite)是由珠光体和渗碳体组成的机械混合物,用符号 L_d' 表示。在727 ℃以上称为高温莱氏体,用符号 L_d 表示,它是由奥氏体和渗碳体组成的机械混合物。莱氏体硬度很高,塑性很差,脆性大,是形成白口铸铁的基本组织。

3. 铁碳合金相图的特点和特性线

铁碳合金相图是研究钢和铸铁的组织、性能的重要工具,它对于钢铁材料的应用、确定热加工工艺和热处理工艺具有重要的指导意义。相图是通过实验建立的,是根据不同成分合金的冷却曲线,将同类组织转变点连接而成的曲线图形。图1-6是简化后的铁碳合金相图。

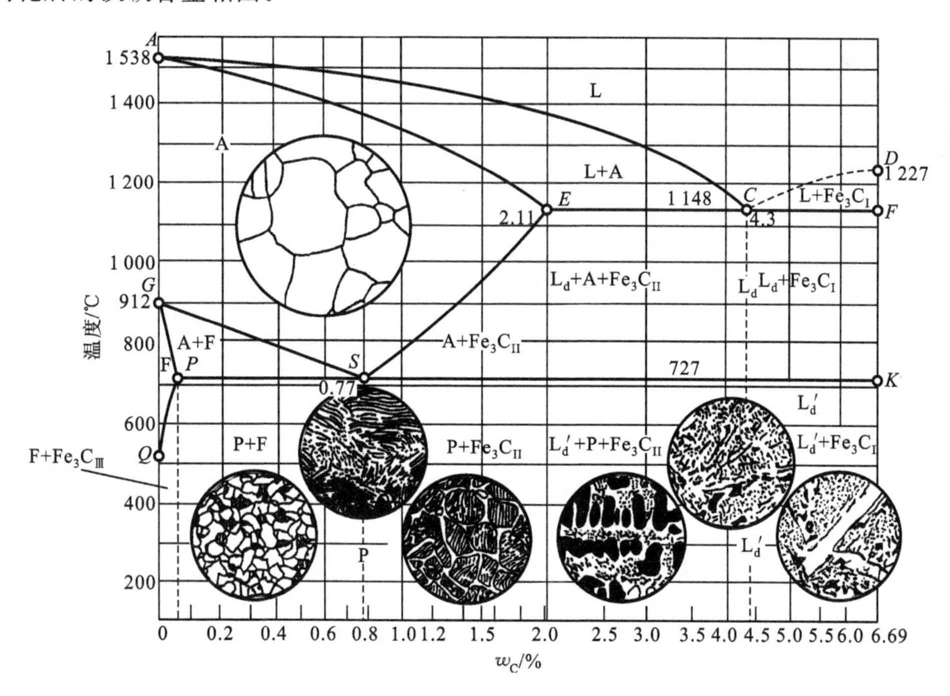

图1-6　铁碳合金相图

图中点和线的意义如下：

① *ACD* 为液相线，所有成分的液态合金冷却到此线时都开始结晶，该线以上为液态。

② *AECF* 为固相线，所有成分的合金冷却到此线时结晶完毕，该线以下为固体。

③ *GS* 为铁素体析出线，代号 A_3，奥氏体冷却到此线时开始析出铁素体。

④ *ES* 为渗碳体析出线，代号 A_{cm}，奥氏体冷却到此线时开始析出渗碳体。

⑤ *PSK* 为共析线，代号 A_1，所有成分的合金冷却到此线时，同时析出铁素体和渗碳体的机械混合物，称为共析转变，转变产物为珠光体。

⑥ *S* 为共析点，它是 A_3 与 A_{cm} 的交点。$w_C=0.77\%$ 的奥氏体冷却到此点时同时析出渗碳体和铁素体的机械混合物——珠光体。

⑦ *C* 为共晶点，共晶是指从一定成分的液态合金中同时产生两种不同晶体的转变。在铁碳合金中，$w_C=4.3\%$ 的液态合金在点 *C* 时结晶出奥氏体和渗碳体的机械混合物，称为莱氏体。因奥氏体在 727 ℃时要产生共析转变，转变为珠光体，故在室温时莱氏体是珠光体和渗碳体组成的机械混合物。

4. 钢的组织转变

依据铁碳合金相图，$w_C>2.11\%$ 的铁碳合金为铸铁(cast iron)，而 $w_C<2.11\%$ 的为钢(steel)。根据 C 的质量分数 w_C 可把钢分为共析钢($w_C=0.77\%$)、亚共析钢($w_C<0.77\%$)和过共析钢($w_C>0.77\%$)。

钢液从高温冷却到液相线时，开始从液体中结晶出奥氏体，温度降到固相线时结晶终止，金属液全部转变为奥氏体。在奥氏体区内组织不发生变化。

共析钢的温度降到 *PSK* 线(即点 *S*)时，奥氏体发生共析反应，形成铁素体和渗碳体的机械混合物——珠光体。所以共析钢的室温组织为珠光体。

亚共析钢的温度降到 *GS* 线时，奥氏体开始析出铁素体。由于铁素体溶碳量少，故剩余奥氏体的溶碳量将增加。当温度到达 *PSK* 线时，铁素体析出量增多，剩余奥氏体中 $w_C=0.77\%$，并产生共析反应，奥氏体转变为珠光体。所以亚共析钢的室温组织为铁素体加珠光体。

过共析钢的温度降到 *ES* 线时，奥氏体开始析出渗碳体(Fe_3C_{II})。为了区别于直接从液态合金中结晶出的渗碳体(Fe_3C_I)，从奥氏体中析出的渗碳体称为二次渗碳体。高温相(Fe_3C_{II})的析出，使剩余奥氏体溶碳量减少。当温度到达 *PSK* 线时，Fe_3C_{II} 析出量增多，剩余奥氏体中 $w_C=0.77\%$，并产生共析反应转变为珠光体。所以过共析钢的室温组织为珠光体加渗碳体。

5. 铸铁的室温组织

根据 C 的质量分数 w_C，铸铁可分为共晶铸铁、亚共晶铸铁和过共晶铸铁。共晶铸铁中 $w_C=4.3\%$，室温组织为莱氏体。亚共晶铸铁中 $w_C=2.11\%\sim4.3\%$，室温组织为珠光体加莱氏体。过共晶铸铁中 $w_C=4.3\%\sim6.69\%$，室温组织为一次渗碳体加莱氏体。

共晶温度(1 148 ℃)与共析温度(727 ℃)之间的莱氏体在冷却过程中要从奥氏体中不断析出二次渗碳体,并在727 ℃时产生共析转变,转变为由珠光体和渗碳体组成的莱氏体。

上述铸铁的组织特点是含有较多的渗碳体。生产上把含有莱氏体的铸铁称为白口铸铁,它很硬很脆,在机械零件中一般很少采用。

1.2.4 铁碳合金相图的应用

铁碳合金相图反映了铁碳合金的组织随温度和含碳量变化的规律,是制订铸造、锻压和热处理等工艺规范的重要依据。

1. 在选择钢铁材料方面的应用

根据铁碳合金室温时的组织,可以判断其大致性能,进而合理选择材料。例如,需要塑性、韧度高的材料时应选用低碳钢($w_C \leqslant 0.25\%$),需要强度、硬度、塑性和韧度等综合力学性能较好的材料时应选用中碳钢($w_C = 0.25\% \sim 0.55\%$),需要硬度高、耐磨性好的材料时应选用高碳钢($w_C > 0.55\%$)。形状复杂的机器底座和箱体等零件常采用铸铁材料制造。

2. 在制订工艺规范方面的应用

在铸造方面,从铁碳合金相图可以判断出铸铁的铸造性能比铸钢好,而铸铁中又以具有共晶成分的铸铁铸造性能为最好。

在锻造方面,可以确定锻造温度范围。碳钢在奥氏体状态时才具有较好的塑性,易于锻造成形,所以碳钢的锻造温度一般控制在800～1 200 ℃之间。

在热处理方面,根据铁碳合金相图提供的组织转变温度可以确定退火、正火和淬火等加热温度。应该指出:铁碳合金相图是反映在极其缓慢加热和冷却条件下组织变化的规律,而热处理是在一定的加热和冷却速度下进行的,实际加热条件下的组织转变温度高于相图的组织转变温度,实际冷却条件下的组织转变温度低于相图的组织转变温度。例如,铁碳合金相图的组织转变温度线为A_1、A_3、A_{cm},而实际加热条件下应加注"c",分别为Ac_1、Ac_3、Ac_{cm};实际冷却条件下应加注"r",分别为Ar_1、Ar_3、Ar_{cm}。

1.3 工业用钢

1.3.1 含碳量对钢的组织及力学性能的影响

C是决定钢铁材料组织和力学性能的最重要的元素。不同含碳量的铁碳合金在室温下的组织如表1-1所示。

表 1-1　钢中含碳量与平衡组织的关系

名　称	w_C/%	室温平衡组织
亚共析钢	0.021 8～0.77	F+P
共析钢	0.77	P
过共析钢	0.77～2.11	P+ $Fe_3C_{Ⅱ}$

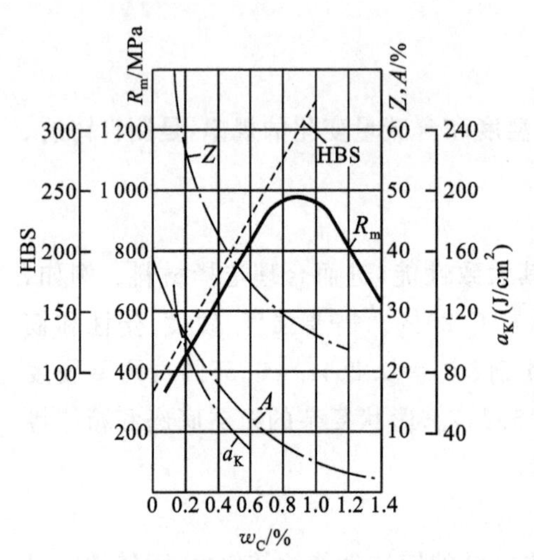

图 1-7　钢中含碳量对力学性能的影响

由表可知,平衡状态下钢的基本组织是由铁素体和渗碳体两相构成的,其中铁素体是软韧相,渗碳体是强化相。随着钢中含碳量的增加,平衡组织中铁素体不断减少,而渗碳体不断增多。随着含碳量的增加,亚共析钢中珠光体增多,铁素体减少,强度、硬度提高,塑性、韧度下降。w_C达到0.77%的共析钢中全部为珠光体,体现了珠光体的性能。过共析钢随着含碳量增加,其渗碳体增加,珠光体减少。特别是当w_C>0.9%时,珠光体晶界上会出现网状渗碳体,这使得钢的强度在达到最大值后开始下降,塑性、韧度继续降低,硬度增加。因此在实际应用中w_C一般不应大于1.4%(见图 1-7)。

1.3.2　钢的种类

钢的种类繁多,分类方法也有多种。一般常用的钢材是 Fe 和 C 的简单合金——碳钢,而在性能上有特殊要求时,则需要采用含有一定数量其他合金元素的钢——合金钢。

1. 碳钢

碳钢(carbon steel)具有良好的力学性能和工艺性能,且价格低廉,一般能满足使用要求,应用非常广泛。为了在生产中合理选择和使用碳钢,必须了解碳钢的分类、牌号、性能和用途。

含碳量对钢材性能有很大影响。w_C<0.25%的碳钢称为低碳钢,w_C=0.25%～0.6%的是中碳钢,w_C>0.6%的是高碳钢。

碳钢中其他微量元素和杂质对钢的性能也有一定影响,特别是 S(硫)、P(磷)等有害杂质。在普通碳素结构钢中 w_P≤0.045%,w_S≤0.050%;在优质碳素结构钢中 w_P≤0.035%,w_S≤0.035%;而在高级优质钢中 w_P≤0.030%,w_S≤0.030%。

碳钢按照用途可分为碳素结构钢和碳素工具钢两大类。碳素结构钢主要用来制造各类工程结构件和机器零件;碳素工具钢都是优质钢,主要用来制造工具、刀具、量具和模具等。

(1) 普通碳素结构钢　普通碳素结构钢含磷、硫量较多，属于低碳钢或含碳较少的中碳钢，大多数不经热处理而直接使用，主要用于一般结构件和不太重要的机器零件(见表1-2)，国标中规定用钢材的屈服强度值为指标来表示该钢材，例如，Q235表示此钢材的屈服强度为235 MPa(钢材厚度或直径不大于16 mm的试样性能)。

表1-2　普通碳素结构钢新旧牌号对照、化学成分、力学性能和用途

碳素结构钢 GB/T 700—2006		普通碳素结构钢 GB 700—79	化学成分(质量分数)/%			脱氧方法	力学性能			用途
			C	S	P (≤)		R_{eL}/MPa (≥)	R_m/MPa (≥)	A/% (≥)	
Q195		A1、B1	0.06～0.12	0.050	0.045	F、b、Z	195	315～390	35	承受载荷不大的金属结构件、垫圈、地脚螺栓、冲压件及焊接件
Q215	A	A2	0.00～0.15	0.050		F、b、Z	215	335～410	31	
	B	C2		0.045						
Q255	A	A3	0.14～0.20	0.050	0.045	F、b、Z	235	375～450	26	金属结构件，心部强度要求不高的渗碳件或经过液体碳氮共渗处理的零件，钢板、钢筋、型钢、螺栓、螺母、心轴等，Q235C和Q235D可用于重要焊接结构件
	B	C3	0.12～0.20	0.045						
	C	—	≤0.18	0.040	0.040	Z				
	D	—	≤0.17	0.035	0.035	TZ				
Q255	A	A4	0.18～0.28	0.050	0.045	Z	255	410～510	24	键、销、转轴、拉杆、链轮、链环片等
	B	C4		0.045						
Q275		C5	0.28～0.38	0.050	0.045	Z	275	490～610	20	

注：表中R_{eL}、A的数值适用于厚度(或直径)不大于16 mm的钢板。考虑钢材的尺寸效应，标准中规定了R_{eL}、A随着钢材厚度(或直径)增大而降低后的数值。

(2) 优质碳素结构钢　优质碳素结构钢含硫、磷量较少，主要用来制造重要的机器零件，大多数要经过热处理。其牌号为两位数字，表示钢中C的平均质量分数为万分之几，例如，20表示20钢，C的平均质量分数为0.20%。

(3) 优质碳素结构钢的用途　各种牌号优质碳素结构钢的用途如下。

① 08钢含碳量低、塑性好，主要用来制造强度要求不高但需经受较大变形的冲压件和焊接件。

② 10～25钢强度低、塑性好，具有好的焊接性，常用来制造冲压件和焊接件，经常用渗碳方法进行热处理，以得到表面耐磨而中心韧度好的零件。

③ 35～50钢经调质处理后，可得到良好的综合力学性能，广泛用来制造齿轮、轴类及套筒等零件。

④ 60 号以上的钢(C 的质量分数最高为 0.7%)经热处理后具有高的弹性,主要用来制造弹簧。

部分优质碳素结构钢的牌号、力学性能和用途如表 1-3 所示。

表 1-3 优质碳素结构钢的牌号、力学性能和用途

牌号	力学性能					应用举例
	R_{eL}/MPa (≥)	R_m/MPa (≥)	A/% (≥)	Z/% (≥)	A_K/J (≥)	
08	195	325	33	60	—	这类钢由于强度低、塑性好、易于冲压与焊接,一般用来制造受力不大的零件,如螺栓、螺母、垫圈、小轴、销子、链等。经过表面渗碳与碳氮共渗处理可用做表面要求耐磨、耐腐蚀的机械零件
10	205	335	31	55	—	
15	225	375	27	55	—	
20	245	410	25	55	—	
25	275	450	23	50	71	
30	295	490	21	50	63	这类钢的综合力学性能和切削加工性均较好,可用来制造受力较大的零件,如主轴、曲轴、齿轮、连杆、活塞销等
35	315	530	20	45	55	
40	335	570	19	46	47	
45	355	600	16	40	39	
50	375	630	14	40	31	
55	380	645	13	35	—	这类钢有较高的强度、弹性和耐磨性,主要用来制造凸轮、车轮、板弹簧、螺旋弹簧和钢丝绳等
60	400	675	12	35	—	
65	410	695	10	60	—	
70	420	715	9	30	—	

注:以上力学性能是正火后的试验测定值,但 A_K 值试样应经调质处理。

(4) 碳素工具钢 碳素工具钢属优质钢。若在钢号后加有“A”字,则为高级优质钢。碳素工具钢的牌号以“T”字开头,后面数字表示 C 的质量千分数。如 T8 表示 w_C=0.8%的高级优质碳素工具钢。淬火后,碳素工具钢的强度、硬度较高。为了便于加工,常以退火状态供应,使用时再进行热处理。

碳素工具钢随着含碳量的增加,硬度和耐磨性增加,而塑性、韧度逐渐降低,故:T7、T8 钢常用来制造要求韧度较高、硬度中等的零件,如冲头、錾子等;T9、T10、T11 钢用来制造要求韧度中等、硬度较高的零件,如钻头、丝锥等;T12、T13 用来制造要求硬度高、耐磨性好、韧度较低的零件,如量具、锉刀等。

2. 合金钢

冶炼时在钢中有目的地加入某些合金元素可以改善钢的力学性能、热处理性能及其他特殊性能(如耐磨性、耐热性、耐蚀性等)。为了达到合金化的目的而加入的一定含量的元素,称为合金元素,这种钢材称为合金钢。

合金钢中,合金元素总的质量分数小于5%的称为低合金钢,合金元素总的质量分数为5%～10%的称为中合金钢,合金元素总的质量分数大于10%的称为高合金钢。

合金钢的种类较多,按用途可分为以下几种。

(1) 合金结构钢　合金结构钢包括低合金高强度钢、渗碳钢、调质钢、弹簧钢等。合金结构钢的牌号以C的质量万分数加上元素符号(或汉字)和数字(合金元素平均质量百分数,当合金元素的平均质量分数小于1.5%时不列出)表示。如09Mn2V,表示C的平均质量分数为0.09%、Mn(锰)的平均质量分数为2%、V(钒)的平均质量分数小于1.5%的合金结构钢。

低合金高强度钢是在普通碳钢的基础上加入少量合金元素,得到的既具有较高强度、又有较好塑性和焊接性的材料,常用来制作井架、输油管道、高压容器、船舷、桥梁等。常用的钢号有Q295(09Mn2)、Q345(16Mn)、Q390(15MnTi)等。

渗碳钢一般C的质量分数很低(0.15%～0.20%),经过表面渗碳处理的零件,其表面耐磨而心部具有较高强度和韧度。加入合金元素是为了提高零件心部的强度和韧度。常用的钢号有20CrMnTi、20Mn2TiB等。

调质钢的C的质量分数为0.3%～0.6%,经调质处理后的零件强度高、韧度好、综合力学性能优良。常用的钢号有40Cr、40CrMnSi、40MnVB等。

弹簧钢的C的质量分数为0.45%～0.70%,经热处理后可获得很高的弹性。常用的钢号有60Mn、60SiMn2等。

(2) 合金工具钢　合金工具钢常用于制造刃具、量具和模具。其牌号与合金结构钢相似,仅含碳量的表示不同。合金工具钢前面只用一位数字表示C的平均质量分数的千分数,在$w_C>1\%$时,则不予标出。如9SiCr钢中$w_C=0.9\%$,Cr12钢中$w_C=2.0\%\sim2.3\%$。常用的有用于制造刀具、刃具的9SiCr、CrWMn等,以及用于制造模具的Cr12、5CrNiMo、3Cr2W8等。

(3) 特殊性能钢　特殊性能钢具有耐蚀、耐热、耐磨、抗磁、导磁等特殊物理或化学性能,其牌号表达方式与合金工具钢的相同。常用的钢号有不锈钢Cr13、1Cr18Ni9,耐热钢15CrMo、4Cr9Si2,耐磨钢Mn13,导磁钢D3200等。

1.4　铸铁和非铁金属

1. 铸铁

铸铁(cast iron)是$w_C>2.11\%$的铁碳合金。铸铁中Si(硅)、Mn、S、P等杂质也比碳素钢的多。虽然铸铁的抗拉强度、塑性和韧度不如钢,无法进行锻造,但它具有优良的铸造性、减振性和切削加工性能,而且熔炼简单、成本低廉,所以铸铁作为优良的铸造材料,在工业中得到了广泛应用。

根据铸铁中C的存在形式不同，铸铁分为白口铸铁和灰铸铁。根据灰铸铁中石墨存在的形态不同，铸铁又分为普通灰铸铁、可锻铸铁、球墨铸铁和蠕墨铸铁等。

(1) 白口铸铁　白口铸铁(white cast iron)中C几乎全部以化合状态(Fe_3C)存在。因其断口呈银白色，故称白口铸铁。其性能硬而脆，很难进行切削加工，工业上很少用它来制造机械零件，主要用做生产可锻铸铁的坯料，在农业机械上常用来制造犁铧等耐磨零件。

(2) 灰铸铁　灰铸铁(gray cast iron)中C主要以片状石墨形式存在，其断口呈暗灰色，故称灰铸铁。它是机械制造中应用最多的一种铸铁。

灰铸铁的牌号由"HT"("灰""铁"两字的汉语拼音首字母)和一组数字(表示最低抗拉强度，单位为MPa)组成。灰铸铁的牌号、力学性能和用途如表1-4所示。

表1-4　灰铸铁的牌号、力学性能和用途

牌　号	R_{eL}/MPa(≥)	适用范围及应用举例
HT100	100	承受低载荷和不重要的零件，如盖、外罩、手轮、支架、重锤等
HT150	150	承受中等静载荷的零件，如底座、工作台、刀架、轴衬套、管路附件等
HT200	200	承受较大静载荷的零件，如汽缸、汽缸体、活塞、齿轮、飞轮、床身、齿轮箱等
HT250	250	
HT300	300	承受大载荷和重要零件，如凸轮、车床卡盘、剪床和压力机的机身、高压油缸、泵体、阀体等
HT350	350	

应该指出，灰铸铁的力学性能与铸件壁厚有关，牌号中所表示的抗拉强度数值是用毛坯直径为30 mm的试棒测得的。同一牌号的灰铸铁在薄壁处由于冷却速度快、析出石墨细小，故抗拉强度较高，在厚壁处则抗拉强度较低。

(3) 可锻铸铁　可锻铸铁(malleable cast iron)中石墨呈团絮状。由于石墨形状有较大程度改善，减弱了石墨对金属基体的割裂作用，因此，力学性能显著提高。"可锻"仅说明它相对灰铸铁有较好的塑性，实际上不能锻造。

可锻铸铁由白口铸铁经石墨化退火而成。在可锻铸铁牌号KTH 300—06中，"H"表示黑心可锻铸铁("KTZ"表示珠光体可锻铸铁)，第一组数字"300"表示最低抗拉强度为300 MPa，第二组数字表示最低断后延伸率为6%。可锻铸铁用于制造薄壁、形状比较复杂、要求具有较高强度和一定塑性的零件，如管子接头、扳手、水龙头等。

(4) 球墨铸铁　球墨铸铁(ductile cast iron)中石墨呈球状。球状石墨对金属基体的割裂作用不大，基体强度利用率可达70%～90%(灰铸铁仅为30%～50%)，因而提高了强度，并具有一定的塑性和韧度，目前已成功地代替了一部分可锻铸铁件、铸钢件和锻件，用来制造受力情况复杂、力学性能要求高的零件，如曲轴、凸轮轴等。

球墨铸铁的牌号表示方法与可锻铸铁的相似。如QT600—2，"QT"表示球墨铸铁，后面第一组数字“600”表示最低抗拉强度为600 MPa，第二组数字“2”表示最低断后延伸率为2%。

2. 非铁金属

工业上把钢铁以外的金属及其合金统称为非铁金属。下面介绍Cu(铜)、Al(铝)及其合金。

(1) 铜及其合金　纯铜又称紫铜，具有优良的导电性、导热性和耐蚀性。工业纯铜主要用来制造导线、热交换器和油管等。纯铜的强度低，很少用来制造机械零件。在机械制造中广泛采用铜合金来制造零件，其中常用的是黄铜和青铜。

① 黄铜　黄铜(brass)是以Zn(锌)为主要添加元素的铜合金。铜中加Zn能提高其强度和塑性。为了提高黄铜的力学性能、耐蚀性和切削加工性，可在普通黄铜中加入Pb(铅)、Mn、Sn(锡)、Si、Al等元素组成特殊黄铜。黄铜主要用来制造弹簧、衬套及耐蚀零件等。

② 青铜　青铜(bronze)是指以Sn为主要添加元素的铜合金，目前以Al、Si、Pb等元素代替Sn的铜合金，也称为青铜。为区别起见，前者称为普通青铜或锡青铜，后者称为特殊青铜或无锡青铜。青铜主要用来制造轴瓦、蜗轮及要求减摩、耐蚀的零件等。

(2) 铝及其合金　纯铝的密度小(2.7 g/cm^3)，导电性、导热性好，仅次于Ag(银)和Cu，在大气中有良好的耐蚀性，塑性好($Z=80\%$)，但强度低($R_m=80\sim100$ MPa)。工业纯铝主要用来制造电线和强度要求不高的日用器皿等。

Al与Si、Cu、Mg、Mn等元素组成的铝合金的强度比纯铝的高，有些铝合金还可以经热处理来提高强度。铝合金用来制造轻质零件，特别是在航空工业中得到了广泛应用。

铝合金可分为形变铝合金和铸造铝合金两种，形变铝合金经压力加工后制成板材、管材等型材，常用来制造飞机结构支架、翼肋、螺旋桨、螺栓、铆钉等。铸造铝合金一般用来制造耐蚀、形状复杂及有一定力学性能的零件，如内燃机汽缸体、活塞等。

1.5　工程塑料

金属材料具有强度高，热稳定性好，导电性、导热性好等优点，但也存在不少缺点，如在要求密度小、耐蚀、电绝缘等场合，往往难以满足使用要求。目前在机械工程中常采用非金属材料，如工程塑料、合成橡胶、工业陶瓷，以及由多种材料(包括金属和非金属材料)制成的复合材料等，以克服单一材料的某些弱点，充分发挥材料的综合性能。例如，由树脂和玻璃纤维制成的复合材料——玻璃钢，既提高了树脂的强度和刚度，又消除了玻璃纤维的脆性，某些性能甚至超过了合金钢。

工程塑料(engineering plastics)是指在工程技术中用做结构材料的塑料。它是以树脂为基础，加入各种添加剂（如增塑剂、润滑剂、稳定剂、填充剂等）制成的。下面介绍常用的工程塑料。

1. 聚酰胺

聚酰胺俗称尼龙，具有坚韧、耐磨、耐疲劳、耐水、耐油、抗霉菌、无毒等优点，但吸水性大，尺寸稳定性差。常用的品种有尼龙 6、尼龙 66、尼龙 610、尼龙 1010、MC 尼龙、芳香尼龙等。尼龙主要用来制造轴承、齿轮、螺栓、螺母及其他小型零件等。

2. 聚甲醛

聚甲醛具有优良的综合力学性能和耐疲劳性能，摩擦因数低而稳定（在干摩擦条件下尤为突出），吸水性较小。但其热稳定性较差，遇火会燃烧，长期在大气中暴晒会老化。聚甲醛广泛用来制造轴承、齿轮、凸轮、辊子等零件。

3. ABS 塑料

ABS 塑料是由丙烯腈（用 A 表示）、丁二烯（用 B 表示）和苯乙烯（用 S 表示）三种组元组成的共聚物，具有坚韧、质硬、刚度高的综合特性，同时尺寸稳定性好，原料易得，价格低廉。ABS 可用来制造汽车方向盘、手柄，飞机机舱的装饰板、仪表盘、机罩以及电视机、电话机的外壳，低浓度酸、碱溶剂的容器、管道等。

4. 聚碳酸酯

聚碳酸酯具有优良的综合力学性能，冲击韧度尤为突出，透明度高，可染成各种颜色，被誉为“透明金属”。但其耐蚀性差，长期浸在沸水中会发生分解或破裂，疲劳强度较低。聚碳酸酯常用来制造轻载齿轮、蜗轮、蜗杆等。由于透明度高，它也用来制造挡风玻璃、帽盔等。

5. 聚四氟乙烯

聚四氟乙烯俗称塑料王，具有非常优良的耐高、低温性能，几乎能耐所有化学药品（包括“王水”）腐蚀，摩擦因数低，仅为 0.04。聚四氟乙烯主要用来制造耐蚀零件、减摩零件、绝缘件等。

表 1-5 列出了上述五种工程塑料的力学性能和使用温度，可供选用时比较。

表 1-5　工程塑料的力学性能和使用温度

塑料名称	抗拉强度 /MPa	抗压强度 /MPa	抗弯强度 /MPa	冲击韧度 /(J/cm²)	使用温度/℃
聚酰胺	45～90	70～120	50～110	4～5	<100
聚甲醛	60～75	～120	～100	～6	−40～100
ABS 塑料	21～63	18～70	25～97	6～53	−40～90
聚碳酸酯	55～70	～85	～100	65～75	−100～130
聚四氟乙烯	21～28	～7	11～14	～98	−180～260

复习思考题

1. 常用的力学性能指标有哪些？各使用什么符号及单位？

2. 金属中有哪些常见晶格类型？纯铁从液态结晶到室温，其晶格类型有哪些变化？

3. 随着含碳量的变化，碳钢的组织和性能会发生什么变化？

4. 简述普通碳素结构钢、优质碳素结构钢、碳素工具钢的牌号及应用。

第 2 章　钢的热处理

本章重点　钢的组织和性能与热处理工艺间的关系，材料及其热处理工艺。

学习方法　先进行集中讲课，然后进行现场教学，最后按照要求，让学生进行选材—热处理—测试性能的操作，并按教材中的要求将现场教学和操作中的内容填写入相应的表中，回答相应的问题。

钢的热处理(heat treatment)是将固态下的钢经过加热、保温和冷却，使其组织结构发生变化，从而获得所需性能的工艺方法。与其他加工工艺相比，热处理最大的特点是在处理前后基本不改变工件的形状和尺寸，仅改变其内部组织和性能。热处理不仅可用于强化钢材，提高零件的使用性能，延长零件的使用寿命，还可以改善钢的加工性能，减少刀具磨损，提高零件的加工质量。因此，热处理在机械制造业中占有十分重要的地位。

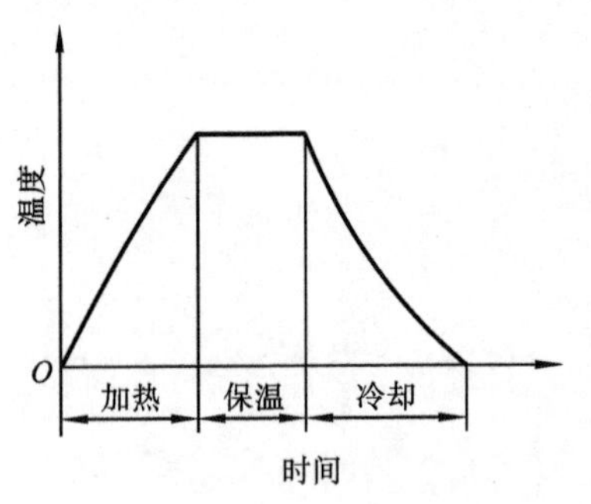

图 2-1　热处理工艺曲线示意图

根据加热和冷却方式的不同，热处理可分为普通热处理、表面热处理和化学热处理三种。热处理工艺过程可用“温度-时间”曲线表示，如图 2-1 所示。

2.1　常用热处理方法

2.1.1　普通热处理

1. 退火

退火(annealing)是将钢加热到适当温度，保温一定时间，然后缓慢冷却(一般随炉冷却)的热处理工艺。

退火的主要目的是降低硬度、消除内应力、改善组织和性能，为后续的机械加工和热处理作准备。生产上常用的退火方法有消除中碳钢铸、锻件组织缺陷的完全退火，改善高碳钢工件(如刀具、量具、模具等)加工性能的球化退火和去除大型铸、锻件内应力的去应力退火等。

2. 正火

正火(normalizing)是将钢加热到适当温度，保温一定时间后在空气中冷却的热处理工艺。

正火的目的是细化晶粒和消除内应力，这与退火的目的基本相同。但由于正火的冷却速度比退火的冷却速度快，故同类钢正火后的硬度和强度要略高于退火的。而且由于正火不是随炉冷却，所以生产率高、成本低。因此在满足性能要求的前提下，应尽量采用正火。普通的机械零件常用正火作最终热处理。

3. 淬火

淬火(quench hardening)是将钢件加热到适当温度，保持一定时间，然后以较快速度冷却(一般在水中或油中冷却)的热处理工艺。

淬火的目的是提高钢的强度和硬度，增加耐磨性，并在回火后获得高强度和一定韧度相配合的性能。因此，淬火是强化钢件最经济、最有效的热处理工艺，几乎所有的工模具和重要的机械零部件都需要进行淬火处理。

(1) 淬火介质　淬火时的冷却物质称为淬火介质。由于不同成分的钢所要求的淬火冷却速度不同，故应通过使用不同的淬火介质来调整钢件的淬火冷却速度。常用的淬火介质有水、油、盐溶液和碱溶液及其他合成淬火介质。淬火冷却的基本要求是：既要使工件淬硬，又要避免产生变形和开裂。因此，选用合适的淬火介质对钢的淬火效果十分重要。

(2) 淬火的操作　工件淬火时浸入淬火介质的操作是否正确，对减小工件变形和避免工件开裂有重要影响。淬火时，应保证工件得到均匀的冷却，以减小工件内应力，并且要保证工件的重心稳定。工件浸入淬火介质的正确方法是：对于厚薄不均的零件，应使厚的部分先浸入淬火介质；对于细长和薄而平的工件，应垂直浸入淬火介质；对于薄壁环状零件，应沿轴线方向垂直浸入淬火介质；对于具有凹槽或不通孔的工件，应使凹面或不通孔部分朝上浸入淬火介质。将各种形状的零件浸入淬火介质的方法如图2-2所示。

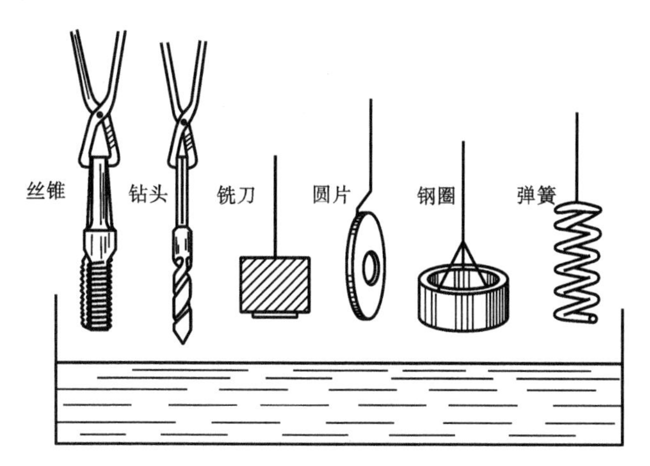

图2-2　将各种形状的零件浸入淬火介质的方法

4. 回火

回火(tempering)是指将淬火钢件重新加热到适当温度，保温一定时间后进行冷却的热处理工艺。

回火的目的是消除和降低淬火钢内应力，防止工件变形和开裂，调整硬度，提高韧性，从而获得强度、硬度、塑性和韧度配合适当的力学性能，稳定钢件的组织和尺寸。为避免淬火工件在放置过程中发生变形和开裂，对一般淬火后的工件必须立即进行回火。

钢件回火后的性能取决于回火加热温度。根据回火加热温度的不同，回火可分为三种。

(1) 低温回火　低温回火(low-temperature tempering，150～250 ℃)的目的是降低淬火内应力，提高工件的韧度，保持淬火后的高硬度和高耐磨性。各种工具、模具、量具淬火后，常采用低温回火。

(2) 中温回火　中温回火(medium-temperature tempering，250～450 ℃)能使钢中的大部分内应力消除，并使其具有一定的韧度和高的弹性。中温回火主要用来处理各类弹簧。

(3) 高温回火　习惯上常将淬火加高温回火(high-temperature tempering，500～650 ℃)的复合热处理工艺称为调质。钢经调质后具有强度、硬度、塑性、韧度都较好的综合力学性能。各种重要的机械零件，如连杆、螺栓、齿轮及轴等常进行调质处理。

5. 常用的热处理设备

热处理中的加热过程是在专门的加热炉内进行的。常用的加热炉有以下几种。

(1) 箱式电阻炉　箱式电阻炉(box resistance furnace)根据使用温度不同，可分为高温、中温和低温箱式电阻炉。它是利用电流通过布置在炉膛内的电热元件发热，借辐射和对流作用，将热量传递给工件，使工件加热。图 2-3 是中温箱式电阻炉的结构示意图。箱式电阻炉适用于中、小型零件的整体热处理及固体渗碳处理。

(2) 井式电阻炉　井式电阻炉(well resistance furnace)工作原理与箱式电阻炉相同，如图 2-4 所示。井式电阻炉比箱式电阻炉具有更优越的性能。它的特点是：炉顶装有风扇，因此加热温度均匀；对细长工件可以竖直吊挂，可减少变形；可利用起重设备来进料或出料，从而大大减轻劳动强度。井式电阻炉主要用于轴类零件或质量要求较高的细长工件的退火、正火、淬火的加热。

(3) 盐浴炉　采用液态的熔盐作为加热介质的加热设备称为盐浴炉(salt bath furnace)，如图2-5所示。盐浴炉结构简单，制造容易，加热速度快而均匀，工件氧化、脱碳少，变形小，便于细长工件悬挂加热或局部加热，多用于小型零件及工、模具的淬火、正火等的加热。

热处理设备除了加热炉之外，还有控温仪表(包括热电偶)、冷却设备(如水槽、油槽、浴炉、缓冷坑)和质检设备(如硬度试验机、金相显微镜、量具、无损检测或探伤设备)等。

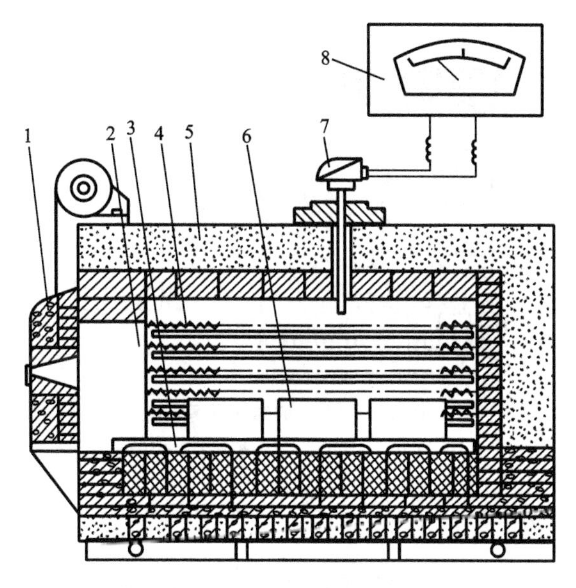

图 2-3　箱式电阻炉结构示意图

1—炉门　2—炉膛　3—耐热钢炉底板　4—电热元件
5—炉体　6—工件　7—热电偶　8—校温仪表

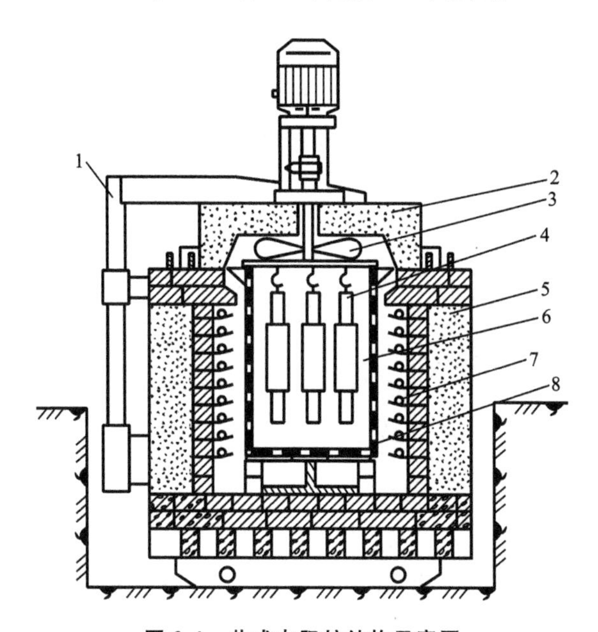

图 2-4　井式电阻炉结构示意图

1—炉盖升降机构　2—炉盖　3—风扇　4—工件
5—炉体　6—炉膛　7—电热元件　8—装料筐

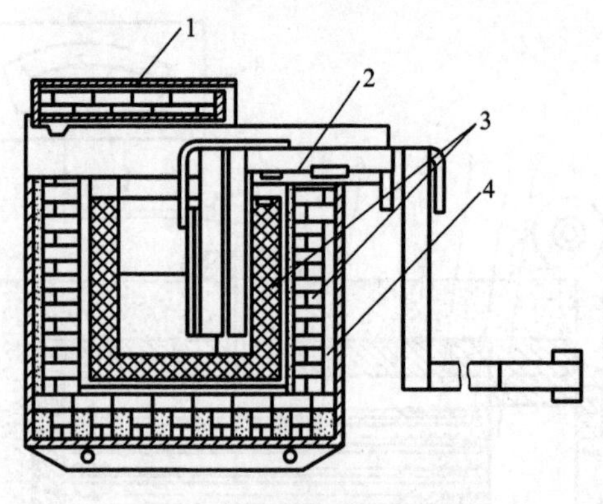

图 2-5 盐浴炉结构示意图

1—炉盖 2—电极 3—炉衬 4—炉体

2.1.2 表面热处理

表面热处理(surface heat treatment)是指仅对工件表面进行热处理以改变其表层组织和性能的热处理工艺。表面热处理只对一定深度的表层进行强化,而心部的组织和性能基本保持不变。经表面处理的工件表面可获得高的硬度和耐磨性,而心部则具有足够的强度和韧度。

1. 感应加热表面淬火热处理

感应加热(induction heating)表面淬火是指利用感应电流通过工件所产生的热效应,使工件表面迅速加热并立即快速冷却淬火的热处理工艺。图 2-6 为感应加热

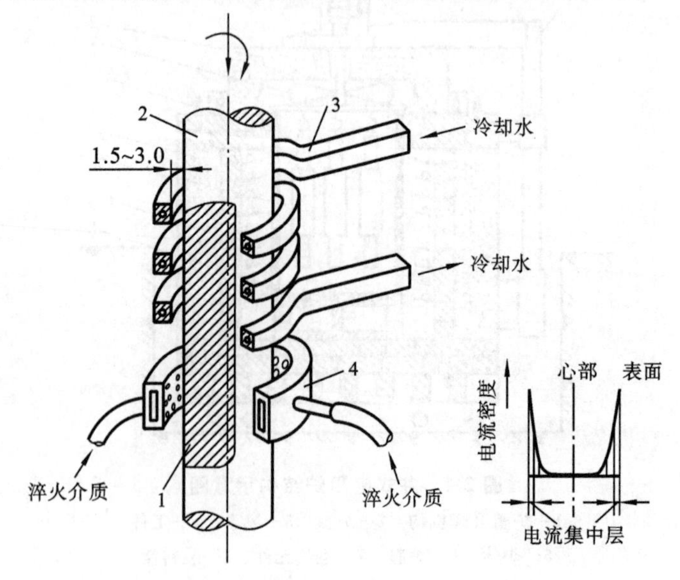

图 2-6 感应加热表面淬火原理图

1—淬火层 2—工件 3—加热感应圈 4—淬火喷水套

表面淬火原理图。该热处理工艺由于加热速度快，表面氧化、脱碳少和变形小，且容易控制和操作，因此生产率高，处理质量好，易于实现机械化、自动化，适应成批生产。其缺点是设备较贵，形状复杂零件的感应器不易制造。

感应加热表面淬火主要用于中碳钢和中碳合金钢制造的零件，如齿轮、凸轮、传动轴等的表面热处理。

2. 火焰加热表面淬火热处理

应用氧-乙炔或其他燃气火焰对零件表面进行快速加热，随之淬火冷却的工艺称为火焰加热(flaming heating)表面淬火，如图2-7所示。该方法设备简单，成本低，但生产率低，质量较难控制，因此只适用于单件、小批生产或大型零件如大型齿轮、轴等的表面淬火。

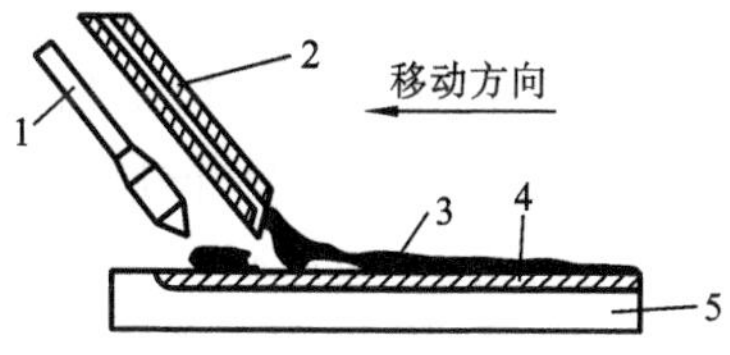

图2-7　火焰加热表面淬火示意图

1—烧嘴　2—喷水管　3—淬硬层　4—加热层　5—工件

表面淬火前一般需进行调质或正火处理，表面淬火后需进行低温回火，以达到使工件外硬内韧的目的。一般表面淬火的工艺路线为：下料→锻造→正火→粗加工→调质→精加工→表面淬火＋低温回火→精磨。

2.1.3　表面化学热处理

表面化学热处理(surface chemical heat treatment)是将工件置于特定的介质中加热和保温，使一种或几种元素的原子渗入工件表面，以改变表层的化学成分和组织，从而获得所需性能的热处理工艺。

表面化学热处理的目的是提高钢件的表面硬度、耐磨性和耐蚀性，而钢件的心部仍保持原有性能。常用的表面化学热处理有渗碳、渗氮、渗硼、渗铝、渗铬及多元共渗(如碳氮共渗)等。目前生产上应用最广的是渗碳、渗氮，现分别简介如下。

1. 渗碳

渗碳(carburizing)是为了增加工件表面的含碳量和在截面上形成一定的碳浓度梯度，将工件置于渗碳介质中加热并保温，使C原子渗入表层的化学热处理工艺。渗碳用于低碳钢和低碳合金结构钢，如20、20Cr、20CrMnTi钢等的表面热处理。渗碳后可获得0.5～2.0 mm的高碳表层，再经淬火、低温回火，使工件表面具有高硬度、高耐磨性，而心部具有良好塑性和韧度，使零件既耐磨，又抗冲击。

渗碳用于在摩擦、冲击条件下工作的零件，如汽车齿轮、活塞销等的表面热处理。

2. 渗氮

渗氮(nitriding)是将工件放在渗氮介质中加热、保温，使N原子渗入工件表层的化学热处理工艺。零件渗氮后表面形成0.3～0.6 mm的氮化层，不需淬火就具有高的硬度、耐磨性、抗疲劳性和一定的耐蚀性，而且变形很小。但渗氮处理的时间长、成本高。

目前渗氮主要用于以38CrMoAl钢制造的精密丝杠、高精度机床主轴等精密零件的表面热处理。

2.2　机械工程材料的选择

合理选择材料是一项十分重要的工作,直接关系到机械产品的性能、寿命和成本。在设计新产品、改进产品结构设计、设计工艺装备、寻找代用材料等方面都需要对材料进行选择。而对于标准件如弹簧垫圈、滚动轴承等,则只要选用某一规格的产品即可,一般不涉及选材问题。

1. 选材的一般原则

选择材料时,首先要考虑满足零件的使用性能,然后要使零件经久耐用,而且具有良好的工艺性和经济性。

(1) 材料的使用性能　材料的使用性能(using performance)涉及多方面的问题,如化工容器常有耐蚀性要求,对一般零件来说主要应满足力学性能要求。力学性能指标应根据零件的工作条件和失效形式来确定。

(2) 材料的工艺性能　工艺性能(process performance)是指选择的材料必须适合于加工并容易保证加工质量。要求锻压成形的零件应采用钢材等塑性好的材料,而不能采用铸铁等脆性材料制造。形状复杂的零件一般要采用铸造工艺来生产,当力学性能要求一般时可用灰铸铁件,力学性能要求较高时用铸钢件;焊接结构应采用焊接性良好的低碳钢,不要采用焊接性差的高碳钢、高合金钢和铸铁等材料制造。

(3) 材料的经济性　重视经济性(economy)是生产管理的基本法则。选择材料时,在满足使用性能和工艺性能的前提下,应尽量选用价格低廉的材料。

2. 常用机械零件的选材

(1) 齿轮类零件　在设计齿轮(gear)时常根据传动速度、传动压力和承载大小来选择材料。

① 低速(v=1～6 m/s)低载齿轮可采用灰铸铁、工程塑料制造。

② 低速、中载、轻微冲击的齿轮可采用40、45、40Cr钢等调质钢制造。对于软齿面(≤350 HBS)齿轮,可采用调质或正火工艺;对于硬齿面(>350 HBS)齿轮,对齿形表面应进行表面淬火处理。

③ 中速(v=6～10 m/s)、中载、承受一定冲击的齿轮可采用40Cr、30CrMo、40CrNiMoA钢等合金调质钢或氮化钢及38CrMoAlA钢等制造。对于硬齿面齿轮,齿形表面应进行表面淬火或氮化处理。

④ 高速(v=10～15 m/s)、中载或重载、承受较大冲击载荷的齿轮可采用20CrMnTi、12Cr2Ni4A钢等合金渗碳钢制造,经渗碳和淬火、回火后具有高的表面硬度(58～62 HRC),以及较高的抗弯曲疲劳和抗剥落的性能。一般汽车、拖拉机、矿山机械中的齿轮均采用这类材料制造。

（2）轴类零件　轴（shaft）主要用来支承传动零件（如齿轮、带轮等），传递运动和动力，是机器中的重要零件。

轴类零件通常都用调质钢制造。热处理工艺采用整体调质和局部表面淬火处理。

扭矩不大、截面尺寸较小、形状简单的轴，一般采用 40、45、50 钢等碳素调质钢制造；扭矩较大、截面尺寸超过 30 mm、形状复杂的轴，则采用淬透性较好的合金调质钢，如 40Cr、30CrMoA、40CrMnMo 钢等。

目前小型内燃机曲轴大都采用球墨铸铁（如 QT600—2）代替锻钢来制造，这样同样能满足使用要求。

（3）箱体类零件　普通箱体（box）一般采用灰铸铁 HT150、HT200 等制造。例如，普通车床的床身采用 HT200 制造。

对于受力复杂、力学性能要求高的箱体，如轧钢机机架等，可采用铸钢铸造。

要求重量轻、散热良好的箱体，如摩托车发动机汽缸等，多采用铝合金铸造。在生产单件箱体时可采用 Q235A、20、16Mn 钢等钢板或型材，用焊接方法制造。无论是用铸造还是用焊接制成的箱体，在切削加工前或粗加工后，一般都应进行去应力退火或自然时效处理。

复习思考题

1. 何谓钢的热处理？对钢进行热处理有什么实际意义？

2. 常用的退火有哪几种？适用范围如何？主要目的是什么？

3. 何谓正火？正火的目的是什么？

4. 淬火的作用是什么？如何保证淬火的质量？淬火后为什么要立即进行回火？

5. 回火的作用是什么？回火分哪几种？举例说明各种回火的主要应用。

6. 什么叫调质处理？经调质处理后钢的性能特点如何？

7. 表面热处理和表面化学热处理的目的是什么？二者在实质和工艺上有什么不同？

8. 试述机械零件选材的一般原则。

9. 用下列材料制造的零件和工具，在使用中会出现哪些问题？你认为应选择什么材料较妥当？

（1）用 45 钢制造的锉刀；　（2）用 HT150 制造的螺杆；

（3）用 Q235A 制造的车床主轴；　（4）用 20 钢制造的弹簧。

10. 分析 CA6140 车床中的主轴、床头箱的传动齿轮、床身等零件应采用什么材料制造。

第2篇 毛坯成形

第3章 铸 造

本章重点 常用材料的液态成形工艺，常用铸造成形方法，材料铸造成形的特点。

学习方法 首先进行集中讲课，然后进行现场教学，最后按照要求让学生进行砂型铸造和特种铸造成形方法的操作训练，按教材中的要求将现场教学和操作中的内容填写入相应的表中，并回答相应的问题。

3.1 概述

铸造(casting)是指熔炼金属、制造铸型，并将熔融金属浇入铸型，凝固后获得一定形状、尺寸和性能的金属零件或毛坯的液态成形(liquid state shaped)方法。铸造常用来制造形状复杂或大型的工件、承受静载荷及压应力的机械零件，如床身、机座、支架、箱体等。

1. 铸造的特点

(1) 适应性强　铸造成形方法几乎不受工件的形状、尺寸、重量和生产批量的限制。铸造材料可以是铸铁、铸钢、铸造非铁合金等金属材料。

(2) 成本较低　铸造用的原材料来源广泛，价格低廉，并可直接利用废零件和切屑来铸造。铸件的形状和尺寸接近于零件的形状和尺寸，能节省金属材料和切削加工工时。

(3) 铸件的组织性能较差　铸件晶粒粗大，化学成分不均匀，力学性能较差。

(4) 工序较多　铸造工序较多，劳动条件较差。

2. 铸造的分类

铸造的工艺方法很多，一般习惯将铸造分为砂型铸造和特种铸造两大类。

(1) 砂型铸造　当形成铸型的原材料为型砂，且液态金属完全靠重力充满整个铸型型腔时，这种铸造称为砂型铸造。砂型铸造一般分为手工砂型铸造和机器砂型铸造两种。前者主要适用于单件、小批生产以及大型复杂铸件的生产，后者主要适用于成批、大量生产。

(2) 特种铸造 凡不同于砂型铸造的铸造方法统称为特种铸造，如金属型铸造、压力铸造、离心铸造、熔模铸造等。

由于砂型铸造目前仍然是国内外应用最广泛的铸造方法，90%以上的铸件都是用砂型铸造方法生产的，所以本章重点介绍砂型铸造。

3.2 砂型铸造

砂型铸造的工艺过程(sand casting process)如图 3-1 所示。其中制造砂型和制造型芯两道工序对铸件的质量和铸造的生产率影响最大。需要说明的是，某个具体的铸造工艺过程不一定包括上述全部内容，如铸件无内壁时无须制芯，湿型铸造时砂型无须烘干等。

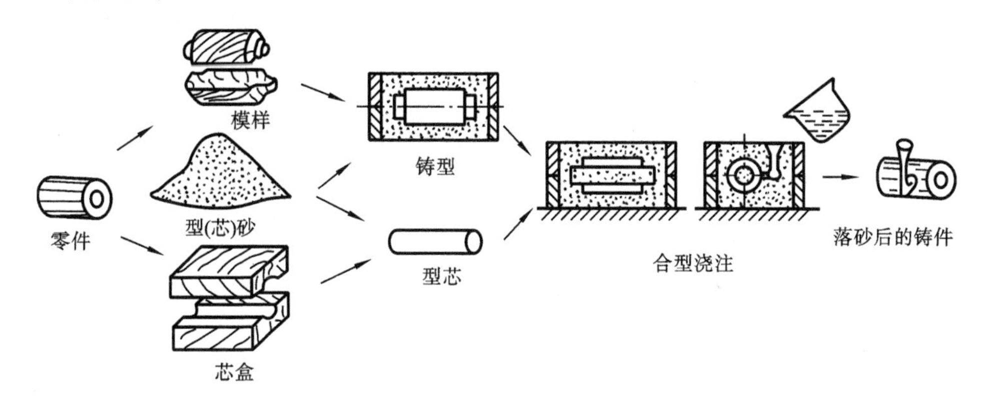

图 3-1 砂型铸造的工艺过程

砂型结构如图 3-2 所示，它主要包括作为造型材料的型砂，与铸件形状相适应的型腔、型芯、浇注系统和冒口等。砂型各组成部分的名称、作用如表 3-1 所示。

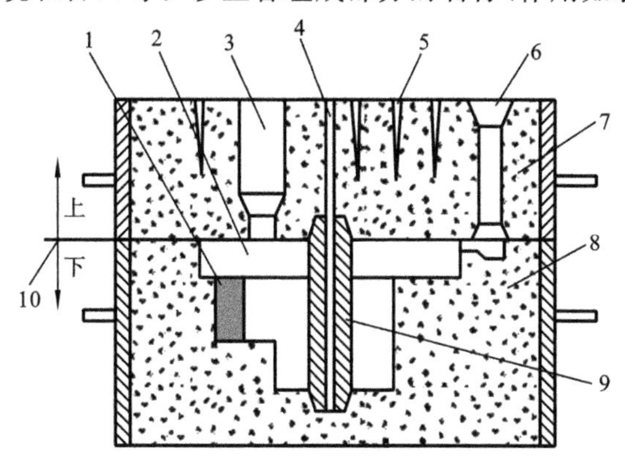

图 3-2 砂型结构

1—冷铁 2—型腔 3—冒口 4—排气道 5—出气孔
6—浇注系统 7—上型 8—下型 9—型芯 10—分型面

表 3-1 砂型各组成部分的名称与作用

名称	作用与说明
上型(上箱)	浇注时铸型的上部组元
下型(下箱)	浇注时铸型的下部组元
分型面	铸型组元之间的接合面
型砂	按一定比例配制的造型材料,混合料经过混制后符合造型要求
浇注系统	为使金属液填充型腔和冒口而设置于铸型中的一系列通道,通常由浇口杯、直浇道、横浇道和内浇道组成
冒口	在铸型内储存供补缩铸件用熔融金属的空腔,具有排气和集渣的作用
型腔	铸型中造型材料所包围的与铸件形状相适应的空腔
排气道	在铸型或型芯中,为排除浇注时形成的气体而设置的沟槽或孔道
型芯	为获得铸件的内孔或局部外形,用芯砂或其他材料制成,安装在型腔内部的铸型组元
出气孔	在型砂或型芯上,用通气针扎出的通气孔,该孔的底部要与模样有一定的距离
冷铁	为增加铸件局部的冷却速度,在砂型、型芯表面或型腔中安放的金属物

3.2.1 造型材料

制造铸型用的材料称为造型材料。砂型铸造所用的造型材料主要有型砂和芯砂两类。若不加区分,常说的型砂也包括芯砂。

1. 型砂应具备的性能

(1) 可塑性　型砂在外力作用下可塑造成形,当外力消除后仍能保持已成形的形状的性能称为可塑性。型砂的可塑性好,则易于成形。

(2) 强度　型砂承受外力作用而不易破坏的性能称为强度。铸型必须具备足够的强度,才能在浇注时承受金属溶液的冲击和压力,不致发生毁坏,如冲砂、塌箱等,从而可防止铸件产生夹砂、砂眼等缺陷。

(3) 耐火性　型砂在高温液态金属作用下不软化、不烧结或熔化的性能称为耐火性。耐火性差会造成铸件表面黏砂,增加清理和切削加工的困难,严重时还会使铸件报废。

(4) 透气性　型砂在紧实后能使气体通过的能力称为透气性。浇注时砂型中会产生大量气体,金属溶液内部也会析出气体。如果型砂透气性差,部分气体就会留在铸件中形成气孔。

(5) 退让性　型砂冷却收缩时,其体积可以被压缩的性能称为退让性。型砂退让性差时,铸件收缩困难,会产生较大的内应力,甚至会产生变形和开裂。

此外,型砂还要求有好的流动性、溃散性、不黏模性、耐用性以及低的吸湿性等。

2. 型砂的组成

型砂由原砂、黏结剂和少量附加物组成。铸造中使用量最大的原砂是天然硅砂，硅砂的主要矿物成分是石英(SiO_2)，并含有少量杂质。常用的黏结剂有普通黏土和膨润土两种。膨润土比普通黏土具有更强的黏结力。为了使普通黏土和膨润土发挥黏结作用，需加入适量的水。对于要求较高的芯砂，可采用特殊的黏结剂，如桐油或树脂等。

在型砂和芯砂中有时还要加入一些附加物。例如，在型砂中加入少量的煤粉，能防止铸件产生黏砂缺陷，使铸件表面光滑；在型砂和芯砂中加入木屑，可提高其退让性，减小铸件内应力，防止铸件的变形和开裂。

根据铸件大小、合金种类的不同，型砂和芯砂需要采用不同的原材料，按不同比例配制而成。例如，常用小型铸铁件型砂的配方(质量比，下同)是：新砂 2%～20%，旧砂 98%～80%，黏土 8%～10%，水 4%～8%，煤粉 2%～5%。由于型芯的四面被高温金属液所包围，受到的冲刷及烘烤比砂型厉害，因此为保证型芯有足够的耐火性和透气性，芯砂中应多加新砂，对于形状复杂的型芯，往往还要加入木屑等以增加其退让性。常用芯砂配方是：新砂 20%～30%，旧砂 80%～70%，黏土 3%～14%，膨润土 0%～4%，水 7%～10%。

3. 型砂的制备及质量控制

型砂质量的好坏，取决于原材料的性质及其配比和制备方法。目前，工厂一般采用碾轮式混砂机(见图 3-3)混砂。混砂时先将新砂、旧砂、黏结剂和辅助材料等按配方加入混砂机，干混 2～3 min 后再加水湿混 5～12 min，性能符合要求后出砂。使用前要过筛并使型砂松散。

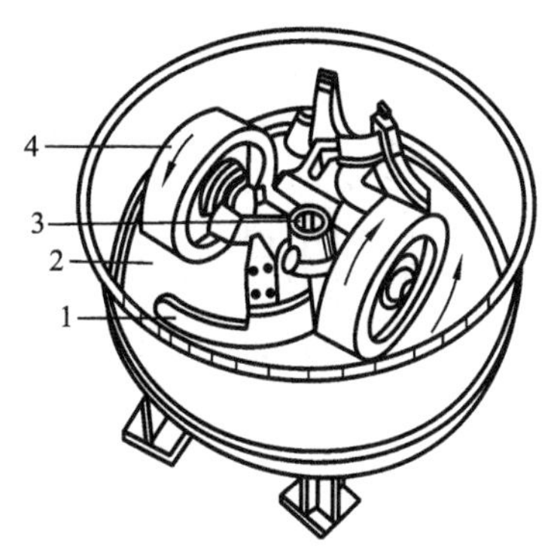

图 3-3 碾轮式混砂机

1—刮板 2—碾盘
3—主轴 4—碾轮

型砂的性能一般用型砂性能试验仪(如透气性测定仪、SQY 液压万能强度试验仪等)进行检测。在缺乏检测仪器的情况下，也可用手捏的感觉对某些性能作粗略的检验，如图 3-4 所示。手捏可成砂团，表明型砂湿度适当(见图 a)；手松开后砂团表面手印清晰，表明型砂成形性好(见图 b)；用双手把砂团掰断后，断面处型砂无碎裂，同时有足够的强度，表明型砂性能良好(见图 c)。

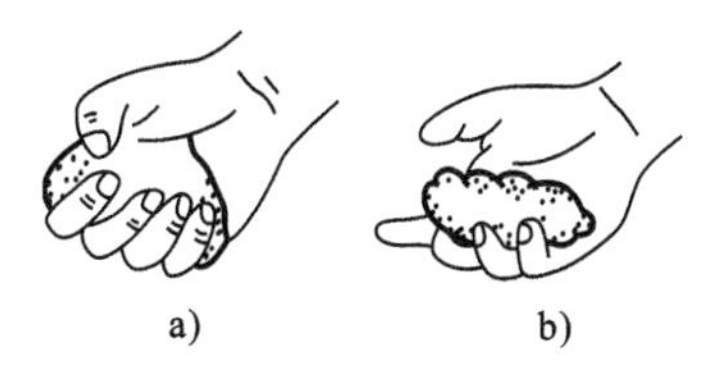
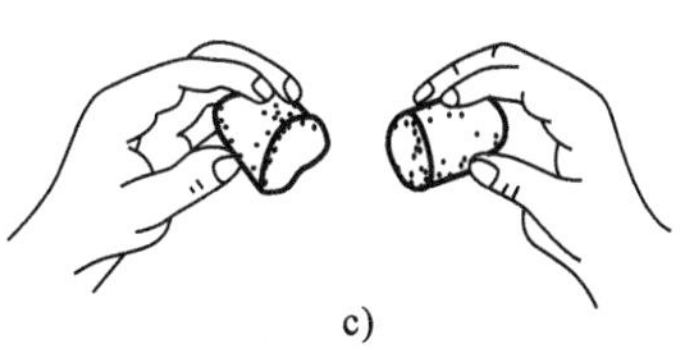

a) b) c)

图 3-4 手捏法检验型砂性能

a) 捏成砂团 b) 手松开 c) 折断砂团

3.2.2 模样和芯盒

模样和芯盒是造型和制芯的模具，模样用来形成铸件外部形状，芯盒用来制造型芯，以形成铸件内部形状。在单件、小批生产中，广泛用木材来制造模样和芯盒；在大量生产中，常用铸造铝合金、塑料来制造模样和芯盒。一般来说，模样的外形与铸件的外形相适应，芯盒的内腔形状与铸件的内腔形状相适应，但不能完全按照零件的形状和尺寸来制造模样和芯盒。在形状上，铸件和零件的差别在于有无起模斜度、铸造圆角，零件上尺寸较小的孔在铸件上不铸出等；在尺寸上，

零件尺寸＋加工余量(孔的加工余量为负值)＝铸件尺寸

铸件尺寸＋收缩量＝模样尺寸

图 3-5 所示为灰铸铁轴承支架的制造工艺图和模样图。由图 3-5c、d、e 可知轴承支架铸件和模样、芯盒的关系。生产中首先根据零件图，考虑模样和芯盒制造的工艺因素，绘制出铸造工艺图，再制造模样和芯盒。模样和芯盒的制作主要考虑如下工艺因素。

1. 分型面

在铸造工艺图上，分型面用细直线条和箭头表示，并注明“上”“下”字样，如图

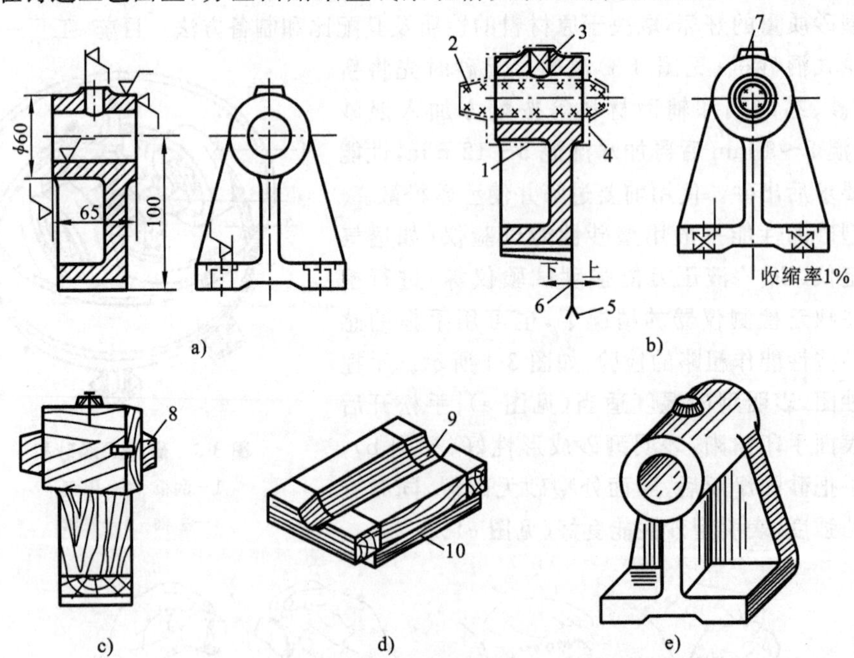

图 3-5　灰铸铁轴承支架的铸造工艺图和模样图

a) 零件图　b) 铸造工艺图　c) 模样结构图　d) 芯盒结构　e) 铸件

1—起模斜度　2—型芯　3—不铸孔　4—加工余量　5—分模面

6—分型面　7—活块　8,9—芯头　10—加固板

3-5b所示。分型面决定了铸件在铸型中的位置,直接关系到模样的结构、芯盒数量、铸造工艺和铸件质量等。选择分型面,总的原则是起模要方便,并有利于保证铸件质量。

2. 加工余量

铸件的加工余量是指在切削加工时从铸件上切去的金属层。因此,制造模样和芯盒时,应在铸件需要加工的表面上,留出加工余量。加工余量的大小主要取决于造型方法、铸件大小和铸件材料等因素。一般铸铁件的加工余量为 2～6 mm。在单件、小批生产时,铸件上小于 ϕ30 mm 的孔通常不铸出,而在切削加工时直接钻孔加工出来。

3. 起模斜度

为了起模方便,凡垂直于分型面的壁上应有一定的斜度。如果零件图上没有结构斜度,则在制造模样时应做出起模斜度。起模斜度的大小主要取决于模样的种类、壁的高度和位置等。木模样的起模斜度通常在 $15'$～$3°$之间,壁高时取下限,反之取上限。

4. 铸造圆角

铸造圆角是指铸件两表面交接处应做成的圆弧过渡,如图 3-5b 所示。这样,造型时不易损坏铸型,并且能提高转角处的力学性能,避免产生缩孔和裂纹等缺陷。铸造圆角半径一般为 3～10 mm,具体数值可查有关手册。

5. 收缩率

铸件在冷却时要产生收缩,因此,模样的外形尺寸要比铸件大,其数值取决于铸件材料的线收缩率。例如,灰铸铁的为 1%,铸钢的为 2%,非铁金属的为 1.5%。

6. 芯头

为了在铸型中安放型芯,在模样中要做出相应的凸起部分,称为芯头,如图3-5c所示。

3.2.3 造型方法

造型过程有填砂、紧砂、起模、合型四个基本工序。造型分为手工造型和机器造型两种。在单件、小批生产中,多采用手工造型;在大批生产中,则采用机器造型。

1. 手工造型

手工造型(hand molding)是全部用手工或手动工具完成的造型工序。它具有操作灵活、适应性强、生产准备时间短等优点,缺点是造型质量受到操作者技术水平的限制,生产率低、劳动强度大。常用的手工造型方法有如下几种。

(1) 整模造型　采用整体模样来进行造型的方法称为整模造型(one-piece pattern molding),如图 3-6 所示。其特点是操作简便,不会出现上、下砂型错位而产生错型缺陷,铸件的尺寸和形状容易保证。

(2) 分模造型　模样沿最大截面处分为两半,型腔位于上、下型内的造型方法称

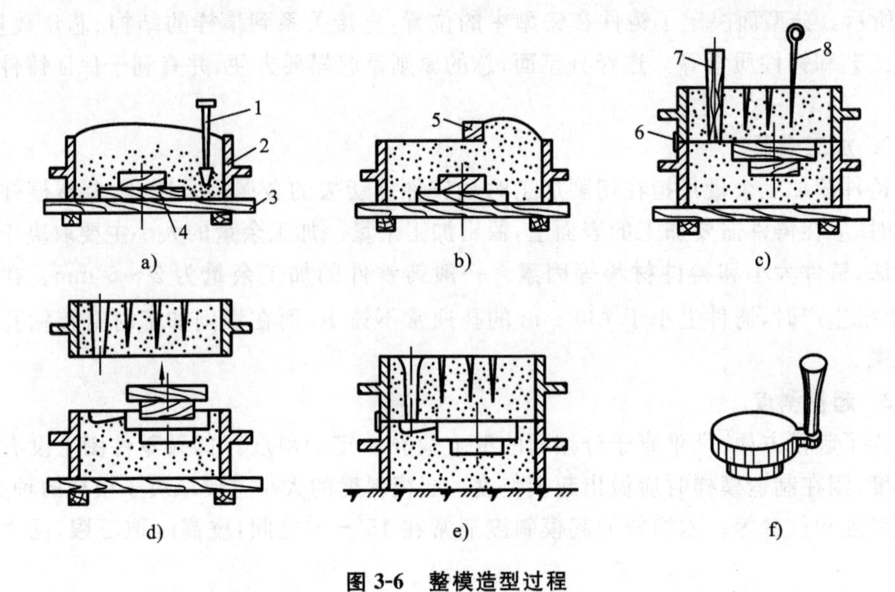

图 3-6　整模造型过程

a) 造下型、填砂、舂砂　b) 刮平、翻箱　c) 造上型、扎出气孔、画合型线

d) 敞箱、起模、开浇道　e) 合型浇注　f) 落砂后带浇道的铸件

1—砂舂　2—砂箱　3—底板　4—模样　5—刮板　6—合型线　7—直浇道棒　8—通气针

为分模造型(parted pattern molding)，如图 3-7 所示。分模造型是造型方法中应用最广的一种，它简单易行，便于下芯和安放浇注系统，适用于铸件最大截面在中部的铸件，也广泛应用于有孔的铸件，如水管、阀体等。

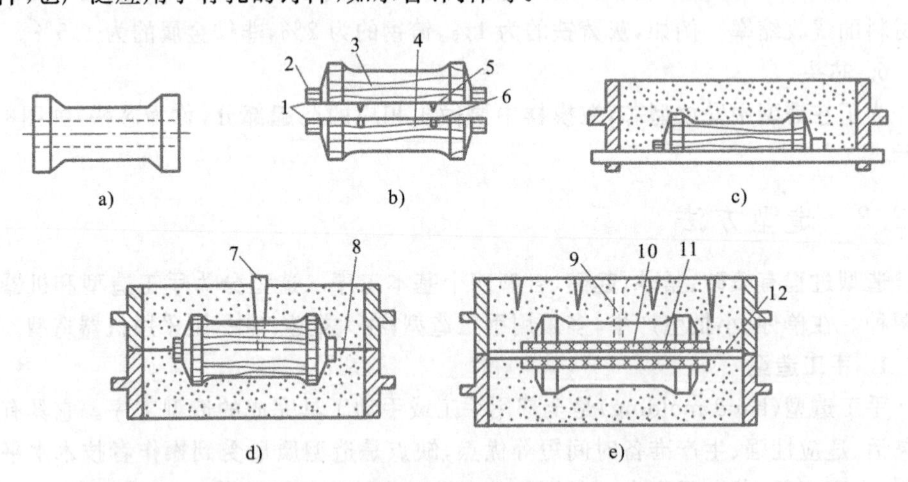

图 3-7　分模造型

a) 铸件　b) 上、下半模样　c) 用下半模造下型　d) 用上半模造上型　e) 起模、放型芯、合型

1—分模面　2—芯头　3—上半模　4—下半模　5—定位销　6—定位孔　7—直浇道棒

8—分型面　9—直浇道　10—型芯　11—型芯通气孔　12—排气孔

(3) 活块造型　活块造型(active block molding)是将整体模样或芯盒侧面的伸出部分做成活块,起模或脱芯后,再将活块取出的造型方法,如图 3-8 所示。活块造型操作难度较大,取出活块要花费工时,活块部分的砂型损坏后修补较困难,故生产率低,且要求工人的操作水平高。活块造型通常只适用于单件、小批生产。

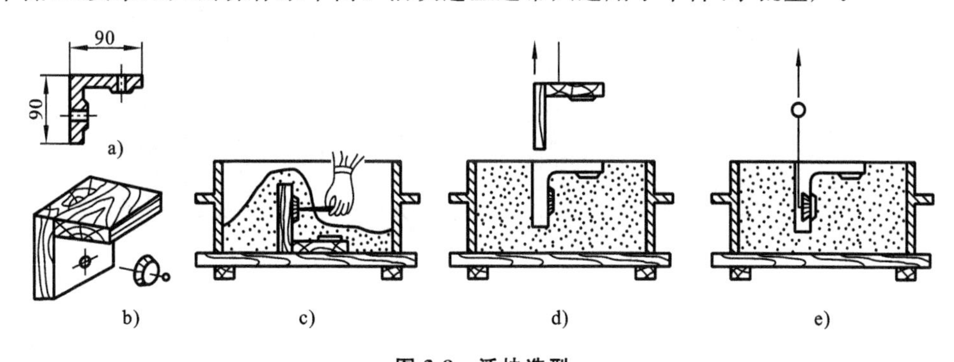

图 3-8　活块造型

a) 零件　b) 模样　c) 在下型中拔出钉子　d) 取出模样主体　e) 取出活块

(4) 挖砂造型　有些铸件的外形轮廓为曲面,但又要求用整模造型,则造型时需挖出阻碍起模的型砂,这种方法称为挖砂造型(excavate sand molding),如图 3-9 所示。它对操作技术要求较高,生产率低,只适用于分型面不平直的单件、小批生产。

此外,在实际生产中常见的还有三箱、假箱和地坑等其他造型方法。

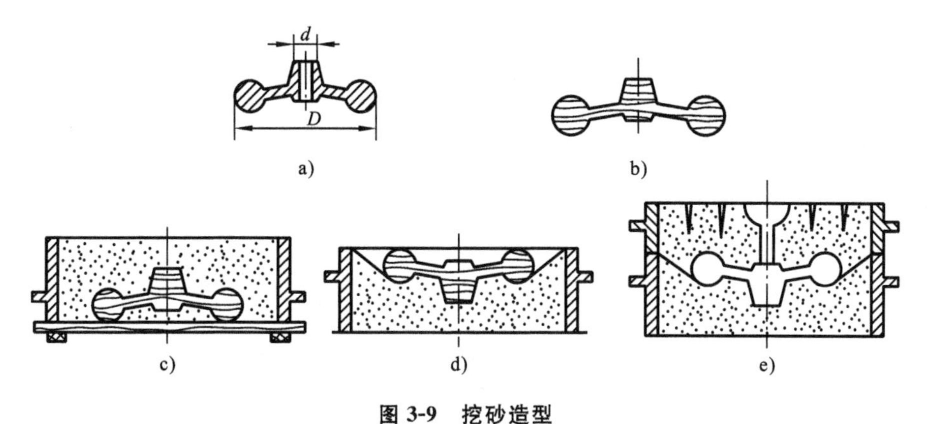

图 3-9　挖砂造型

a) 手轮零件　b) 手轮模样　c) 造下型　d) 翻转、挖出分型面　e) 造上型、起模、合型

2. 机器造型

机器造型(machine molding)是用机器全部地完成或至少完成紧砂操作的造型工序。它是现代化铸造车间的基本造型方法。其特点是生产率高,铸件的尺寸精度和表面质量较好,对工人的操作技术要求不高,改善了劳动条件。但是,机器造型用的设备和工装模具投资较大,生产准备周期较长,对产品变化的适应性比手工造型差,因此,机器造型主要用于成批、大量生产。

机器造型常用的方法有:震压造型、微振压实造型、射压造型、气冲造型等多种方法。图 3-10 所示为震压造型过程。

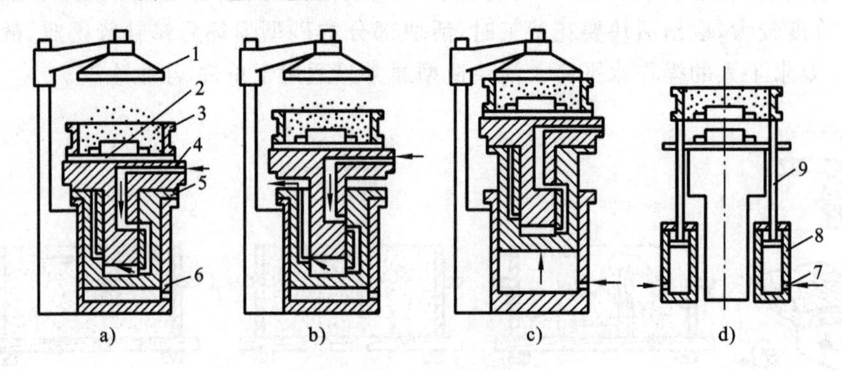

图 3-10　震压造型

a) 填砂　b) 震实　c) 压实　d) 起模

1—压头　2—模板　3—砂箱　4—震实活塞　5—压实活塞

6—压实气缸　7—进气孔　8—气缸　9—顶杆

3.2.4　制芯

型芯主要用来形成铸件的内腔或局部外形。在单件、小批生产中,多采用手工制芯;在大批生产中,则采用机器制芯。

制芯(core making)所用的芯砂应比型砂的综合性能更好。对于形状复杂、重要的型芯,常采用油砂或树脂砂。此外,为了加强型芯的强度,在型芯中应放置芯骨,小型芯的芯骨用钢丝制成,大、中型芯的芯骨用铸铁铸成。为了提高型芯的通气能力,在型芯中应开设排气道。为了避免铸件产生黏砂缺陷,在型芯表面往往需要刷涂料,铸铁件型芯常采用石墨涂料,铸钢件型芯常采用硅石粉涂料。重要的型芯都需烘干,以增强型芯的强度和透气性。

用芯盒制芯是最常用的制芯方法,图 3-11 所示的为用芯盒制芯的过程。

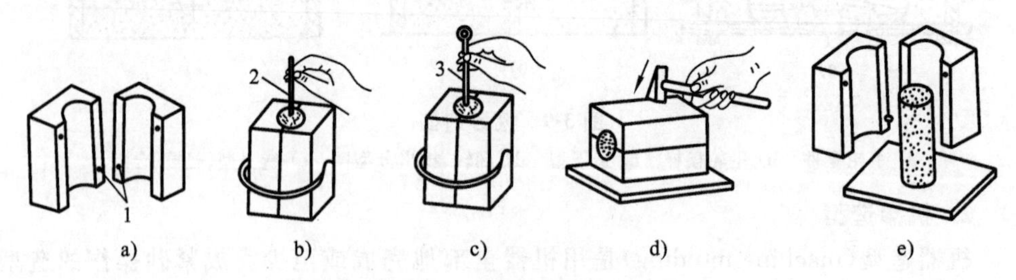

图 3-11　用芯盒制芯的过程

a) 准备芯盒　b) 舂砂、放芯骨　c) 刮平、扎气孔　d) 敲打芯盒　e) 开盒取芯

1—定位销和定位孔　2—芯骨　3—通气针

3.2.5 浇注系统、冒口和冷铁

1. 浇注系统

为把液态合金注入型腔和冒口而开设于砂型中的一系列通道，称为浇注系统。通常由浇口杯、直浇道、横浇道和内浇道组成，如图 3-12 所示。

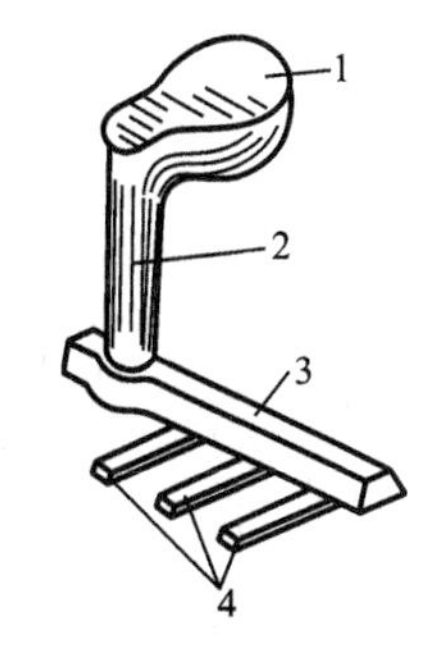

图 3-12 浇注系统的组成

1—浇口杯 2—直浇道

3—横浇道 4—内浇道

浇口杯(pouring cup)的作用是承接浇注时的液态合金，减少对铸型的直接冲击，同时使熔渣浮于表面。直浇道(sprue)是浇注系统中的竖直通道，一般呈圆锥形，上大下小。直浇道的作用是利用本身的高度产生一定的静压力，以改善金属液的充型能力。横浇道(runner)一般为梯形截面的水平通道，其作用是阻挡熔渣进入型腔，并分配液态合金流入内浇道。内浇道(ingate)与型腔直接相连，截面多为扁梯形、矩形等。内浇道的作用主要是引导金属液平稳进入型腔。为了防止液态合金冲毁型芯，对于旋转体铸型及垂直安放的细长型芯，液态合金最好能沿切线方向进入型腔，如图 3-13 所示。开设内浇道还应考虑清理方便，图 3-14a 所示的内浇道与铸件连接处带有缩颈，清理时不会损伤铸件；图 3-14b 所示的内浇道未带缩颈，清理时容易使铸件损伤而报废。

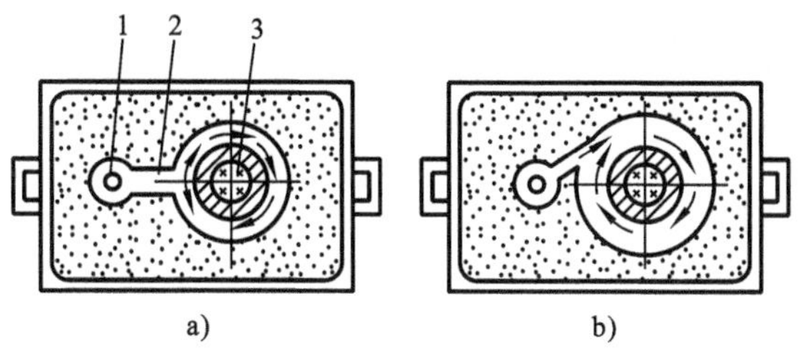

图 3-13 内浇道的设置

a) 不正确 b) 正确

1—直浇道 2—横浇道 3—型芯

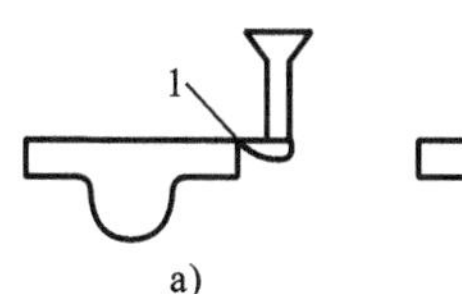

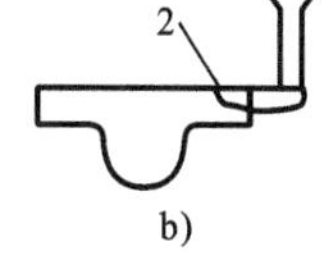

图 3-14 内浇道的缩颈

a) 正确 b) 不正确

1—缩颈 2—断裂处

2. 冒口和冷铁

设置冒口和冷铁，是为了对铸件的凝固过程进行控制，使之实现定向凝固。所谓定向凝固，就是使铸件的凝固按薄壁—厚壁—冒口的顺序进行，让缩孔转移到冒口中去，从而获得致密的铸件。

冒口(riser)的主要作用是补充铸件凝固收缩时所需的金属液，以避免产生缩孔缺陷。图 3-15a 所示的是未加冒口的铸件，上部形成了缩孔。若在铸件的顶部设置冒口(见图 3-15b)，缩孔移到冒口中，清理铸件时将冒口切除，就能获得内部致密的合格铸件。为了使冒口起到补缩作用，应保证冒口最后冷却凝固，通常把冒口设置在铸件的最厚、最高处，并且冒口要足够大。在浇注铸钢等收缩性大的合金时，一般都要设置这种用于补缩的冒口。冒口还可以起到排出型腔中气体和观察铸型型腔是否浇满的作用。在铸铁件上还常能看到尺寸不大的冒口，主要起排气作用，故有"出气冒口"之称。

冷铁(cold metal)用于加速铸件某部分的冷却，如图 3-16 所示，使铸件各部分达到同时凝固的目的，从而避免因收缩不均而造成内应力。

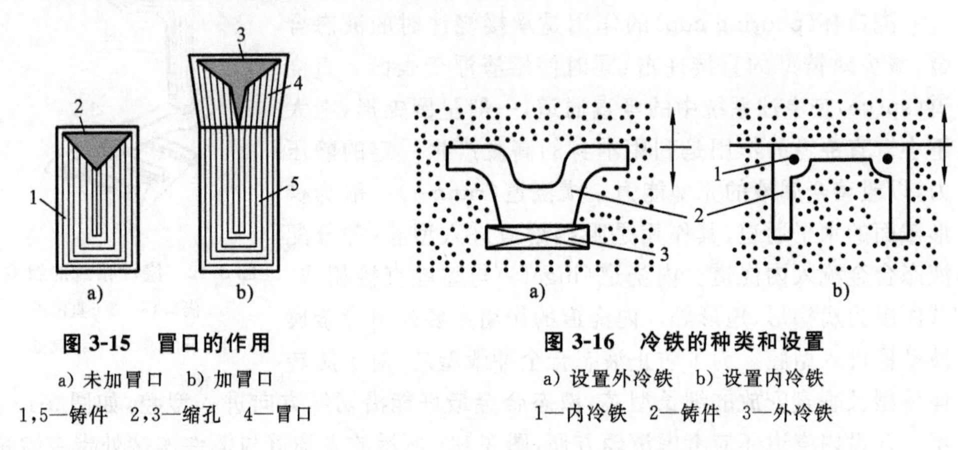

图 3-15　冒口的作用

a) 未加冒口　b) 加冒口

1,5—铸件　2,3—缩孔　4—冒口

图 3-16　冷铁的种类和设置

a) 设置外冷铁　b) 设置内冷铁

1—内冷铁　2—铸件　3—外冷铁

3.2.6　合型

将铸型的各个组元如上型、下型、型芯等组合成一个完整铸型的操作过程，称为合型(close mould)。合型时要保证型芯的稳固和上、下型位置的相对准确。合型后，应将上、下型紧固或放上压铁，以防浇注时上型受到金属液的浮力而被抬起。

3.2.7　熔炼、浇注、落砂和清理

1. 熔炼

熔炼(melting)是指将金属由固态通过加热转变成熔融状态的过程。熔炼的任务是提供化学成分和温度都合格的熔融金属液。金属液的化学成分不合格会降低铸件的力学性能和物理性能；金属液的温度过低，会使铸件产生浇不到、冷隔、气孔和夹渣等缺陷。

在铸造生产中，用得最多的合金是铸铁，铸铁通常用冲天炉或电炉来熔炼。机械零件的强度、韧度要求较高时，可采用铸钢铸造，铸钢的熔炼设备有平炉、转炉、电弧炉以及感应电炉等。有些铸件是用非铁金属，例如铜、铝等合金铸造的，铝合金的熔炼特点是金属料不与燃料直接接触，以减少金属的损耗，保持金属的纯洁。在一般的铸造车间里，铝合金多采用坩埚炉来熔炼。

2. 浇注

将金属液从浇包注入铸型的操作过程称为浇注(pouring)。金属液应在一定的

温度范围内按规定的速度注入铸型。浇注温度过高，金属液吸气多、收缩大，对型砂的热作用也强烈，铸件容易产生气孔、缩孔、黏砂等缺陷；浇注温度过低，铸件会产生浇不到、冷隔等缺陷。在浇注过程中，金属液流不允许中断。

3. 落砂

用手工或机械使铸件和型砂、砂箱分开的操作过程称为落砂(droping)。浇注后过早地落砂，会使铸件产生应力、变形，甚至开裂，铸铁件还会形成白口而使切削加工困难。一般10 kg左右的铸件，需冷却1～2 h才能落砂。铸件越大，需冷却时间越长。

4. 清理

落砂后从铸件上清除表面黏砂、型砂、多余金属(包括浇注系统、冒口、飞翅和氧化皮)等的过程，称为清理(clean up)。灰铸铁件的冒口，可用铁锤打掉；铸钢件的冒口，可用气割割除；非铁合金铸件的冒口，可用锯子去除。黏砂可用清理滚筒、喷砂器、抛丸清埋机等设备清理。

3.3 特种铸造

特种铸造(special casting)，如金属型铸造、压力铸造、离心铸造、熔模铸造等，在提高铸件精度、降低铸件表面粗糙度、提高劳动生产率、改善劳动条件和降低铸件成本等方面均有其优势。近些年来，特种铸造在我国发展特别迅速，方法也不断增多。

3.3.1 金属型铸造

把液态合金浇入金属铸型中以获得铸件的工艺过程，称为金属型铸造(metal mould casting)。由于金属型可以重复使用多次，所以金属型铸造又称为“永久型铸造”。

金属铸型常用铸铁或铸钢制造。金属铸型的结构按铸件形状、尺寸不同，可分为整体式、垂直分型式、水平分型式和复合分型式等，前二者应用较多。

1. 金属型铸造过程

常用的垂直分型式铸型如图3-17所示，其由动型和定型两半型组成，分型面位于垂直方向。铸造时，先使两个半型合紧，进行浇注，凝固后利用简单的机构使两个半型分离，取出铸件。若铸件有内腔，则同样可使用金属型芯或砂芯来铸造形成。

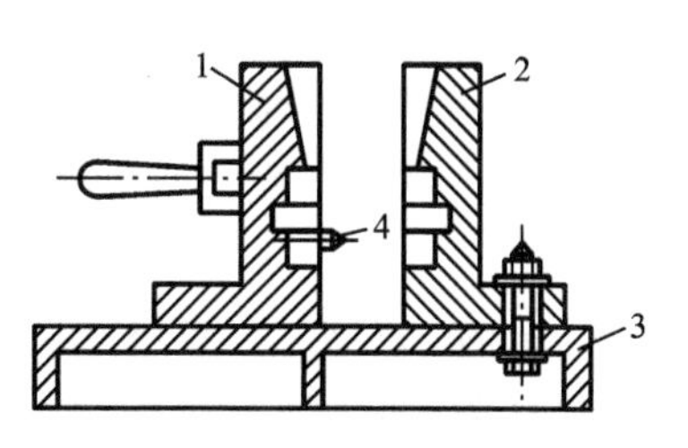

图3-17 垂直分型式铸型

1—动型 2—定型

3—底座 4—定位销

2. 金属型铸造的特点和应用

① 生产率高，可实现“一型多铸”，提高生产率。

② 铸件精度和表面质量较高，精度可达 IT14～IT12，表面粗糙度值 *Ra* 可达到 12.5～6.3 μm。

③ 组织致密，力学性能较高。因金属型导热性能好，铸件冷却快，结晶过冷度较大，因此，组织较致密。金属型铸件的力学性能比砂型铸件的要提高 10%～20%。

金属型铸造的主要缺点是金属型不透气，无退让性，铸件冷却速度快，从而容易使铸件产生浇不到、冷隔等缺陷，灰铸铁件容易出现白口缺陷。金属型的制造成本高，加工周期长。因此，金属型铸造主要用于大量生产非铁合金铸件，如飞机、汽车、拖拉机使用的铝合金活塞、汽缸体及铜合金轴瓦等。

3.3.2 压力铸造

压力铸造(pressure casting，简称压铸)是将液态合金在高压下高速充填入金属型型腔，并在一定压力下凝固的铸造方法。

1. 压力铸造过程

压力铸造使用的压铸机有多种，图 3-18a 所示的为立式冷压室压铸机的工作原理。立式冷压室压铸机由定型、动型及压室等组成。铸造时首先使动型与定型扣紧，再用活塞将压室中的熔融金属压射到型腔中(见图 3-18b)，凝固后打开铸型并顶出铸件(见图 3-18c)。

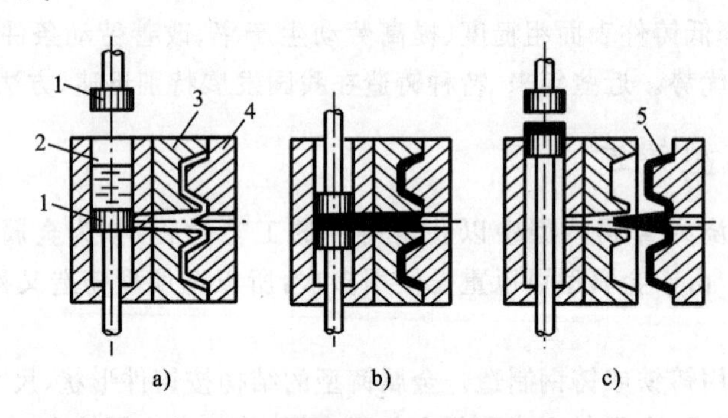

图 3-18 压力铸造

a) 合型浇注 b) 压射 c) 开型顶出铸件

1—活塞 2—压室 3—定型 4—动型 5—铸件

2. 压力铸造的特点及应用

① 生产率高。在铸造方法中压铸生产率最高，且可实现半自动化或自动化生产。

② 产品质量好。因压铸时冷却迅速并在高压下结晶，铸件组织更细密，压铸件强度比砂型铸件可提高 20%～40%。压铸件的精度可达 IT13～IT11，表面粗糙度值 *Ra* 一般为 3.2～0.8 μm，还可以直接铸出零件上的各种孔眼、螺纹、齿型、花纹、图案等。

③ 零件成本低。压铸件一般不需要再机械加工，省工、省料，可降低零件成本。

④ 适于大批量生产非铁合金铸件。因压铸设备投资大，制造压铸模费用高、周

期长，故只适于大批量生产。考虑铸型寿命的原因，压铸不适用于铸钢、铸铁等高熔点合金的铸造，生产中多用于压铸形状复杂的薄壁非铁金属小零件。

3.3.3 熔模铸造

熔模铸造(melted pattern casting)是用易熔材料(如石蜡)制成模样，在模样上包覆若干层耐火材料，制成型壳，然后加热使模样熔化流出，再将型壳高温焙烧成壳型，采用这种壳型浇注，金属冷凝后敲掉壳型获得铸件的方法。

1. 熔模铸造过程

熔模铸造过程如图 3-19 所示。

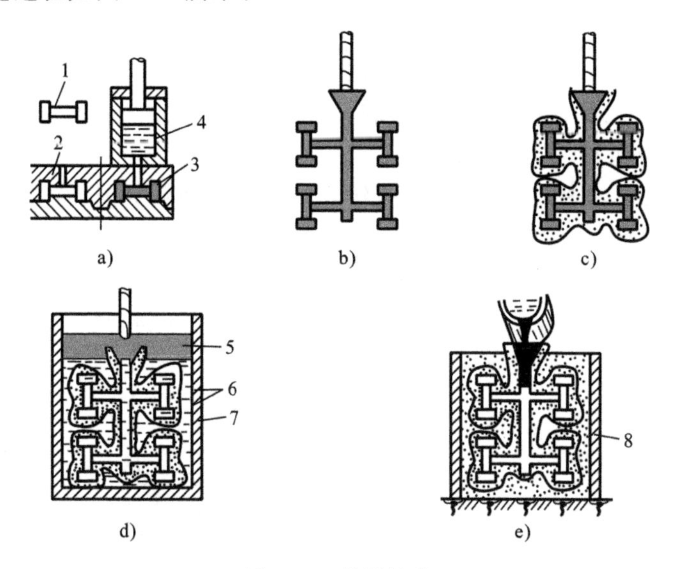

图 3-19 熔模铸造

a) 压铸蜡模 b) 组合蜡模 c) 粘制型壳 d) 脱蜡 e) 浇注

1—母模 2—压型 3—蜡模 4—压注 5—蜡液 6—热水 7—容器 8—砂箱

(1) 压铸蜡模 用类似压力铸造的方法，把熔化的蜡质材料(其中石蜡和硬脂酸的质量分数各占 50%)压入压型里，待冷却凝固后，就得到了蜡模，如图 3-19a 所示。

(2) 组合蜡模 为提高生产率，把许多蜡模粘合在蜡质的浇注系统上，成为蜡模组，如图3-19b所示。

(3) 蜡模组结壳和脱蜡 先在蜡模组表面包覆若干层耐火材料制成型壳，接着放进热水中，使石蜡熔化流出，形成铸型型腔。然后，再将型壳进行高温焙烧，以提高铸型强度及排除残蜡和水分，如图 3-19c、d 所示。

(4) 浇注 为防止浇注时铸型产生变形或破裂，通常把铸型放在铁箱中，周围填入干砂，然后再进行浇注，如图 3-19e 所示。

2. 熔模铸造的特点和应用

① 铸件尺寸精度可达 IT14～IT11，表面粗糙度值 Ra 一般为 12.5～1.6 μm，且可

铸出形状复杂的铸件。

② 适于铸造各种金属材料,对于耐热合金的复杂铸件,熔模铸造几乎是唯一的生产方法。

③ 生产批量不受限制,且便于实现机械化流水线生产。

④ 生产成本高,工序繁杂,生产周期较长。

⑤ 不适合铸造大型铸件,铸件的重量一般不超过 25 kg。

熔模铸造是少无切削加工工艺的重要方法。它主要应用于汽轮机、涡轮发动机叶片和叶轮的生产,在纺织机械、汽车、拖拉机、机床及电器等制造部门也有应用。

3.3.4 离心铸造

离心铸造(centrifugal casting)是将液态金属浇入高速旋转的铸型内,在离心力作用下充型、凝固后获得铸件的方法。离心铸造可分为立式和卧式两大类。

1. 离心铸造过程

立式离心铸造如图 3-20a 所示。当铸型绕竖直轴线回转时,浇注入铸型中的熔融金属的自由表面呈抛物线形状,因此立式离心铸造不宜用于生产轴向长度较大的铸件。卧式离心铸造如图 3-20b 所示。当铸型绕水平轴回转时,浇注入铸型中的熔融金属的自由表面呈圆柱形状,所以卧式离心铸造常用于铸造要求壁厚均匀的中空铸件。

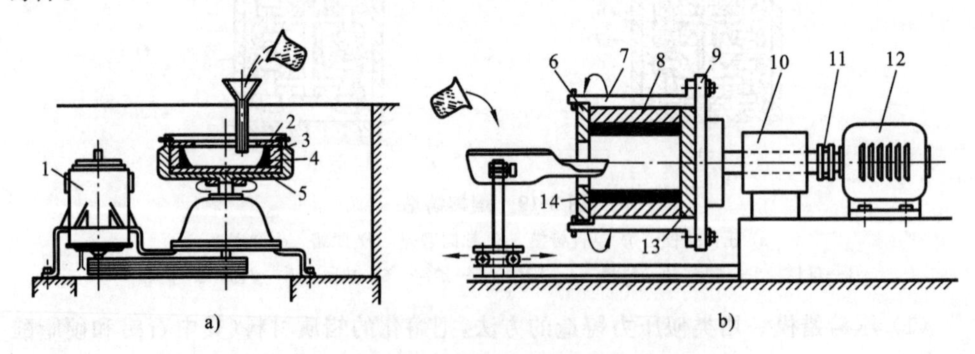

图 3-20 离心铸造

a) 立式离心铸造 b) 卧式离心铸造

1,12—电动机 2—盖板 3,7—金属型 4,14—铸件 5—外壳 6—前盖

8—衬套 9—后盖 10—轴承 11—联轴器 13—底板

2. 离心铸造的特点及应用

① 在离心力作用下结晶后,铸件内没有或很少有气孔、缩孔和非金属夹杂物,结晶组织致密,铸件的力学性能高。

② 一般不设置浇注系统和冒口,提高了金属的利用率。

③ 离心铸造适用于各种合金的铸造,便于铸造薄壁件和双金属铸件,如在钢套上镶铸薄层铜材制作滑动轴承。

④ 孔壁表面质量较差，尺寸也不准确，精度可达 IT14～IT12，表面粗糙度值 *Ra* 一般为 12.5～6.3 μm。

离心铸造主要用于生产空心旋转体铸件，如各种套类、环类、管类铸件等。

3.4 铸件质量检验与缺陷分析

1. 铸件的质量检验

铸件清理后，应进行质量检验。检验铸件质量最常用的方法是宏观法。它是通过肉眼观察（或借助尖嘴锤）找出铸件的表面缺陷和皮下缺陷，如气孔、砂眼、夹渣、黏砂、缩孔、浇不到、冷隔等。铸件内部的缺陷则要通过一定的仪器进行无损检验，如进行耐压试验、磁力探伤、超声波探伤等才能发现。若有必要，还可对铸件（或试样）进行解剖检验、力学性能检测和化学成分分析等。

2. 铸造缺陷分析

铸件质量的好坏，关系到机器（产品）的质量及生产成本，也直接关系到经济效益和社会效益。铸件结构、原材料、铸造工艺过程及管理状况等都对铸件质量有影响。所以对已发现的铸造缺陷，应分析产生的原因，以便采取相应措施改善铸件质量。表 3-2 列出了常见的铸造缺陷及产生的主要原因。

表 3-2 常见铸造缺陷及产生的主要原因

缺陷名称	图 例	特 征	产生的主要原因
气孔	气孔	在铸件内部或表面有大小不等的光滑孔洞	型砂含水过多，透气性差；起模和修型时刷水过多；型芯烘干不良或型芯排气道堵塞；浇注温度过低或浇注速度过快等
缩孔	缩孔	缩孔多分布在铸件厚截面处，形状不规则，孔内表面粗糙	铸件结构不合理，如壁厚相差过大，无法进行补缩。浇注系统和冒口的位置不对，或冒口过小；浇注温度太高，或合金化学成分不合理，收缩过大
砂眼	砂眼	铸件内部或表面带有砂粒的空洞	型砂或芯砂的强度不够；砂型和型芯的紧实度不够；合型时砂型局部损坏；浇注系统不合理，金属液冲坏了砂型

续表

缺陷名称	图　　例	特　　征	产生的主要原因
黏砂	黏砂	铸件表面粗糙，黏有砂粒	型砂和芯砂的耐火性不够；浇注温度太高；未刷涂料或涂料太薄
错型		铸件沿分型面有相对位置错移	模样的上半模和下半模未对好；合型时，上、下砂型未对准
冷隔		铸件上有未完全融合的缝隙或凹坑，其交接处是圆滑的	浇注温度太低，浇注速度太慢或浇注金属液流有中断；浇注系统位置开设不当或内浇道横截面太小
浇不到		铸件不完整	浇注时金属液量不够；浇注时金属液从分型面流出；铸件太薄；浇注温度太低；浇注速度太慢
裂纹	裂纹	铸件开裂，开裂处金属表面氧化	铸件结构不合理，壁厚相差太大；砂型和型芯的退让性差；落砂过早

复习思考题

1. 在机械制造业中，为什么铸造的应用十分广泛？试举出几种常见的铸件以及不适宜铸造生产的零件。

2. 试述型(芯)砂的组成和应具备的主要性能。

3. 模样、铸件、零件三者有何联系？在形状和尺寸上又有哪些区别？

4. 什么是分模面？分模造型时模样应从何处分开？为什么？

5. 什么是分型面？选择分型面应考虑哪些问题？

6. 为保证型芯的性能要求，制芯工艺上应采取哪些措施？

7. 冒口、冷铁的作用是什么？它们各设置在铸件的什么位置？

8. 浇注系统一般由哪几部分组成？它们的作用是什么？内浇道应如何设置？

9. 常用特种铸造方法有哪些？各有哪些特点？

10. 试确定下列零件在大批生产条件下，分别应采用何种铸造方法。

(1)铝合金活塞；(2)汽轮机叶片；(3)大口径铸铁管；(4)柴油机汽缸套；(5)摩托车汽缸体；(6)大模数齿轮滚刀；(7)车床床身；(8)汽车喇叭本体。

11. 结合实习中出现的铸造缺陷和废品，分析产生的原因，提出解决措施。

第4章 锻 压

本章重点 制造工程中常用材料的塑性成形工艺,锻压成形方法,常用材料锻压成形方法的特点。

学习方法 先进行集中讲课,然后进行现场教学,最后按照要求,让学生进行机器自由锻和模锻成形方法的操作训练,并按教材中的要求将现场教学和操作中的内容填写入相应的表格,回答相应的问题。

4.1 概述

锻压(forging and stamping)生产包括锻造和冲压两种方式,属于压力加工的一部分。

金属压力加工是借助外力的作用使金属坯料产生塑性变形,以获得所需形状尺寸和力学性能的原材料、毛坯或零件的加工方法。因此,用于压力加工的材料必须具有良好的塑性,以便在压力加工时能产生较大的塑性变形而不破坏。钢和大多数非铁金属及其合金都具有较好的塑性,均可进行压力加工。

压力加工的主要方式有以下几种。

① 轧制,使坯料通过一对旋转轧辊之间的孔型,受力而成形的方法,如图 4-1a 所示。

② 拉拔,将坯料拉过拉拔模模孔,使其截面减小,坯料变形的方法,如图 4-1b 所示。

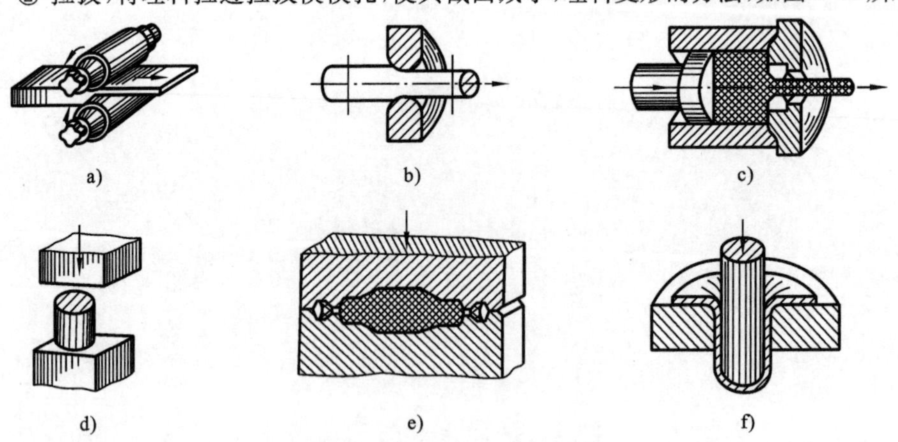

图 4-1 压力加工的主要方式

a) 轧制 b) 拉拔 c) 挤压 d) 自由锻 e) 模锻 f) 板料冲压

③ 挤压,将坯料置于挤压模模腔中,借助凸模强大挤压力,使其从挤压模孔隙中挤出而成形的方法,如图 4-1c 所示。

④ 自由锻,将加热后的金属坯料置于上、下砧铁之间,使其在冲击力或压力作用下成形的加工方法,如图 4-1d 所示。

⑤ 模锻,将加热后的坯料置于模锻模膛内,使其在冲击力或压力作用下产生塑性变形而成形的加工方法,如图 4-1e 所示。

⑥ 板料冲压,将金属坯料置于冲模之间,承受冲击压力,以使坯料切离或变形的加工方法,如图 4-1f 所示。

以上前三种方式以生产型材(如角钢、工字钢、板材、管材、线材等)为主,后三种方式常用来生产零件或毛坯。

与铸件相比,锻压件最主要的优点是组织致密、力学性能高。承受重载荷及冲击载荷的重要零件(如重要齿轮、主轴等)通常都采用锻造加工。然而,由于受到金属塑性变形特点的限制,它难以像铸造那样可用于制出形状(尤其内腔)复杂的坯件。

金属压力加工广泛应用于国防、机械、电器、仪表及各种生活用品的制造中。

4.2 金属的加热和锻件的冷却方法

1. 金属的可锻性

金属的可锻性(forgeability)是衡量金属材料的压力加工难易程度的工艺性能,它是塑性和变形抗力两个因素的综合结果。塑性好、变形抗力小,则可锻性好;反之,则可锻性差。

金属的可锻性既与化学成分、组织结构有关,又与变形条件(如变形温度、受力状态)等有关。一般来说,纯金属的可锻性较合金的好;固溶体的可锻性较化合物的好;低碳钢、低合金钢的可锻性比高碳钢、高合金钢的可锻性好;细晶粒材料的塑性较粗晶粒的好,但变形抗力会增大。

在一定的变形温度范围内,温度升高,可使金属的变形抗力降低,塑性提高,从而改善锻造性。同一金属采用不同的变形方法,其产生的应力状态不同,因而表现出不同的锻造性。例如,金属在被挤压时三向受压,表现出较高的塑性和较大的变形抗力;在被拉拔时两向受压,一向受拉,表现出较低的塑性和较小的变形抗力。因此,塑性差的材料采用挤压的变形方法较为有利,而塑性好的材料采用拉拔的变形方法较为有利。

2. 加热的目的和要求

锻压时加热金属的目的是为了提高金属的塑性(plasticity),降低变形抗力,亦即提高金属的可锻性,以利于金属的变形。

加热过程中,金属表面会被氧化而形成氧化皮,不仅造成金属损耗,而且在锻压过程中可能会被压入锻件表面,使其表面质量下降,同时还会降低模具的使用寿命。此外,表面层的碳分子被烧损时会产生脱碳现象,使零件表面的力学性能降低,因此钢的脱碳层深度不应超过加工余量。

钢的加热温度越高，加热时间越长，则氧化皮越多，脱碳层越深。因此，加热金属时要求在坯料均匀热透的前提下，用最短的时间加热到所需的温度，以减少氧化皮和脱碳层，并节省燃料的消耗。在精锻、精轧等精密压力加工中，可采用盐浴炉无氧化加热、电接触加热或电感应加热等方法。

3. 锻造温度范围

金属的加热应控制在一定的温度范围内。当加热温度超过一定值时，晶粒急剧长大，金属的力学性能降低，这种现象称为“过热”(over heat)；若加热温度更高(接近熔点)，晶粒边界被氧化，破坏了晶粒间的结合，就会使金属完全失去可锻性，成为无法挽救的废料，这种现象称为“过烧”(burning)。锻压时，金属允许加热的最高温度，称为始锻温度(start forging temperature)。

金属在锻压过程中，温度逐渐降低，当温度降低到一定程度后，塑性降低，变形抗力增大，不但锻压困难，而且容易开裂，因此必须停止锻造。金属停止锻造的温度，称为终锻温度(finish-forging temperature)。

常用钢材的锻造温度范围列于表 4-1 中。

表 4-1　常用材料的锻造温度范围

材料种类	始锻温度/ ℃	终锻温度/ ℃	材料种类	始锻温度/ ℃	终锻温度/ ℃
低碳钢	1 200～1 250	800	低合金工具钢	1 100～1 150	850
中碳钢	1 150～1 200	800	高速工具钢	1 100～1 150	900
碳素工具钢	1 050～1 150	750～800	铝合金	450～500	350～380
合金结构钢	1 100～1 180	850	铜合金	800～900	650～700

锻造时金属的温度可以用仪表测量，也可用观察金属火色(即坯料的颜色)的方法来判断。钢材的温度不同，其外表上会现出不同的颜色，故在加热和锻压时可依据钢材的火色大致估计其温度，实际生产中称为“看火色”。

钢材火色和温度之间的关系如表 4-2 所示。

表 4-2　钢材火色和温度之间的关系

火　　色	大致温度/ ℃	火　　色	大致温度/ ℃
亮色	＞1 300	淡红	900
淡黄	1 200	樱红	800
橙色	1 100	暗红	700
橘黄	1 000	暗褐	＜600

4. 加热设备

在锻造生产中，加热坯料的方法按热源类型不同分为火焰加热和电加热等。常用的加热设备有火焰炉和电炉等。

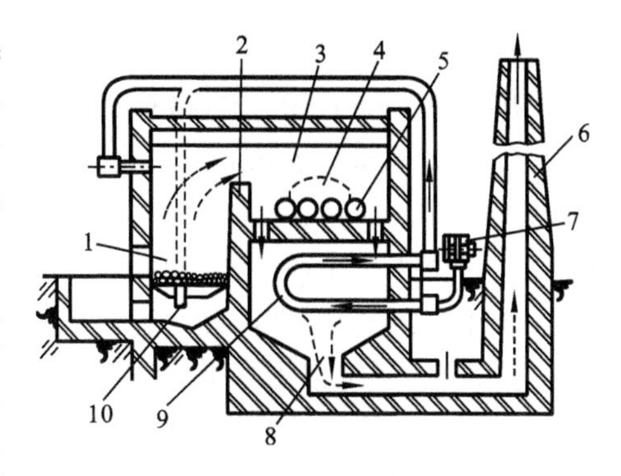

图4-2　火焰反射炉结构示意图

1—燃烧室　2—火墙　3—加热室　4—炉门　5—坯料　6—烟筒　7—鼓风机　8—烟道　9—换热器　10—送风管

(1) 火焰加热　火焰加热(flame heating)是利用燃料(如煤、焦炭、煤气、燃料油等)燃烧放出的热量,对坯料进行加热的方法。火焰炉多为室式炉,常用于中小锻件单件、小批的生产。

实际生产中,我国使用较广的是火焰反射炉,其结构如图4-2所示。火焰反射炉用烟煤作燃料,燃料在燃烧室内燃烧,高温炉气(或火焰)越过火墙经炉顶反射到加热室中对坯料进行加热,其加热室的最高温度可达1 350 ℃。

火焰反射炉热效率较高,燃料消耗较少,加热速度也较快。因燃烧室和加热室将燃料和坯料分隔开来,坯料不直接与燃料接触,故加热较为均匀,但其结构较为复杂。

(2) 电加热　电加热(electric heating)是将电能转化为热能对坯料进行加热的方法。按电能转化为热能的方式不同分为电阻加热、接触加热和感应加热三种,如图4-3所示。

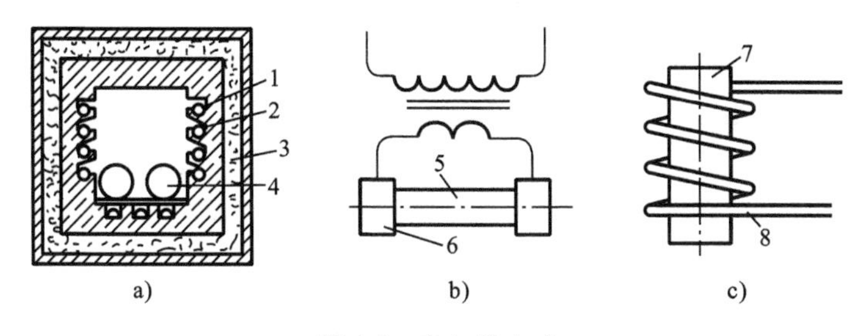

图4-3　电加热方式

a) 电阻加热　b) 接触加热　c) 感应加热

1—电热元件　2—耐火材料　3—隔热材料　4,5,7—工件　6—夹头　8—感应线圈

电阻炉是利用电流通过电阻元件产生电阻热,以辐射方式加热坯料的设备。用于锻造生产的电阻炉有中温电阻炉(最高使用温度为950 ℃)和高温电阻炉(最高使用温度为1 350 ℃)两种。前者主要用来加热非铁金属的小型锻件的坯料,后者主要用来加热高温合金、高合金钢坯料等。电阻炉多为箱形,升温慢,但温度控制较准确。

接触加热设备是利用变压器产生的大电流,通过金属坯料产生电阻热进行加热的设备。其加热速度快,氧化脱碳少,适用于加热小型棒料。

感应加热炉是利用交流电通过感应线圈而产生交变磁场,使置于线圈中的金属坯料产生涡流热效应来进行加热的设备。感应炉加热速度快,金属损耗率低,常用于大量、中批生产及自动化生产中。

5. 锻件的冷却

对锻制好的锻件还必须进行正确的冷却,才能保证产品质量。锻件的冷却方式有三种。

① 空冷(air cooling),指在无风的空气中,将锻件放在干燥的地面上冷却。

② 坑冷(cooling in hole),指将锻件放入充填有炉灰、砂子、石灰等保温材料的坑中较慢冷却。

③ 炉冷(furnace cooling),指在锻件锻制完成后,立即将其放入 500～700 ℃的加热炉中,随炉缓慢地冷却至较低温度后再出炉冷却。

通常,碳素结构钢和低合金结构钢的中、小型锻件采用空冷方式,高合金钢一般采用冷却速度较慢的坑冷或炉冷方式,以防止表面硬化及可能出现的表面裂纹。

4.3　自由锻

1. 自由锻的特点和应用

金属在上、下砧铁之间受压力作用产生变形,在水平面的各个方向能自由流动的锻造,称为自由锻造(open die forging),简称自由锻。

自由锻使用的工具简单,操作灵活,可加工小到几十克、大到几百吨重的锻件。但是,该方法生产效率低,工人劳动强度大,加工余量大,且不能获得形状较复杂的锻件。所以,自由锻只适用于大型、重型锻件的单件、小批生产。

自由锻分为手工自由锻和机器自由锻两种。手工自由锻是用手工工具进行锻造,它是最原始的锻造生产方法。手工锻所用的设备和工具简单,投资少,但劳动强度大,生产率低,适用于修理工作以及机器锻的辅助工作。机器自由锻是用锻锤或液压机代替手工操作,它的生产率较高,是目前自由锻的主要方法,也是制造大型锻件的唯一方法。

2. 自由锻设备

手工自由锻常用的工具有铁砧、大锤、小锤、手钳、冲子、凿子和型锤等,如图 4-4 所示。

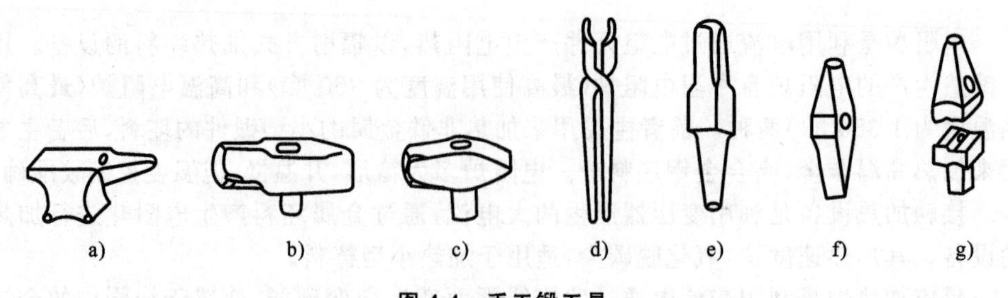

图 4-4　手工锻工具

a) 铁砧　b) 大锤　c) 小锤　d) 手钳　e) 冲子　f) 凿子　g) 型锤

常用的自由锻设备有空气锤(air hammer)、蒸汽-空气锤(steam-air forging hammer)和水压机(hydraulic press)等。其中空气锤应用最为广泛。

图 4-5 为空气锤的结构和工作原理示意图。它有压缩气缸和工作气缸，压缩气缸内有压缩活塞，由电动机经减速机构及曲柄-连杆机构带动而作上下运动。当压缩活塞上升时，将空气压入工作气缸的上部，使工作活塞连同锤头和上砧铁下击。当压缩活塞下降时，将空气压入工作气缸的下部，使工作活塞连同锤头上升。

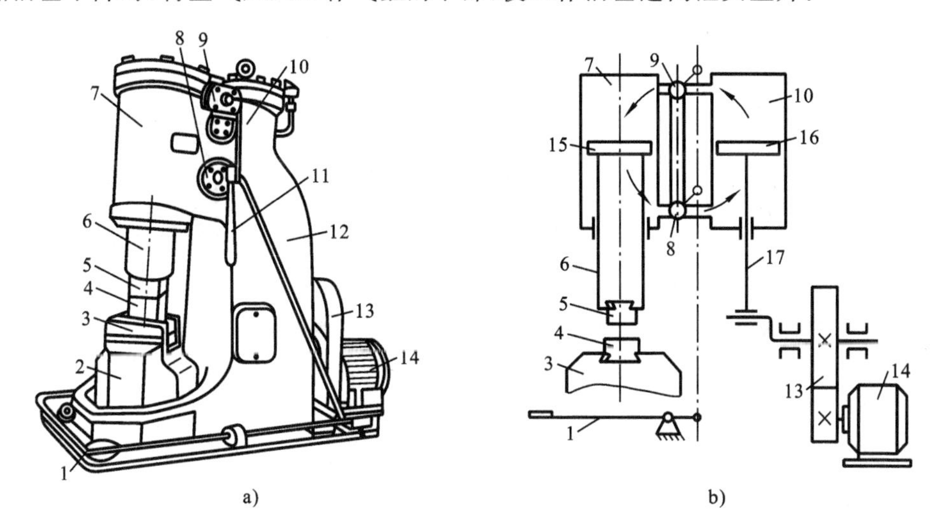

图 4-5 空气锤的结构和工作原理

a) 空气锤结构 b) 空气锤工作原理图

1—踏杆 2—砧座 3—砧垫 4—下砧铁 5—上砧铁 6—锤头 7—工作缸 8—下旋阀 9—上旋阀 10—压缩缸 11—手柄 12—锤身 13—减速机构 14—电动机 15—工作活塞 16—压缩活塞 17—连杆

空气锤工作时，通过手柄或踏杆来操纵上、下控制阀的不同位置，在压缩气缸照常工作的情况下，使锤头完成上悬、连续锻打、单次锻打、下压等动作。

空气锤的吨位用落下部分(包括工作活塞、锤头、上砧铁)的重量表示。常用的空气锤吨位为 40～750 kg。空气锤的吨位根据锻件的材料、大小和形状来选择。

对于大中型锻件，可用蒸汽-空气锤或水压机进行锻造。蒸汽-空气锤及水压机和空气锤相比可以提供较大的锻造力，特别是水压机，它采用静压力锻造，可使作用力深入到坯料内部，使坯料内部也能充分变形，而且，工作时振动小，劳动条件好，是生产大型锻件不可缺少的设备。

3. 自由锻工序

各种锻件的自由锻成形过程都由一个或几个工序组成。根据变形性质和程度的不同，自由锻工序可分为基本工序、辅助工序和精整工序三类。改变坯料形状和尺寸、实现锻件基本成形的工序称为基本工序，如镦粗、拔长、冲孔、弯曲、扭转、切断等。为便于实施基本工序而预先使坯料产生少量变形的工序称为辅助工序，如压钳口、倒棱、压肩等。为提高锻件的形状精度和尺寸精度，在基本工序之后进行的小量修整工序称为精整工序，如滚圆、平整等。

(1) 镦粗 镦粗(upsetting)是使坯料高度减小、横截面积增大的操作，是自由锻最基本的工序。镦粗分为完全镦粗和局部镦粗，如图 4-6 和图 4-7 所示。局部镦粗又可以分为端部镦粗和中间镦粗两种。镦粗常用于锻造饼、块类锻件，如齿轮坯、法兰盘等。而在环、套筒等空心锻件锻造中，镦粗则作为冲孔前的预备工序，可使坯料截面积增大、高度减小和表面平整。此外，它也可作为提高锻件力学性能的预备工序。镦粗操作的工艺要点如下。

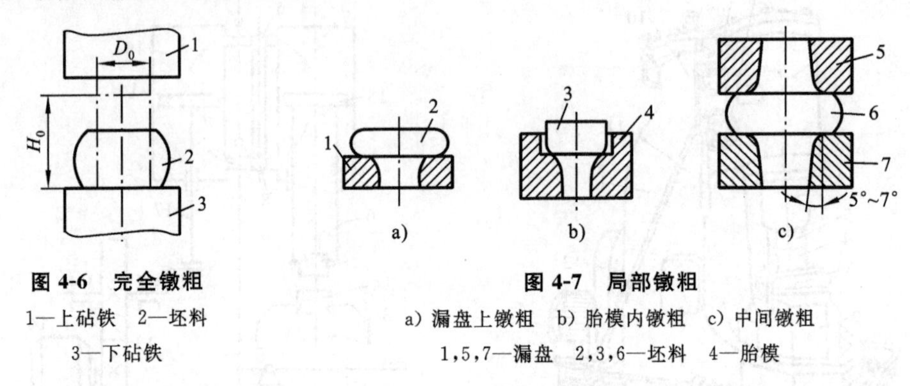

图 4-6　完全镦粗

1—上砧铁　2—坯料　3—下砧铁

图 4-7　局部镦粗

a) 漏盘上镦粗　b) 胎模内镦粗　c) 中间镦粗

1,5,7—漏盘　2,3,6—坯料　4—胎模

① 镦粗坯料的原始高度 H_0 与直径 D_0 的比值应小于 3，否则，镦粗时易使坯料镦弯，出现细腰等缺陷，甚至产生折叠(锻件中部形成夹层)现象，使锻件报废。同时，坯料的端面应平整并与坯料中心线垂直，否则易镦歪，如图 4-8 所示。

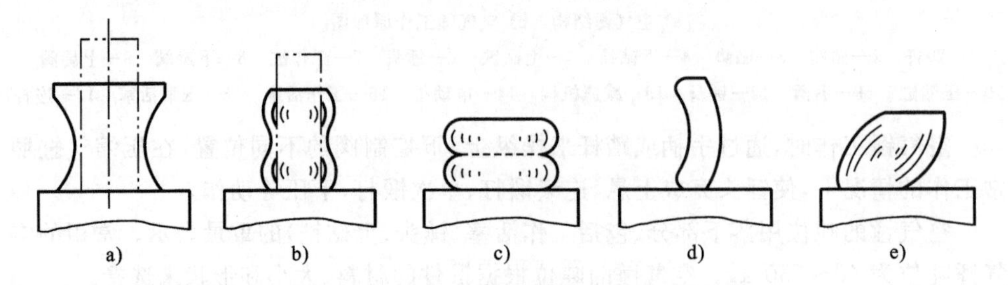

图 4-8　镦粗缺陷

a) 细腰　b) 双鼓形　c) 折叠　d) 纵向弯曲　e) 镦歪

② 局部镦粗要采用具有相应尺寸的漏盘。漏盘口上应有圆角，孔壁应有斜度，以便于退出锻件。

(2) 拔长　拔长(stretching)是在垂直于坯料的轴向进行锻打，使坯料横截面积减小而长度增加的操作过程，又称为延伸。拔长主要用来锻造轴、杆类及长筒类锻件，也可和镦粗工序一起通过增大金属的变形量来改善锻件的内部质量。

为了保证坯料在整个长度上都被拔长，拔长时，必须一边不断地翻转锻打，一边沿轴线送进。翻转的方法如图 4-9 所示(图中数字表示锻打次序)。为防止拔长锻打时锻件的心部产生裂纹，无论是将工件截面由圆打成方、方打成圆，还是由大圆打成小圆，都应该先将坯料打成方形后再进行延伸，最后锻打成所需要的截面形状。图 4-10 所示的为将工件截面由大圆经拔长变成小圆的过程。

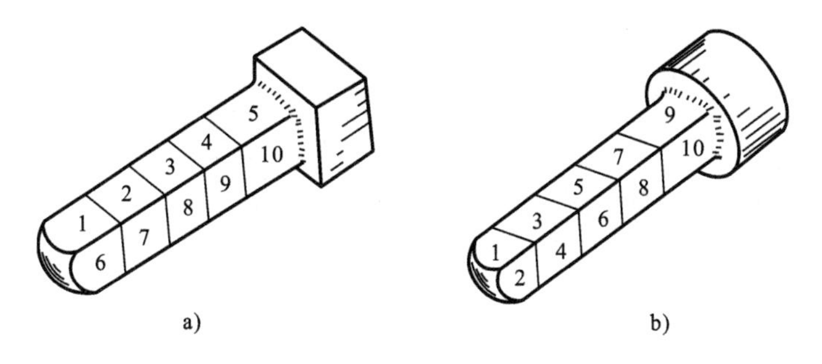

图 4-9 拔长时坯料的翻转方法

a）打完一面后翻转 90°　b）来回翻转 90°锻打

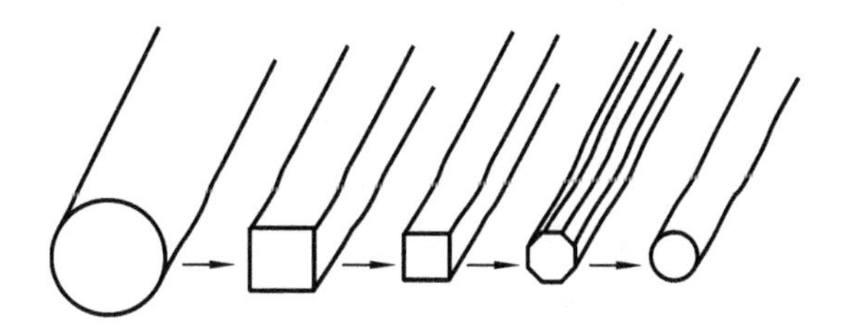

图 4-10 将工件截面由大圆锻打成小圆

拔长操作时，每次进给量 L 和压下量 h 要适当，否则（L 过小或 h 过大）不仅会影响生产效率，而且容易产生夹层等缺陷。综合考虑拔长效率和锻件质量的要求，通常取 $L=(0.3\sim0.7)B$（B 为砧铁宽度）。而单边压下量 $h/2$ 应小于 L，如图 4-11 所示。拔长后在整个锻件长度上表面并不平直，为了使锻件尺寸准确，表面光洁，拔长后应对锻件进行修整。圆形件的修整通常需在摔子内完成，如图 4-12 所示。

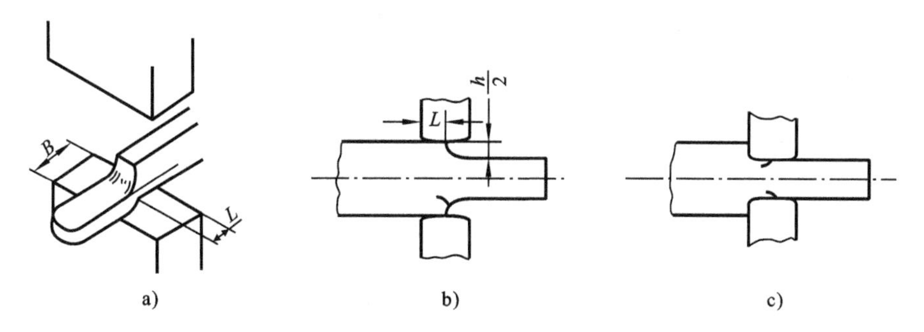

图 4-11 拔长时的送进量、压下量及夹层缺陷

a）送进量　b）压下量　c）夹层缺陷

（3）冲孔　冲孔（punching）是用冲子在坯料上锻出通孔或不通孔的操作过程，可分为双面冲孔和单面冲孔两种。

冲孔前，应先把要冲孔的坯料端面拍平；然后试冲，即先用冲子轻轻冲出孔的凹痕，观察凹痕是否在正确位置；在确定孔位正确后，再继续冲深，在冲深过程中，应注意始终保持冲子与砧面垂直，以防止冲歪。

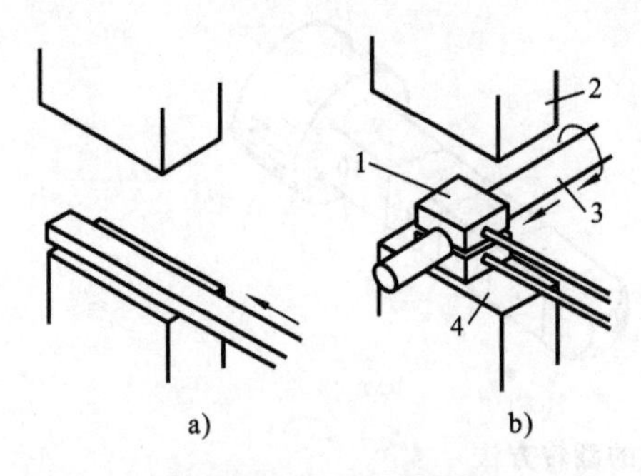

图 4-12　拔长后的修整

a) 修整矩形截面件　b) 修整圆形截面件

1—摔子　2—上砧铁　3—坯料　4—下砧铁

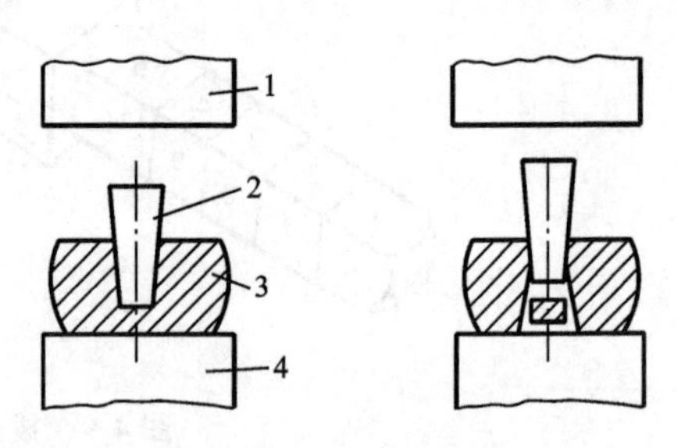

图 4-13　双面冲孔

1—上砧铁　2—冲子　3—坯料　4—下砧铁

对于厚度较大的锻件，一般采用双面冲孔法，即先把孔冲至坯料厚度的 2/3～3/4，然后取出冲子，翻转坯料，从反面将孔冲穿，如图 4-13 所示。

对于较薄的坯料，通常采用单面冲孔。这时，需用漏盘将坯料垫起，将冲子大头朝下，不断打击冲子，直至把孔冲穿为止，如图 4-14 所示。

(4) 弯曲　使坯料弯成一定的角度和形状的操作过程称为弯曲(bending)，如图 4-15 所示。弯曲时只需将坯料需要弯曲的部分加热。弯曲通常是在砧铁的边缘或砧角上进行。

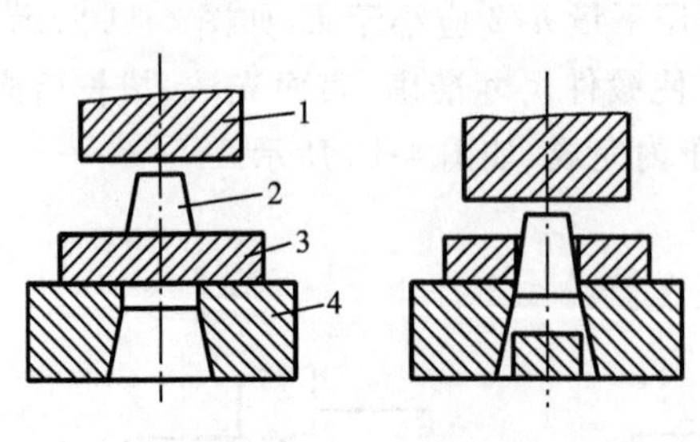

图 4-14　单面冲孔

1—上砧铁　2—冲子　3—坯料　4—漏盘

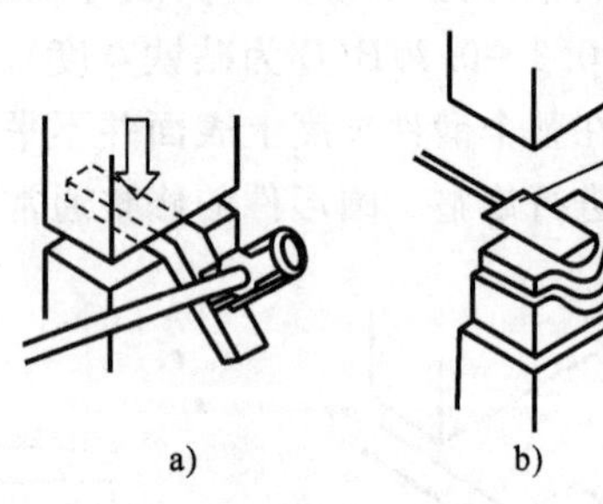

图 4-15　弯曲

a) 角度弯曲　b) 成形弯曲

1—成形压铁　2—坯料　3—成形垫铁

(5) 扭转　扭转(turning)是将坯料的一部分相对于另一部分旋转一定角度的操作过程，如图 4-16 所示。

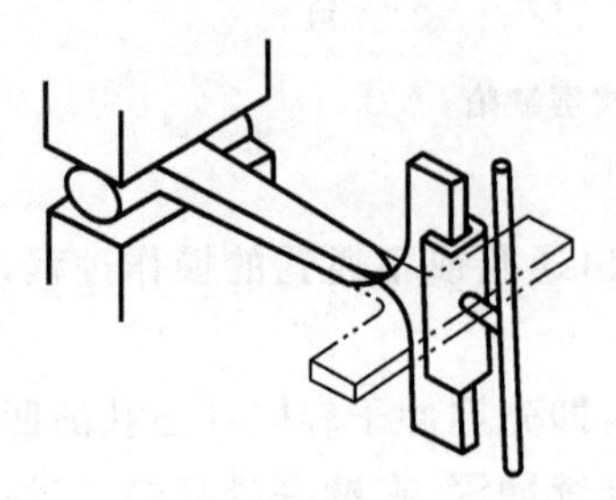

图 4-16　扭转

为防止锻件出现裂纹，扭转应在始锻温度下进行，并且被扭转变形的部分表面必须光滑，面与面的交接处应带有一定的过渡圆角。

(6) 切割　分割坯料或切除锻件多余部分的操作过程称为切割(incision)，如图 4-17 所示。

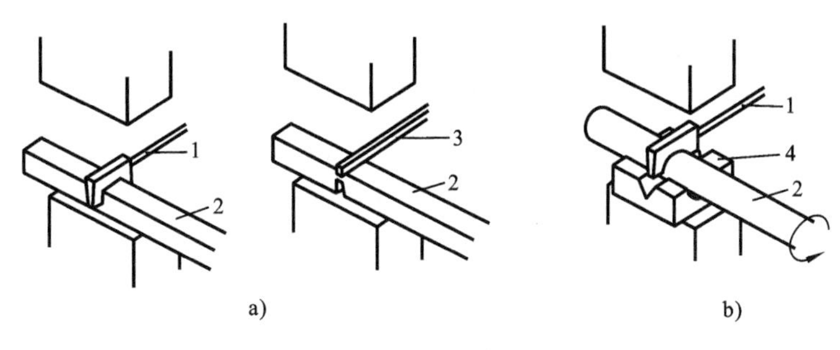

图 4-17　切割

a）方形件的切割　b）圆形件的切割

1—剁刀　2—工件　3—克棍　4—剁垫

切割方形截面工件时，先将剁刀垂直切入工件，快断开时，把工件翻转，再用剁刀或克棍截断。切割圆形截面工件时，需边切割边旋转，直至切断为止。

4. 自由锻工艺制订

制订自由锻工艺规程时，一般是首先绘制出锻件图，然后确定坯料质量和尺寸、变形工序和工具，进而选择设备，确定加热和冷却规范等。自由锻的锻件图是在零件图的基础上考虑加工余量、锻造公差、工艺余块等参数之后绘制而成的图样。阶梯轴毛坯的自由锻工艺实例如表 4-3 所示。

表 4-3　阶梯轴毛坯自由锻工艺

<table>
<tr><th>锻件名称</th><th>阶梯轴毛坯</th><th>序号</th><th>工序名称</th><th>工序简图</th><th>使用工具</th><th>操作要点</th></tr>
<tr><td>锻件材料</td><td>40Cr 钢</td><td rowspan="3">1</td><td rowspan="3">拔长</td><td rowspan="3">ϕ49</td><td rowspan="3">火钳</td><td rowspan="3">整体拔至 ϕ49±2</td></tr>
<tr><td>工艺类别</td><td>自由锻</td></tr>
<tr><td>设备</td><td>150 kg 空气锤</td></tr>
<tr><td>加热次数</td><td>2</td><td rowspan="3">2</td><td rowspan="3">压肩</td><td rowspan="3">48</td><td rowspan="3">火钳
压肩摔子</td><td rowspan="3">边轻打
边旋转锻件</td></tr>
<tr><td>锻造温度范围/℃</td><td>850～1 180</td></tr>
<tr><td colspan="2" rowspan="3">锻件图
ϕ32±2 (ϕ25)　ϕ49±2 (ϕ40)　ϕ37±2 (ϕ28)
42±3　82±3
270±5</td></tr>
<tr><td>3</td><td>拔长</td><td></td><td>火钳</td><td>将压肩一端拔至略大于 ϕ37</td></tr>
<tr><td>4</td><td>摔圆</td><td>ϕ37</td><td>火钳
摔圆摔子</td><td>将拔长部分摔圆至 ϕ37±2</td></tr>
</table>

续表

<table>
<tr><th>锻件名称</th><th>阶梯轴毛坯</th><th>序号</th><th>工序
名称</th><th>工序简图</th><th>使用工具</th><th>操作要点</th></tr>
<tr><td colspan="2" rowspan="3">坯料图
φ65
95</td><td>5</td><td>压肩</td><td>42</td><td>火钳
压肩摔子</td><td>截出中段长度 42 mm 后，将另一端压肩</td></tr>
<tr><td>6</td><td>拔长</td><td>（略）</td><td>火钳</td><td>将压肩一端拔至略大于 $\phi 32$</td></tr>
<tr><td>7</td><td>摔圆</td><td>（略）</td><td>火钳
摔圆摔子</td><td>将拔长部分摔圆至 $\phi 32 \pm 2$</td></tr>
<tr><td colspan="2">注：第 4 工序和第 5 工序之间进行第二次加热</td><td>8</td><td>修整</td><td>（略）</td><td>火钳
钢直尺</td><td>检查及修整轴向弯曲</td></tr>
</table>

4.4　模锻与胎模锻

模型锻造（简称模锻）是用模膛与锻件形状、尺寸相适应的锻模来控制坯料的流动，使之在模膛内成形，最终获得和锻模模膛相适应的锻件的锻造方法。模锻按锻模的固定形式可分为锤上模锻和胎模锻两种。

和自由锻相比，模锻的产品形状较复杂，精度较高，表面粗糙度较低，生产率较高，生产条件较好，但模锻设备造价高，尤其是锻模的造价高，损耗大，生产准备周期长，特别是工艺灵活性不好，故只适用于中、小型锻件的批量生产。

1. 锤上模锻

锤上模锻的设备为模锻锤，它与自由锻的蒸汽-空气锤结构类似。但其砧座比自由锻锤的砧座大，且与锤身连成一体；锤头沿高精度导轨运动，以保证上、下锻模准确合击。

锤上模锻的工作情况如图 4-18 所示。上、下模分别固定在锤头和砧座上，锻模用模具钢制成，具有较高的热硬性、耐磨性和抗冲击性能。模膛内与分模面垂直的表面都有 5°～10°的模锻斜度，以便于锻件出模。所有面与面的交角均有圆角，以防止模膛受力时开裂。形状复杂的锻件，需在一副锻模上开出几个模膛，坯料依次在各个模膛中逐步变形而获得锻件的最终形状。锤上模锻可用于锻制 150 kg 以下的锻件。

下料时，考虑到锻造的烧损量及飞边、连皮等消耗量，坯料的体积应稍大于锻件。

2. 胎模锻

在自由锻设备上，利用不固定于设备上的专用模具，在打击力作用下使锻件在模膛内成形的方法称为胎模锻(loose tooling forging)。法兰毛坯的胎模锻过程如图

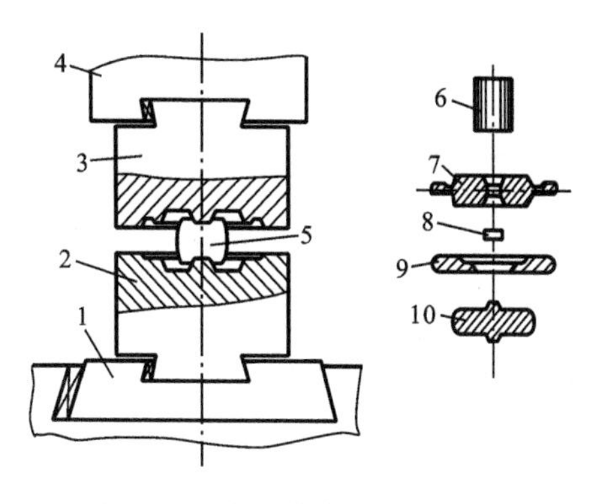

图 4-18 锤上模锻工作示意图

1—砧座 2—下模 3—上模 4—锤头

5,6—坯料 7—带飞边连皮的锻件

8—连皮 9—飞边 10—锻件

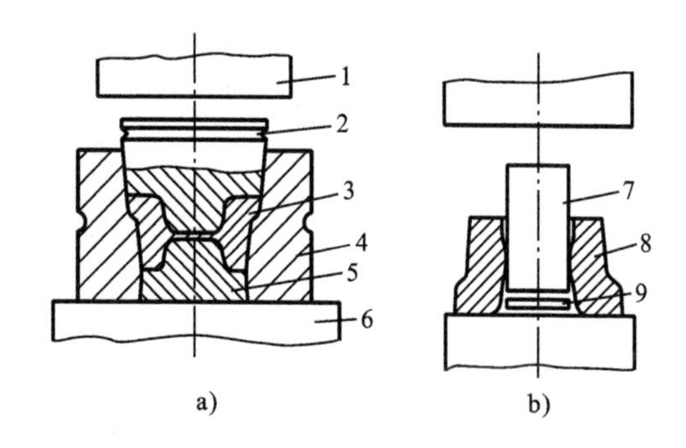

图 4-19 胎模锻过程

a) 模锻成形 b) 冲下连皮

1—锤头 2—冲头 3,8—锻件 4—模筒

5—模垫 6—砧座 7—冲子 9—连皮

4-19所示(先镦粗工序略)。

胎模锻是介于自由锻和模锻之间的一种成形方法。它不需要专用的模锻设备,锻模也较简单,所以加工成本低于模锻,锻件质量、材料的利用率高于自由锻。但胎模锻的模具要人工搬动,劳动强度大,影响生产率的提高,故只在中、小批量生产小型锻件时得到广泛应用。

4.5 板料冲压

利用冲模使板料分离或变形,从而获得冲压件的加工方法称为板料冲压。板料冲压的坯料厚度一般小于 4 mm,通常在常温下冲压,故又称为冷冲压。只有当板料厚度超过 8 mm 时,才采用热冲压。

用于冲压的原材料通常是具有良好塑件的金属材料(如低碳钢、奥氏体不锈钢、铜或铝及其合金)和非金属材料(如胶木、云母、纤维板、皮革等)。

冲压的生产率高,可以冲出尺寸精确、表面光洁、形状复杂的制品,而且冲压件重量轻、刚性好,冲压过程易于实现机械化和自动化。因此,冲压广泛应用于各个工业生产部门。

1. 冲压设备及模具

(1) 剪床 剪床(plane shear)是完成剪切工序(备料)的主要设备。图 4-20 为剪床的工作示意图。

(2) 冲床 冲床(press machine)亦称压力机,是进行冲压加工的主要设备。按其床身结构不同,可分为开式和闭式两类。图 4-21 所示为开式冲床的工作原理及其传动示意图。冲床的规格(吨位)是以滑块在最下端时,偏心轴所承受的最大力来表示的。开式冲床的规格为 6.3～200 t,闭式冲床的规格为 100～500 t。

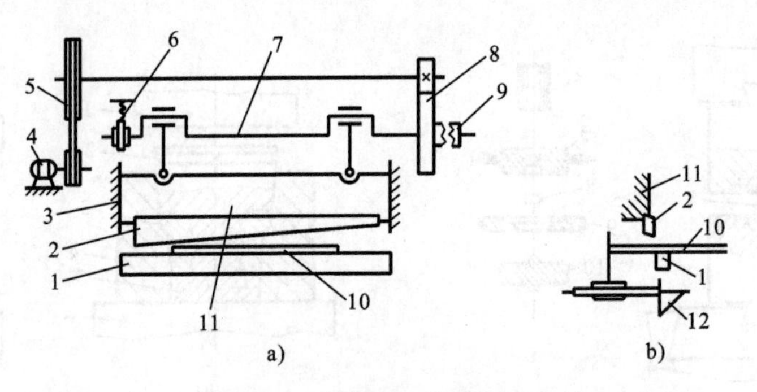

图 4-20　剪床工作示意图

a) 剪床的传动　b) 工作原理

1—下刀刃　2—上刀刃　3—导轨　4—电动机　5—带轮　6—制动器
7—曲轴　8—齿轮　9—离合器　10—板料　11—滑块　12—工作台

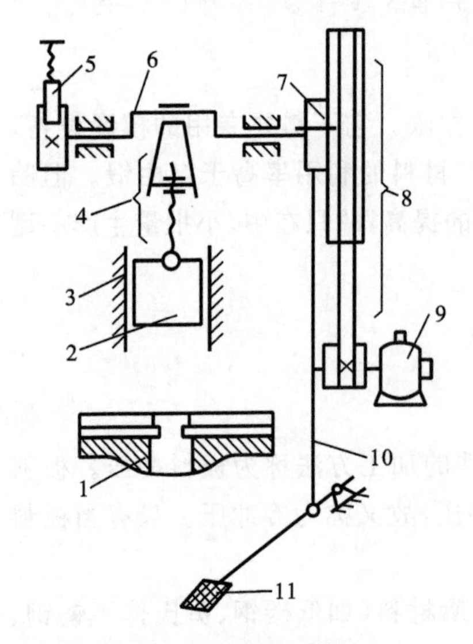

图 4-21　冲床示意图

1—工作台　2—滑块　3—导轨
4—连杆　5—制动器　6—曲轴
7—离合器　8—带传动减速机构
9—电动机　10—拉杆　11—踏板

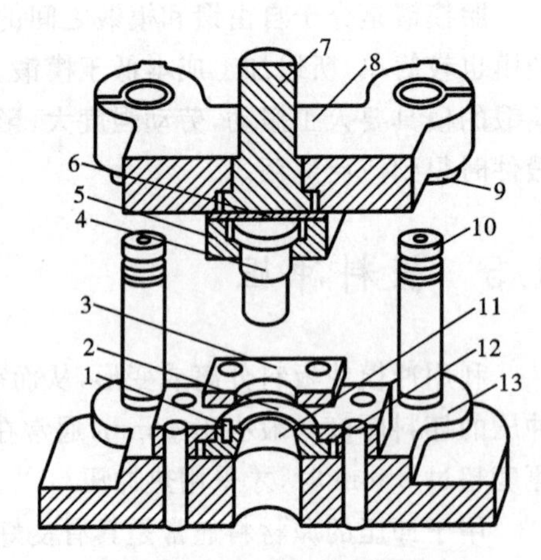

图 4-22　简单冲模示意图

1—定位销　2—导板　3—卸料板
4—凸模　5—凸模压板　6—模垫
7—模柄　8—上模板　9—导套　10—导柱
11—凹模　12—凹模压板　13—下模板

(3) 冲模　冲模是冲压的专用模具。常用的冲模有简单冲模(simple die,一个冲程只完成一道工序)、连续冲模(progressive die,一个冲程同时完成多工位的多道工序)和复合冲模(compound die,一个冲程在一个工位上同时完成多道工序)。简单冲模如图 4-22 所示。冲模由上模和下模组成。上模通过上模板和模柄固定在冲床滑块上,下模通过下模板用螺钉紧固在工作台上。凸模和凹模为冲模的工作部分,它们通过冲头压板和凹模压板分别固定在上、下模板上,用导套和导柱将冲头和凹模对准。导板和定位销分别用于控制坯料的送进方向和送进量。卸料板可使冲好的冲压件从凸模上脱落下来。

2. 冲压基本工序

冲压基本工序可分为分离工序(如切断、冲裁等)和变形工序(如拉深、弯曲等)两种。

(1) 切断　使坯料按不封闭轮廓分离的工序称为切断(cutting),如图 4-20b 所示。

(2) 冲裁　利用冲模使板料沿封闭轮廓与坯料分离的工序称为冲裁,如图 4-23 所示。它包括冲孔(punching)和落料(blanking)两种。二者的工艺过程及模具结构都一样,只是用途不同。落料是从板料上冲出一定外形的零件,冲下部分是成品。冲孔是用板料冲出一定内形的零件,冲下部分是废料。

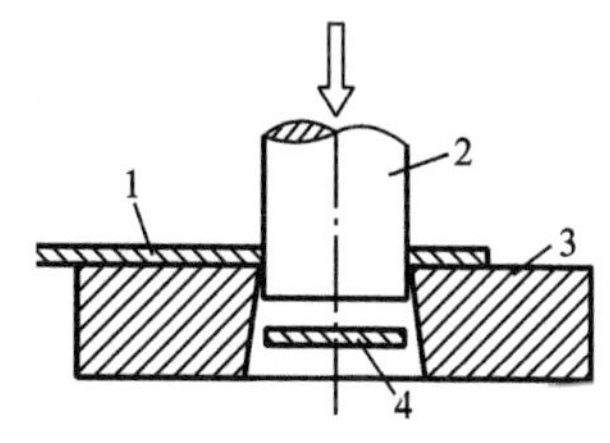

图 4-23　冲裁

1—板料　2—凸模
3—凹模　4—冲下部分

冲裁模的刃口必须锋利,凸模和凹模之间留有板厚的5%～10%的间隙。其中,落料用的凹模和冲孔用的凸模的工作尺寸(即刃口尺寸)应等于成品尺寸。若间隙不合适,则易产生毛刺。

(3) 弯曲　将板料弯成具有一定曲率和角度的工序称为弯曲(bending),如图4-24所示。

为了防止弯裂,凸模弯曲半径 r 应为板料厚度的 0.25～1 倍。弯曲应尽可能与材料纤维组织垂直或成 45°角。模具的角度应比成品的角度略小,以抵消弯曲后的回弹。

(4) 拉深　将板料冲压成中空状工件的工序称为拉深(drawing),如图 4-25 所示。

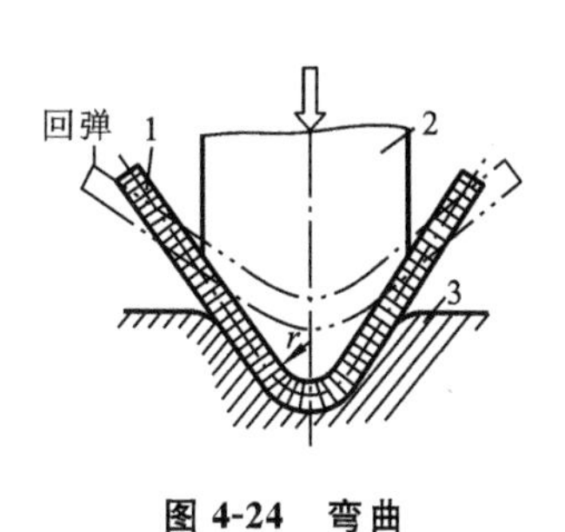

图 4-24　弯曲

1—工件　2—凸模　3—凹模

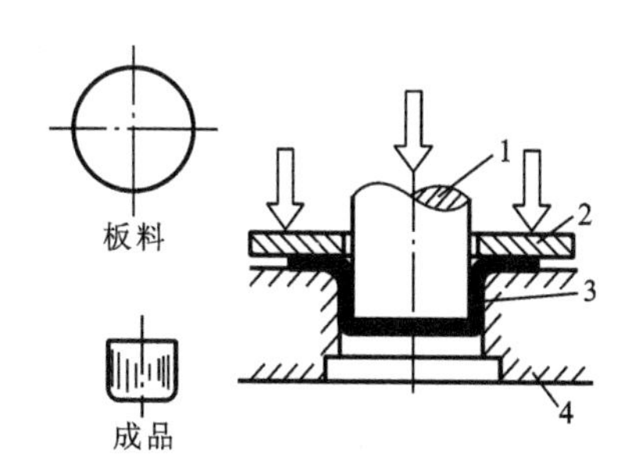

图 4-25　拉深

1—凸模　2—压边圈　3—工件　4—凹模

拉深模的工作部分应有圆角,以防止板料被拉裂。为了减小摩擦阻力,凸模与凹模之间应留有比板厚大 10%的间隙。深度大的拉深件要采用多次拉深,并要进行中间退火,以消除加工硬化。为防止拉深时板料起皱,要用压边圈压住板料。拉深前,板料上需涂润滑剂。

复习思考题

1. 说明“趁热打铁”的道理。锻造加热温度过高或过低对金属锻造性有何影响?
2. 自由锻最基本的工序有哪些?主要操作要领如何?
3. 锻件镦粗时,镦歪及夹层是怎样产生的?应如何防止和纠正?
4. 自由锻和模锻在坯料的成形方面各有何特点?二者相比各有何优缺点?
5. 模型锻造和胎模锻造有何异同?应用上有何区别?
6. 冲压生产有何特点?试举出两种日常生活中使用的冲压件。
7. 冲压基本工序分哪几类?各有什么特点?
8. 下列零件毛坯各应采用何种方式生产?说明理由及生产过程。
   (1)机床主轴;(2)喝水用的搪瓷缸;(3)大量生产的汽车发动机连杆;
   (4)成批的机床变速齿轮;(5)小批的起重吊钩。

第5章 焊 接

本章重点 制造工程中常用材料的焊接成形工艺，焊接成形方法，常用材料焊接成形方法的特点。

学习方法 先进行集中讲课，然后进行现场教学，最后按照要求，让学生进行手工电弧焊和 CO_2 气体保护焊方法的操作训练，并按教材中的要求将现场教学和操作中的内容填写入相应的表中，回答相应的问题。

5.1 概述

焊接(welding)是通过加热或加压等工艺措施，使两分离表面产生原子间的结合与扩散作用，从而形成永久性连接的材料成形方法。

1. 焊接的特点

① 焊接可将大而复杂的结构分解为小而简单的结构进行拼接。

② 焊接可实现不同材质的连接成形。

③ 焊接可实现特殊结构的生产。

④ 焊接结构重量轻，利用焊接方法制造运输工具可提高其承载能力。

2. 焊接的分类

焊接的分类如图 5-1 所示。

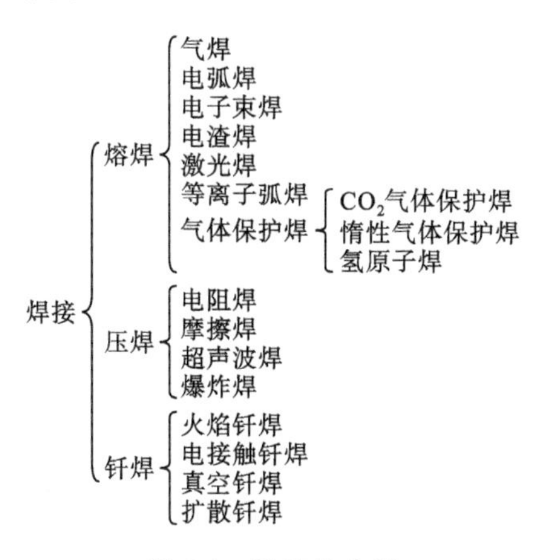

图 5-1 焊接的分类

3. 焊接的应用

焊接工艺的特点，使其成为制造金属结构和机器零件的一种基本工艺方法。焊接已广泛应用于锅炉、船体、高压容器、桥梁、家用电器等的制造中。另外，焊接还用于修补铸锻件的缺陷和磨损后的机器零件。

5.2　常用焊接工艺方法

5.2.1　手工电弧焊

手工电弧焊(hand arc welding)简称为手弧焊，是用手工操作焊条进行焊接的电弧焊方法，是最常用的一种焊接方法，如图 5-2 所示。

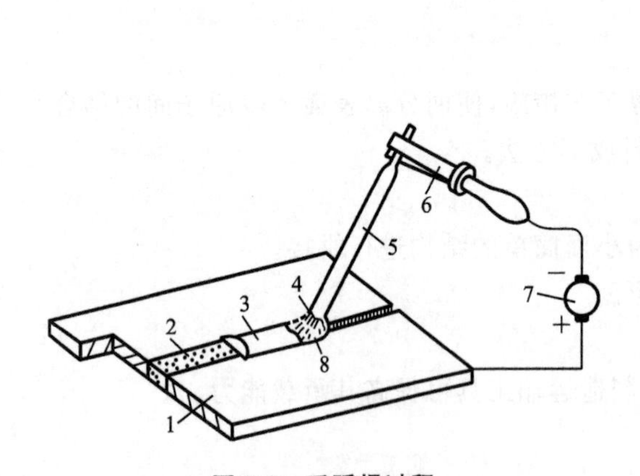

图 5-2　手弧焊过程

1—工件　2—焊缝　3—渣壳　4—电弧
5—焊条　6—焊钳　7—电焊机　8—熔池

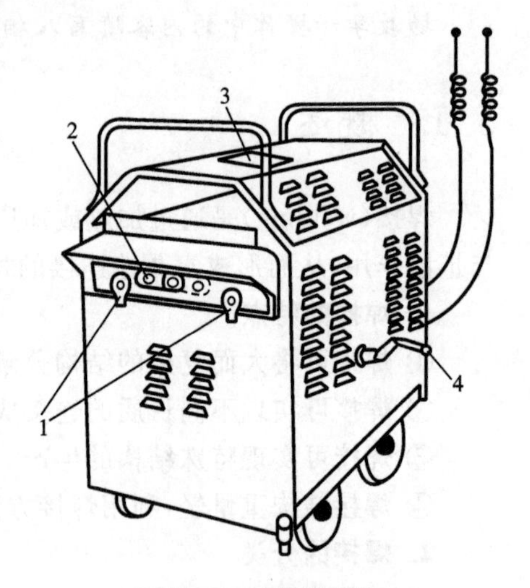

图 5-3　交流弧焊机

1—焊接电源两极(接工件和焊条)
2—线圈抽头(粗调电流)　3—电流指示器
4—调节手柄(细调电流)

1. 手弧焊设备和工具

手弧焊需要专用的弧焊电源。手弧焊电源也称为手弧焊机，简称为弧焊机。弧焊机根据提供的焊接电流不同，分为交流弧焊机和直流弧焊机两类。

(1) 交流弧焊机　交流弧焊机(AC arc welding machine)是一种特殊的降压变压器，具有结构简单、噪声小、成本低等优点，但电弧稳定性较差。如图 5-3 所示的为一种常见的交流弧焊机，型号为 BX1-330。其中“B”表示弧焊变压器，“X”表示下降外特性，“1”为系列品种序号，“330”表示弧焊机的额定焊接电流为 330 A。用工业电源(220 V 或 380 V)，降压电压空载时为 60～70 V，电弧燃烧时为 20～35 V。采用粗调和细调两步，粗调接头选定电流范围，左为 50～150 A，右为 175～430 A；细调用转动手柄进行调节，调节时根据电流指示盘将电流调节到所需值。

一般优先选用交流弧焊机，所用焊条限于酸性焊条。

(2) 直流弧焊机 直流弧焊机(DC welding machine)用一台电动机带动一台直流发电机,作为直流电源。直流弧焊机具有电弧稳定、引弧容易、焊接质量好等优点,但其结构复杂、噪声大、成本高、维修困难。图 5-4 所示的直流弧焊机型号为 AX1-500。其中,“A”表示弧焊发电机,“X”表示下降特性,“1”为系列产品序号,“500”表示弧焊机的额定焊接电流为 500 A。

图 5-4 直流弧焊机

直流弧焊机的输出有正极、负极之分,焊接时电弧两端极性不变。因此,弧焊机输出端有两种不同的接线方法:将焊件接到弧焊机正极,焊条接到负极称为正接,如图 5-5 所示;反之,将焊件接到负极,焊条接到正极,称为反接,如图 5-6 所示。

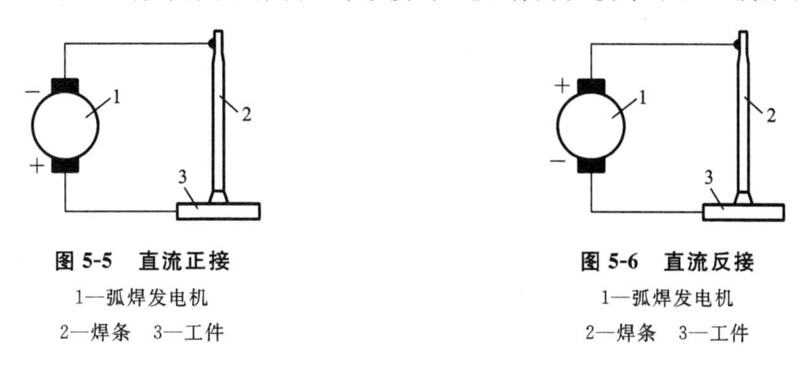

图 5-5 直流正接

1—弧焊发电机

2—焊条 3—工件

图 5-6 直流反接

1—弧焊发电机

2—焊条 3—工件

正接一般用于焊接厚板,此时电弧正极的温度和热量比较高,采用正接能获得较大的熔深;反接用于焊接薄板,此时主要是为了防止焊穿。

直流弧焊机使用酸碱两种焊条均可,但用碱性焊条时,应采用反接,以保证电弧燃烧稳定。

(3) 工具 手弧焊焊接时所使用的工具主要有夹持焊条或碳棒用的焊钳(见图 5-7)和保护眼睛和面部用的面罩,另外还有钢丝刷和尖头锤,用于清理和除渣。

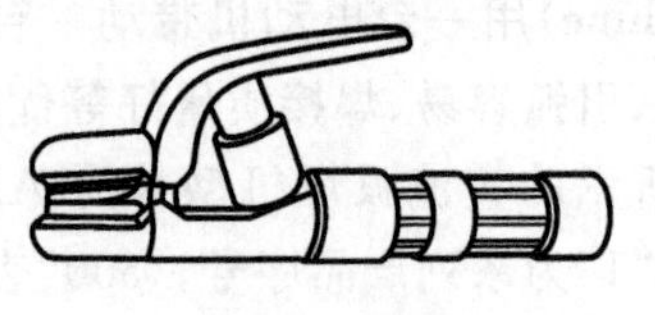

图 5-7　焊钳

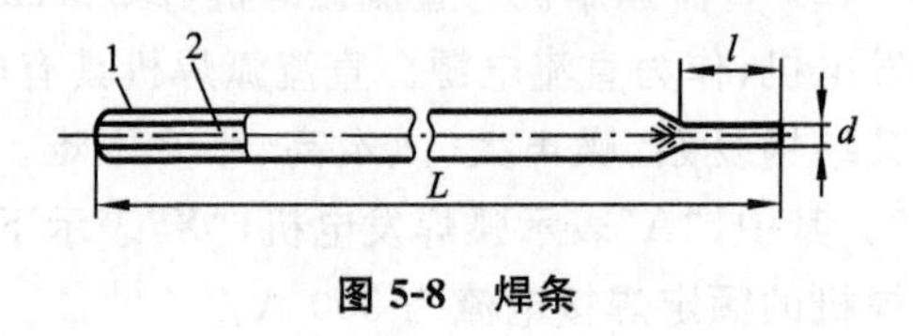

图 5-8　焊条

1—药皮　2—焊芯

2. 焊条

焊条(welding rod)是手弧焊时的焊接材料(焊接时所消耗的材料)。它由焊芯和药皮两部分组成,如图 5-8 所示。

焊芯是焊接专用的金属丝,它具有一定的直径和长度。焊芯的直径称为焊条直径 d,焊芯的长度即为焊条长度 L,l 为夹持导电部分长度。一般 $d=2\sim6$ mm,$L=300\sim400$ mm。目前,我国常用的碳素结构钢焊芯牌号有 H08、H08A、H08MnA 等,其中,“H”表示焊接用钢芯,“08”表示 C 的质量分数约为 0.8%,“A”表示高级优质碳素结构钢。

药皮是压涂在焊芯表面上的涂料层,由各种矿物质(如大理石、氟石等)、有机物(如纤维素、淀粉等)、铁合金(如锰铁、硅铁等)粉末组成。药皮有如下主要作用。

① 改善焊接工艺性能,使电弧容易引燃并保持电弧稳定燃烧,容易脱渣,适于全位置焊接,焊缝成形美观。

② 在电弧的高温作用下,药皮会产生大量气体(造气),并形成熔渣(造渣)覆盖在熔池上,阻止空气进入熔池而产生有害作用。

③ 药皮在熔池中能产生冶金作用,去除如 O、H、S、P 等有害杂质,同时增添有益的合金元素,改善焊缝金属质量,提高焊缝力学性能。

根据 GB/T 5117—1995 规定的碳素钢焊条型号,常见的有 E4303 和 E5015。在 E4303 中,“E”表示焊条,“43”表示熔敷金属抗拉强度的最小值 $R_m\geqslant430$ MPa,“0”表示全位置焊接,“03”组合表示药皮类型为钛钙型及交、直流两用。在 E5015 中,“50”表示熔敷金属抗拉强度最小值 $R_m\geqslant500$ MPa,“1”表示全位置焊接,“15”组合表示药皮熔渣为碱性。药皮中含有较多酸性氧化物(SiO_2、TiO_2、Fe_2O_3 等)的焊条称为酸性焊条,如 E4303、E4322 等;药皮中含有较多碱性氧化物(如 CaO、FeO、MnO、Na_2O 等)的焊条称为碱性焊条,如 E4315、E5015 等。酸性焊条能交、直流两用,焊接工艺性能好,但焊缝力学性能,特别是冲击韧度差,适用于一般低碳钢和相应强度的低合金钢结构的焊接。碱性焊条一般用直流电源,只有在药皮中加入很多稳弧剂后,才适合交、直流电源两用。碱性焊条脱 S、脱 P 能力强,焊缝金属具有良好的抗裂性和力学性能,特别是冲击韧度很高,但工艺性能较差,主要用于低合金钢、合金钢以及承受动载荷的低碳钢重要结构的焊接。

3. 焊接接头形式、坡口形式和焊接位置

(1) 接头形式　图 5-9 所示的为常用的四种接头形式。其中对接接头受力比较均匀，是用得最多的一种，重要的受力焊缝应尽量选用这种接头形式。

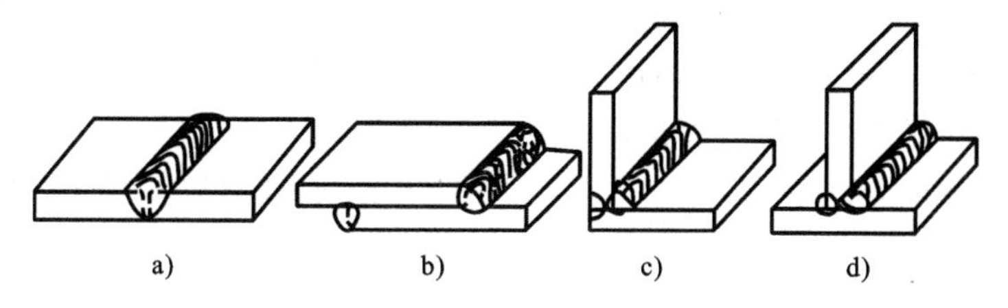

图 5-9 焊接接头形式

a）对接 b）搭接 c）角接 d）T 字接

（2）坡口形式 当焊件较薄，即厚度小于或等于 6 mm 时，在焊件接头处只要留有一定间隙就能保证焊接。当焊件厚度大于 6 mm 时，为了焊透和减少母材熔入熔池中的相对数量，根据设计和工艺需要，焊件的待焊部位要加工成一定几何形状的沟槽，称为坡口。为了防止烧穿，常在坡口根部留 2～3 mm 的直边，称为钝边。为保证钝边焊透也需要留一定间隙。常用坡口如图 5-10 所示。

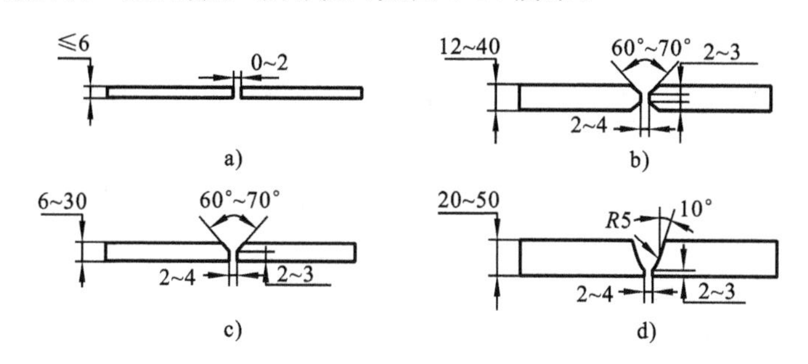

图 5-10 焊接坡口

a）平头对接 b）X 形坡口 c）V 形坡口 d）U 形坡口

（3）焊接空间位置 按焊缝在空间的位置不同，焊接一般分为平焊、立焊、横焊和仰焊四种，如图 5-11 所示。由于平焊操作方便，劳动强度小，液体金属不会流散，易于保证焊缝质量，因此它是最理想的焊接方法，应尽可能地采用。

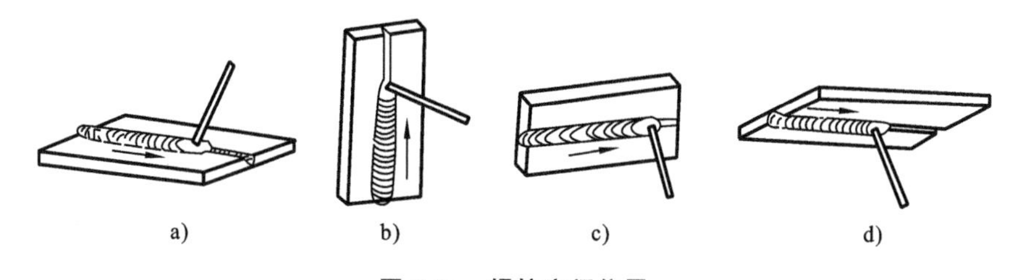

图 5-11 焊接空间位置

a）平焊 b）立焊 c）横焊 d）仰焊

4. 焊接工艺参数

焊接工艺参数是指为保证焊接质量而选定的物理量（如电流、电弧电压、焊接速度等)的总称。平焊的工艺参数包括焊条直径、焊接电流、电弧电压、焊接速度和焊接层次等。

焊条直径大小主要取决于焊件厚度。焊件较厚时,选择较粗的焊条;焊件较薄时,选择较细的焊条。平焊时焊条直径按表 5-1 选择。

表 5-1 焊条直径选择(单位:mm)

焊件厚度	焊条直径
2	2.0
3	2.5
4~7	3.2~4.0
8~12	4.0~5.0
>12	5.0~5.8

焊接电流是影响焊接质量的关键因素,一般按如下经验公式选择:

$$I=(30\sim55)d$$

式中 I——焊接电流(A);

d——焊条直径(mm)。

上式计算的值只是一个大概值。生产实际中,还应根据焊件厚度、焊接接头形式、焊接位置、焊条种类等因素,通过试焊来调整和确定电流大小。

电弧电压主要由电弧长度来决定。通常,电弧长时电弧电压要高,电弧短时电弧电压要低。电弧太长时,燃烧不稳定,熔深减小,容易产生焊接缺陷。因此,应力求使用短电弧。一般情况下,电弧长度不应超过焊条的直径尺寸。焊接速度是指单位时间内完成的焊缝长度,它对焊缝质量影响很大。焊速过快时,易产生焊缝的熔深小、宽度小和未焊透等缺陷;焊速过慢时,焊缝熔深大、宽度增加,易烧穿。焊速一般凭经验掌握。

5. 手弧焊操作技术

(1) 引弧　引弧是焊接时引燃电弧的过程,引弧方法分为敲击法和划擦法两种(见图5-12),引弧过程应注意以下几点。

① 焊条敲击或划擦后要迅速提起,否则易粘住焊件,产生短路。若发生粘条,可将焊条左右摇动后拉开,若拉不开,则要松开焊钳,切断电路,待焊条冷却后再进行处理。

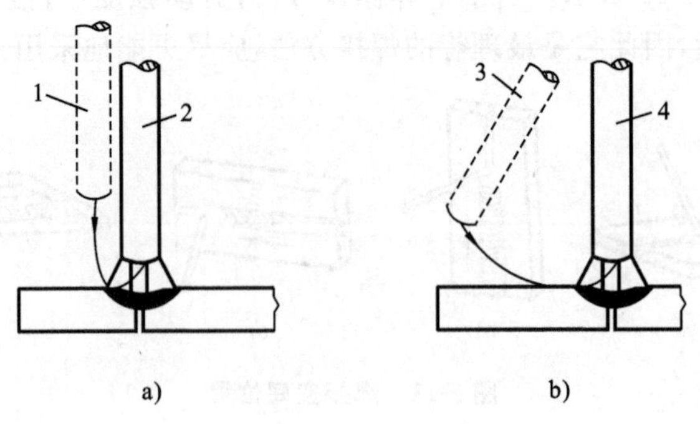

图 5-12 引弧方法

a) 敲击法 b) 划擦法

1,3—引弧前 2,4—引弧后

② 焊条不能提得过高，否则电弧会熄灭。

③ 如果焊条与焊件多次接触仍不能引燃电弧，则应将焊条在焊件上重敲几下，清除端部绝缘物质以利于引弧。

(2) 运条 引弧后，首先必须掌握好焊条与焊件间的角度，如图 5-13 所示，并使焊条同时完成三个基本动作(见图 5-14)。

① 使焊条向下作送进运动，送进速度等于焊条熔化速度。

② 使焊条沿焊缝作纵向移动，移动速度等于焊接速度。

③ 使焊条沿焊缝作横向摆动。焊条沿一定的运动轨迹周期性地向焊缝左右摆动，以获得一定宽度的焊缝。

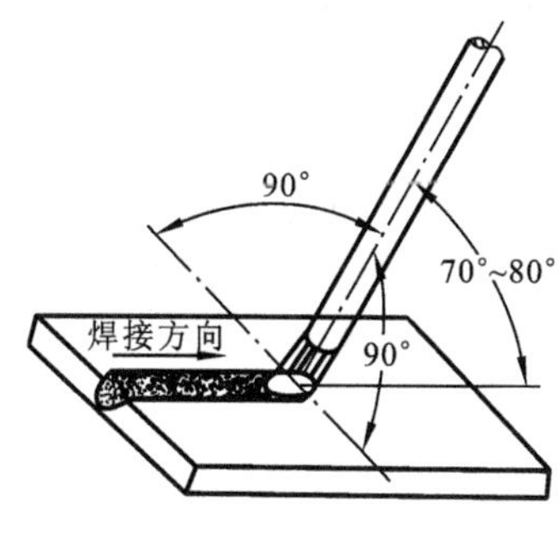

图 5-13 焊条与焊件间角度

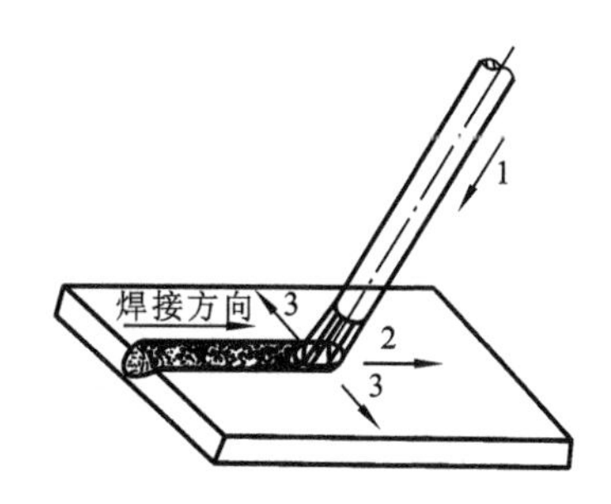

图 5-14 运条基本过程

1—送进运动；2—纵向移动；3—横向摆动

(3) 焊缝收尾 焊缝收尾时，为了不出现凹坑，焊条应停止前移，而采用画弧收尾或反复断弧法或回收焊条收尾法自下而上地慢慢拉断电弧，以保证焊缝尾部成形良好。

5.2.2 气焊与气割

1. 气焊

气焊是利用气体火焰作热源的焊接方法，最常用的是氧乙炔焊，如图 5-15 所示。

氧乙炔焰的温度(约 3 200 ℃)比电弧的低，且热量分散，热影响区很大，故焊后焊件变形大，生产率也低。气焊主要用于厚度为 0.5～2 mm 的薄钢板、铝板、黄铜板等的焊接，以及铸铁的焊补及野外操作等。

(1) 气焊设备 气焊设备主要由氧气瓶、乙炔瓶、减压阀、回火防止器、胶管、焊炬等组成，如图 5-16 所示。

① 氧气瓶是储存和运输氧气的高压容器，工作压力为 15 MPa，容积为 40 L。按照规定，氧气瓶外面要涂天蓝色漆，并用黑漆写上“氧气”二字。保管和使用时应防止沾染油污，更不许暴晒、火烤及敲打，以防爆炸。

② 乙炔瓶是一种储存和运输乙炔用的容器。其外形与氧气瓶相似，外表面要漆

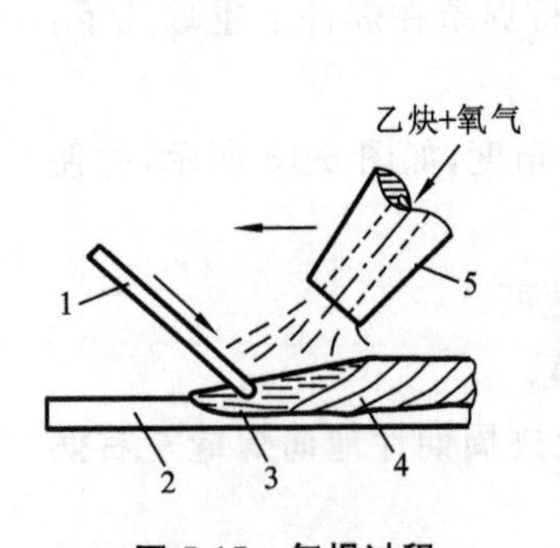

图 5-15　气焊过程

1—焊丝　2—工件　3—熔池　4—焊缝　5—焊炬

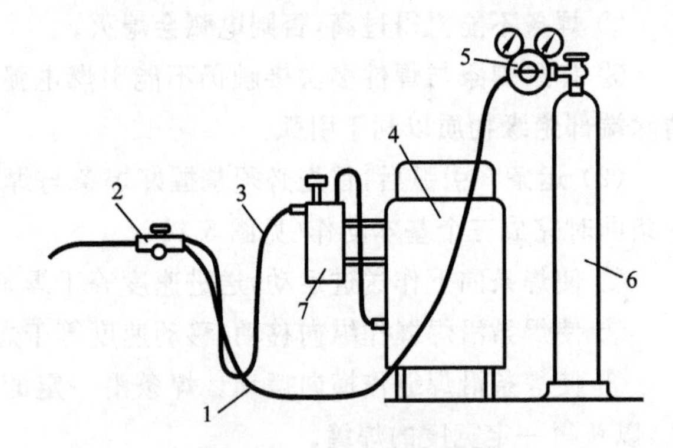

图 5-16　气焊设备组成

1—氧气导管(黑色或绿色)　2—焊炬　3—乙炔导管(红色)　4—乙炔发生器　5—减压阀　6—氧气瓶　7—回火防止器

成白色,并用红漆写上“乙炔”和“火不可近”的字样。其内的物质为溶剂(丙酮或二甲基酰胺)和用多孔材料储存的乙炔。容积为 40 L,其后部装有易熔合金保险栓,一旦温度超过 105 ℃±5 ℃,合金将熔化,乙炔就可缓慢逸出,以免爆炸。搬运时,应平稳立放,严禁在地面上卧放并直接使用,不得剧烈震动,存放处应注意通风。

③ 减压阀是将高压气体转为低压气体的调节装置。气焊时,氧气工作压力一般为 0.2～0.3 MPa。因此,必须将气瓶内输出的气体减压后才能使用。

④ 回火防止器是装在乙炔发生器和焊炬之间的防止乙炔向乙炔发生器回火的安全装置,故又称为安全瓶。

⑤ 焊炬的作用是将乙炔和氧气按一定比例均匀混合,在混合气由焊嘴喷出后,点火燃烧,产生气体火焰。常用的喷吸式焊炬如图 5-17 所示。每种型号的焊炬一般配有 3～5 个焊嘴,供焊接不同厚度的钢板时选用。

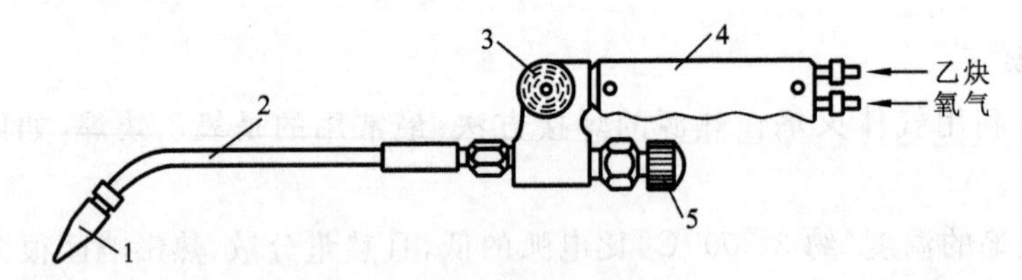

图 5-17　焊炬

1—焊嘴　2—混合管　3—乙炔阀门　4—手把　5—氧气阀门

(2) 气焊工艺　气焊时焊件的接头一般采用对接接头形式,接头应处理干净,厚度大于 5 mm 的焊件要开坡口,以便焊透。依据焊件厚度和坡口形式选择焊丝直径,如焊接薄板时,选用直径为 1～3 mm 的焊丝。焊嘴的大小由焊件的厚度决定。焊接速度应尽可能选高些,以提高生产率。气焊时,一般右手握焊炬,左手持焊丝。首先点火(先微开氧气阀门,再开乙炔阀门),然后调节氧、乙炔气体的混合比例,以得到想要的火焰。

在焊接薄板或低熔点金属时，一般采用左焊法，即焊丝位于焊炬前方，自右向左沿焊缝匀速移动焊炬和焊丝。

(3) 气焊火焰　调节氧气、乙炔气的不同比例可得到三种不同的火焰，即中性焰、氧化焰、碳化焰，如图 5-18 所示。

中性焰如图 5-18a 所示。此时氧与乙炔充分燃烧，没有氧和乙炔过剩，内焰具有一定的还原性。最高温度可达3 050～3 200 ℃。该火焰主要用于低碳钢、低合金钢、高铬钢、不锈钢、紫铜、锡青铜、铝合金等的焊接。

氧化焰如图 5-18b 所示。火焰中氧气过剩，具有一定的氧化性。最高温度可达 3 100～3 300 ℃。该火焰主要用于黄铜、锰黄铜、镀锌铁皮等的焊接。

碳化焰如图 5-18c 所示。火焰中乙炔过剩，有游离状态的 C 和过多的 H，焊接时会增加焊缝的含氢量和含碳量。最高温度可达 2 700～3 000 ℃。该火焰主要用于高碳钢、高速钢、硬质合金、铝、青铜的焊接及铸铁的焊补。

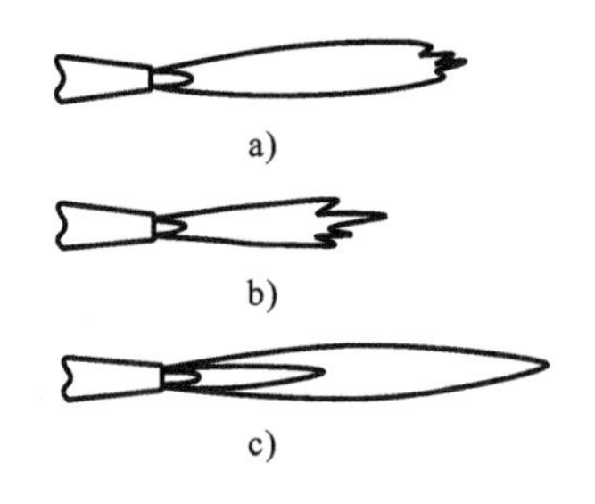

图 5-18　火焰种类

a) 中性焰　b) 氧化焰　c) 碳化焰

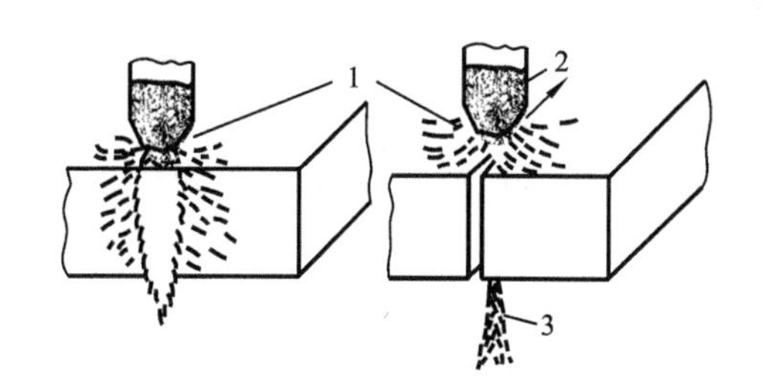

图 5-19　气割过程

1—预热火焰　2—切割氧气　3—熔渣

2. 气割

氧气切割(简称气割)是利用某些金属在纯氧中燃烧的原理来实现金属切割的方法，如图 5-19 所示。

气割开始时，用气体火焰将待割处的金属预热到燃点，然后打开切割氧阀门，纯氧射流使高温金属燃烧，生成的金属熔化物被燃烧热熔化，并被氧气流吹掉，金属燃烧时又把相邻的金属预热到燃点，沿切割线以一定速度移动割炬，即可形成割口。

气割时除了将气焊时的焊炬改为割炬(见图 5-20)之外，其他的设备与气焊设备完全相同。

气割时，金属材料必须满足以下条件：

① 金属的燃点必须低于其熔点；

② 金属氧化物的熔点必须低于金属本身的熔点；

③ 金属燃烧时，能放出大量的热，而且金属本身的导热性要低。

满足以上条件的金属材料有纯铁、低碳钢、中碳钢和低合金结构钢等。

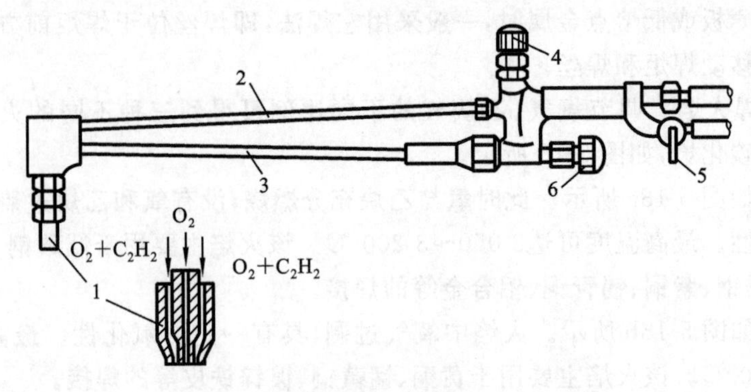

图 5-20　割炬

1—割嘴　2—切割氧管　3—预热焰混合气体管

4—切割氧阀门　5—乙炔阀门　6—预热氧阀门

5.2.3　CO_2 气体保护焊

CO_2 气体保护焊属熔焊的一种。其基本原理是利用 CO_2 气体密度较大(为空气的 1.5 倍),焊接时能覆盖熔池,从而使熔池免于与空气接触而产生熔池氧化。它用焊丝作电极并兼作填充金属,以自动或半自动方式进行焊接。目前应用较多的是半自动 CO_2 气体保护焊,其焊接设备主要由焊接电源、焊枪、送丝机构、供气系统和控制系统等部分组成,如图 5-21 所示。焊接电源需采用直流电源。常用的焊丝为 H08MnSiA 等。

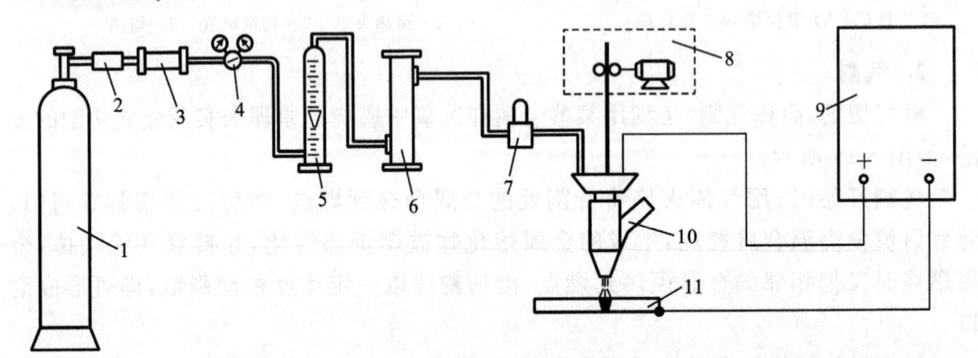

图 5-21　CO_2 气体保护焊

1—CO_2 气瓶　2—预热器　3—高压干燥器　4—减压器　5—流量计　6—低压干燥器

7—电磁气阀　8—送丝机构　9—电源控制箱　10—焊炬　11—工件

CO_2 气体保护焊的优点是:CO_2 气体的价格低廉,成本低;电流密度大,熔深大,焊接速度快,不需清渣,生产率高;焊接质量好,焊接变形小;明弧焊接,易于控制,操作灵活,适用于各种空间位置的焊接。其缺点是焊缝成形较差,飞溅大。

CO_2 是一种氧化气体,焊接过程中不仅会使焊件金属元素氧化烧损,而且还会导致飞溅。因此,它不适用于焊接非铁金属和高合金钢,主要用于低碳钢和某些低合金结构钢的焊接。

5.2.4　其他熔焊

其他熔焊焊接方法的特点和使用情况如表 5-2 所示。

表 5-2　常见其他熔焊方法

焊接方法	热源、填充金属及电极	焊接区保护及焊接位置	主要焊接设备	焊接特点	应　　用
埋弧焊	自由电弧(6 000 K)焊丝	颗粒焊剂,平焊	焊接电源、自动送丝和控制系统,焊接小车、焊接机头	生产率高,焊缝质量好;只限于水平位置焊接,难以焊接有氧化倾向的合金	水平位置,长焊缝或大直径圆形工件环焊缝,焊接厚度 6～60 mm,用于碳钢、低合金结构钢、镍基合金、铜基合金的焊接
等离子弧焊	拘束电弧(18 000～24 000 K),焊丝,钨棒	氩、氦气体保护,全方位焊接	电源、控制电路、焊枪、氩(氦)气瓶	电弧能量比其他电弧能量集中、稳定,穿透力大,焊接速度快,焊缝深而窄,热影响区小,变形小;设备复杂,操作困难	焊接厚度 0.02～6 mm,用于采用一般方法难以焊接的材料,如铜、铅、钛及其合金,也用于不锈钢、碳钢等的焊接

5.3　电阻焊、钎焊及特种焊接方法

5.3.1　电阻焊

电阻焊又称为接触焊,属压焊范畴,是焊接的主要方法之一,其基本原理如图 5-22所示。将准备连接的工件置于两电极之间施加压力,并在焊接处通以电流,利用工件电阻产生的热量加热并形成局部熔化状态(或达塑性状态),断电后,在压力继续作用下,形成牢固接头。

1. 电阻焊设备

常用电阻焊设备有点焊机和缝焊机两类。缝焊机如图 5-23 所示,其主要组成部分有电源、加压机构、滚盘、焊接回路、机架、传动与减速机构和开关与调节装置等。

(1) 加压机构　常用的加压机构有气压式和液压式两种,其中液压加压机构如图 5-24 所示。

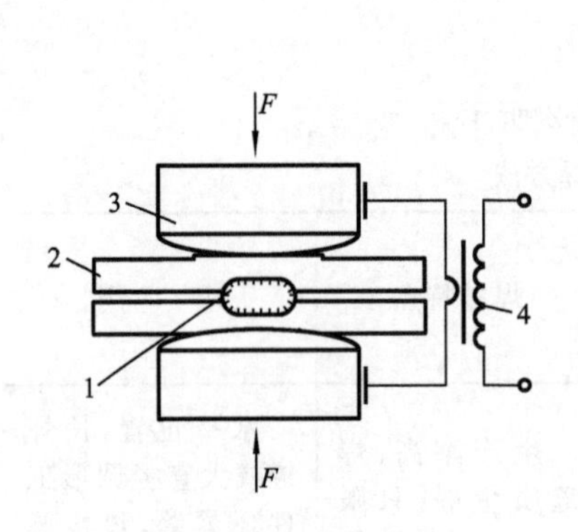

图 5-22　电阻焊原理

1—焊点　2—工件　3—电极　4—变压器

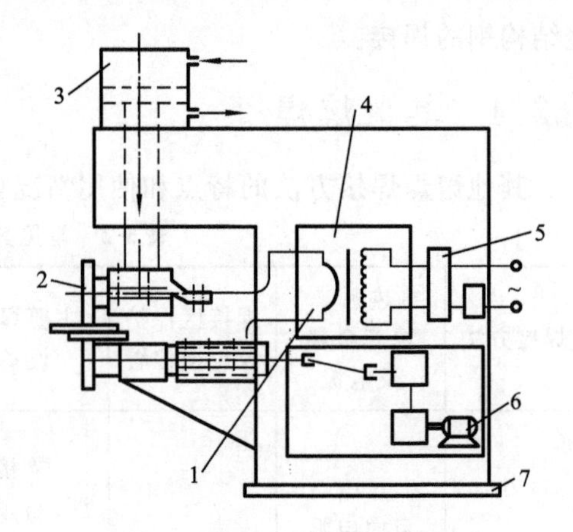

图 5-23　缝焊机结构示意图

1—焊接回路　2—滚盘　3—加压机构　4—电源

5—开关与调节装置　6—传动与减速机构　7—机架

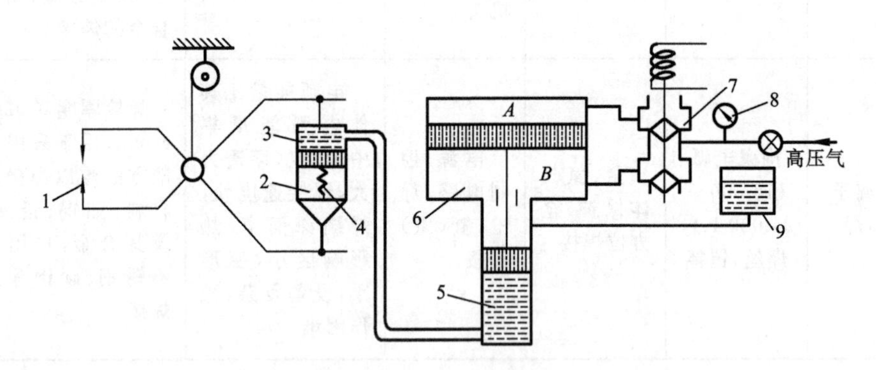

图 5-24　液压加压机构

1—电极　2—小油缸　3,5—液压油　4—弹簧

6—增压器　7—电磁气阀　8—调压阀　9—油箱

(2) 传动、减速和导电机构　常用的传动和减速机构均为机械机构，一般有带传动式和齿轮传动式两种。常用的导电机构有滚动接触导电式、滑动接触导电式和耦合导电式三种。

(3) 焊接回路　焊接回路是指由除焊件外参与焊接电流导电的全部零、部件组成的导电通路。常见的电阻焊机焊接回路如图 5-25 所示。

(4) 电极　电极在焊机中起着导电和加压以及主要的散热作用，因此对电极材料的要求很高，常用铜合金。在焊接不同的焊接材料时，可加入其他合金元素。电极根据不同的工作对象具有很多形式，常见的点焊电极有锥形、平面、尖头、球面和帽状等形式。

2. 电阻焊的特点

① 采用内部热源，利用电流通过焊接区的电阻产生的热量进行加热。

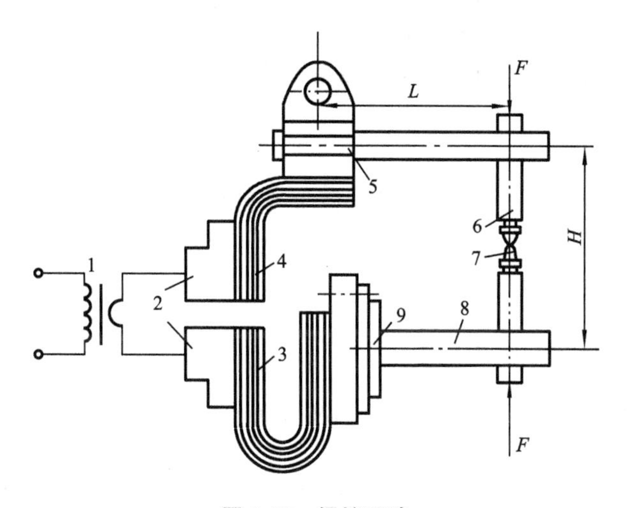

图 5-25　焊接回路

1—变压器　2—导电铜排　3,4—母线

5,9—导电盖板　6—电极夹　7—电极　8—机臂

② 必须施加压力,在压力作用下,通电、加热、熔化、冷却形成接头。

③ 易实现自动化,生产率高。

3. 电阻焊的应用

由于电阻焊具有以上特点,因此在航空、航天、原子能、电子技术、汽车、地铁、拖拉机和自行车等制造领域及轻工业各部门得到广泛应用,尤其是在汽车工业自动线上大量使用机械手、机器人进行电阻焊加工。

5.3.2　钎焊

钎焊是指采用比母材熔点低的钎料作填充金属,将焊件和钎料加热到高于钎料熔点而低于母材熔点的温度,利用液态钎料润湿母材、填充接头并与母材相互扩散而实现连接焊件的焊接方法。

1. 钎焊种类

根据钎料熔点的不同,钎焊一般分为硬钎焊和软钎焊两种。

(1) 硬钎焊　硬钎焊钎料熔点在 450 ℃以上,接头强度较高,一般达 400～500 MPa。这种钎焊的钎料有铜类、银基类材料和镍基类材料等。

(2) 软钎焊　软钎焊钎料熔点在 450 ℃以下,接头强度较低,一般不超过 70 MPa。这种钎焊的钎料常用的有锡铅合金,也称为锡焊。

2. 钎焊的特点

① 焊接温度低,母材不熔化,焊接变形小,易保证质量。

② 需要使用钎料填充接头。

③ 需要使用钎剂,以清除焊件表面杂质,改善钎料流动性能(润湿性),保护钎料及焊件不被氧化。

④ 一般采用搭接接头,设备简单,适合异种金属焊接。

⑤ 一般生产率较低。但当对工件整体加热时,可同时钎焊具有多条焊缝的复杂结构,生产率较高。

3. 钎焊的应用

钎焊由于工艺简单,应用非常广泛,硬钎焊可用于刀具、工具、高强度合金、不锈钢、铜合金和钢铁的焊接。软钎焊广泛用于不受力的常温工作仪表、导电元件以及钢铁、铜合金等构件的焊接。

5.3.3 特种焊接工艺

除了以上介绍的基本焊接方法之外,实际工作中,还使用大量的特种焊接工艺方法。

1. 摩擦焊

摩擦焊是利用焊件表面相互摩擦所产生的热,使端面达到热塑性状态,然后迅速加压,完成焊接的工艺方法。

该方法具有焊接质量好、稳定,适于异种金属焊接,焊件尺寸精度高,焊接生产率高,加工费用低,易实现机械化和自动化等特点。它主要用于圆形工件、棒料及管类件的焊接。其应用如石油钻杆、电站锅炉蛇形管焊接等。

2. 扩散焊

扩散焊是在真空或保护气氛的保护下,使平整光洁的焊接表面在温度和压力的共同作用下,发生微观塑性流变后相互紧密接触,使原子相互大量扩散而实现焊接的工艺方法。

该方法的主要特点是:使用扩散焊接时基体不会发生过热和熔化;适合同种和异种材料焊接,如金属材料与金属材料、非金属材料与金属材料焊接;适合复杂结构和厚度差异很大的工件焊接;可使焊缝与基体组织相同。其应用如石油钻杆上用的牙轮钻头的焊接,纤维强化的硼/铝复合材料的焊接等。

3. 激光焊

激光焊是利用激光单色性和方向性好的特点,聚焦后在短时间内产生大量热量,使焊件温度达到万摄氏度以上而熔化,形成牢固接头的焊接方法。

该方法的主要特点是:焊接装置与被焊工件不接触,可焊接难以接近的部位;能量密度大,适合于高速加工;可对绝缘体直接焊接,实现异种材料焊接。其适用于铝、铜、钼、镍、硅、铌及难熔金属材料焊接和非金属材料的焊接。

4. 超声波焊

超声波焊是利用高频振动产生的热量以及工件之间的压力进行焊接的工艺方法。

该方法的特点是:能够实现同种金属、异种金属、金属与非金属的焊接;适用于金属箔片、细丝以及微型器件的焊接;可以用来焊接厚薄悬殊的工件及多层箔片;属于非接触焊接,工件不需要特别清理。

5. 电子束焊

电子束焊的原理是：在真空环境中，从炽热阴极发射的电子被高压静电场加速，并经磁场聚焦成高能量密度的电子束，以极高的速度轰击焊件表面，使电子动能变为热能而使焊件熔化，并形成牢固接头。

该方法的特点是焊接速度很快，焊缝窄而深，热影响区小，焊缝质量极高，能焊接其他工艺难于焊接的形状复杂的焊件，能焊接特种金属和难熔金属，也适用于异种金属以及金属与非金属的焊接。

6. 电渣焊

电渣焊是利用电流流过液体熔渣所产生的电阻热进行焊接的工艺方法。它可用于大厚度工件(板厚可达 2 m)的焊接，生产效率高，焊接时不开坡口，只在接缝处留 20～40 mm 的间隙，节省钢材和焊接材料，经济性好，可"以焊代铸""以焊代锻"，减轻重量。其缺点是，接头晶粒粗大，对于重要工件，需要用热处理方法来细化晶粒，改善力学性能。

5.4 常见焊接缺陷及其检验

1. 焊接缺陷

常见的焊接缺陷主要有裂纹、未焊透、夹渣、气孔和外观缺陷，其产生的原因如表 5-3 所示。

表 5-3 焊接缺陷产生原因分析

缺陷名称	图 例	特 征	产生的原因
焊缝外形尺寸不合要求		焊缝太高或太低；焊缝宽窄很不均匀；角焊缝单边下陷量过大	焊接电流过大或过小；焊接速度不当；焊件坡口设置不当或装配间隙很不均匀
咬边		焊缝与焊件交界处凹陷	电流太大；运条不当；焊条角度和电弧长度不当
气孔		焊缝内部(或表面)有孔穴	熔化金属凝固太快；材料不干净；电弧太长或太短；焊接材料化学成分不当
夹渣		焊缝内部和熔线内存在非金属夹杂物	焊件边缘及焊层之间清理不干净；焊接电流太小；熔化金属凝固太快；运条不当；焊接材料成分不当

续表

缺陷名称	图　例	特　征	产生的原因
未焊透		焊缝金属与焊件之间，或焊缝金属之间的局部未熔合	焊接电流太小；焊接速度太快；焊件制备和装配不当，如坡口太小，钝边太厚，间隙太小等；焊条角度不对
裂缝		焊缝、热影响区内部或表面有缝隙	焊接材料化学成分不当；熔化金属冷却太快；焊接结构设计不合理；焊接顺序不当；焊接措施不当

2. 焊接缺陷的检验

焊件完成后，应根据产品技术要求进行检验。生产中常用的检验方法有外观检查、致密性检验、无损探伤（磁粉探伤、超声波探伤、X射线、γ射线探伤）和水压试验等。

外观检查是用肉眼或放大镜等对工件表面缺陷和尺寸偏差进行检查。

致密性检验主要用于检验不受压或低压容器及管道焊缝是否存在穿透性的缺陷。常用方法包括气密性检验、氨气试验和煤油试验。

磁粉探伤是根据磁粉在处于磁场中的焊接接头上的分布特征，检查铁磁性材料表面微观裂纹和近表面裂纹的方法。

X射线和γ射线探伤是用电磁波对内部缺陷如未焊透、裂缝、气孔与夹渣等进行检验。

超声波探伤是利用频率在20 000 Hz以上，具有穿透能力的声波对深层焊接缺陷进行检验的方法，可用于判断焊缝中缺陷的位置、种类和大小。

水压试验是用来检查压力容器的强度和焊缝致密性的检验方法，一般用工作压力的1.25～1.5倍水压来检验，并要保持5 min，以观察是否有渗漏等，主要用于锅炉、容器、输送管道的检验。

复习思考题

1. 你在实习中使用过哪几类焊机？其型号是什么？各部分意义是什么？

2. 焊芯起什么作用？对焊芯的化学成分有什么要求？

3. 药皮在焊接中起什么作用？能否使用光焊丝进行焊接？为什么？

4. 何谓酸性焊条和碱性焊条？它们各有什么特点？

5. 手工电弧焊应在焊件厚度达多大时开出坡口？其作用是什么？

6. 气焊焊丝没有药皮包敷，又没有使用焊剂，其熔池靠什么保护？

7. 氧气切割的原理是什么？对常用金属材料低碳钢、中碳钢、高碳钢、铸铁和铝能否进行氧气切割？为什么？

第3篇　切削加工

第6章　切削加工基础

本章重点　了解常用切削加工的基础知识，切削时的运动规律、切削工具的加工原理，以及切削过程的物理实质，加工精度、表面粗糙度和形位公差，加工刀具和材料，测量工具和仪器。

学习方法　先进行集中讲课，然后进行现场教学，最后按照要求，让学生进行机械加工方法的操作训练。也可以将讲课与训练穿插进行，并让学生按教材中的要求将现场教学和操作中的内容填写入相应的表格中，回答相应的问题。

6.1　概述

1. 零件表面的形成

通过分析，不管形状如何复杂的零件，其表面都由下列三类表面组合而成。

(1) 旋转表面　由一条直线、折线或曲线沿某一轴线旋转而形成的表面，如图6-1a所示。

(2) 平面　由一条直线沿另一条直线移动而形成的表面，如图 6-1b 所示。

(3) 复合表面　由一条按一定规则组成的折线或曲线，按某一固定规律运动而形成的表面。

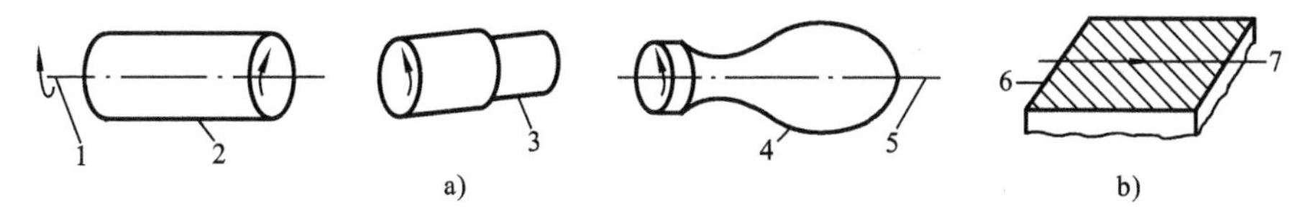

图 6-1　表面成形示意

a) 旋转表面　b) 平面

1,5—旋转轴线　2,6,7—直线　3—折线　4—曲线

2. 切削运动

上述各种表面，可分别用图 6-2 所示的相应的加工方法获得。由图 6-2 可知，要对这些表面进行加工，刀具与工件必须有一定的相对运动，这就是切削运动。切削运动包括主运动（见图 6-2 中的Ⅰ）和进给运动（见图 6-2 中的Ⅱ）。

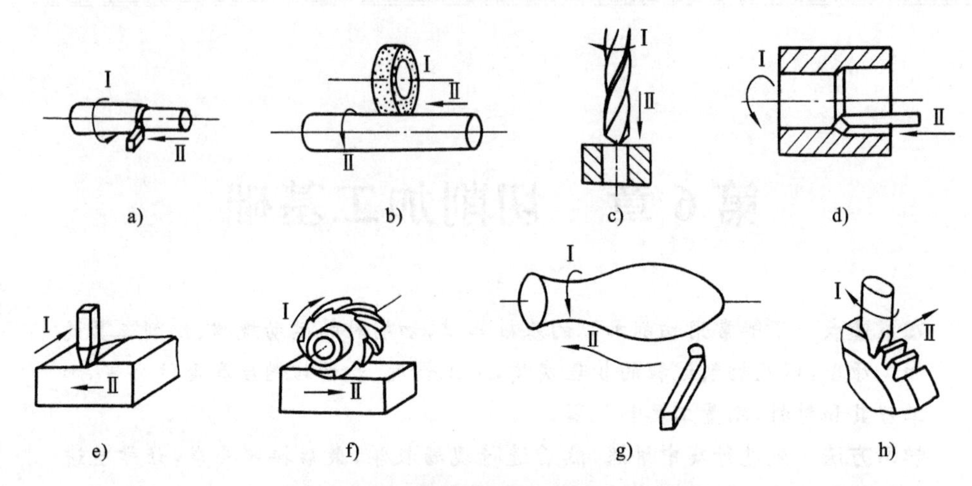

图 6-2 加工零件不同表面时的切削运动

a) 车外圆面 b) 磨外圆面 c) 钻孔 d) 车孔

e) 刨平面 f) 铣平面 g) 车成形面 h) 铣齿轮

(1) 主运动 主运动(primary motion)是形成机床切削速度或消耗主要动力的工作运动，如车削时工件的旋转运动，牛头刨刨削时刨刀的往复直线移动，在钻床上钻孔和在铣床加工时，钻头和铣刀的旋转运动，磨削时砂轮的转动等。

(2) 进给运动 进给运动(feed motion)是使工件的多余材料不断被去除的工作运动，如车削、钻孔和用龙门刨刨削时车刀、钻头（沿轴向）、刨刀的移动，铣削和牛头刨床刨削时工件的移动，磨外圆时工件的旋转运动和工作台沿轴向的移动等。

机床进行切削加工时，其主运动只有一个，进给运动可以有一个或几个。不同的机床正是通过其主运动和进给运动的适当配合来对不同表面进行加工的。

3. 切削用量三要素

切削加工中与切削运动直接相关的三个主要参数是切削速度、进给量和切削深度，通常把这三个参数称为切削用量三要素。

(1) 切削速度 v 切削速度(cutting speed)是单位时间内工件和刀具沿主运动方向的相对位移，单位为 m/s。若主运动为旋转运动，切削速度为其最大的线速度。

(2) 进给量 s 进给量(feed per revolution or stroke)是在一个工作循环（或单位时间）内，刀具与工件之间沿进给方向的相对位移，即工件每旋转一周，刀具沿进给方向移动的距离。

(3) 切削深度 a_p　切削深度(depth of cutting)是待加工表面与已加工表面间的垂直距离，单位为 mm。

如图 6-3 所示，以车削外圆时的切削用量为例，有

$$v_c = \pi D n/(1\ 000 \times 60) \quad (\mathrm{m/s})$$

$$a_p = (D-d)/2 \quad (\mathrm{mm})$$

式中　n——工件的转速(r/min)；

D——待加工表面的直径(mm)；

d——已加工表面的直径(mm)。

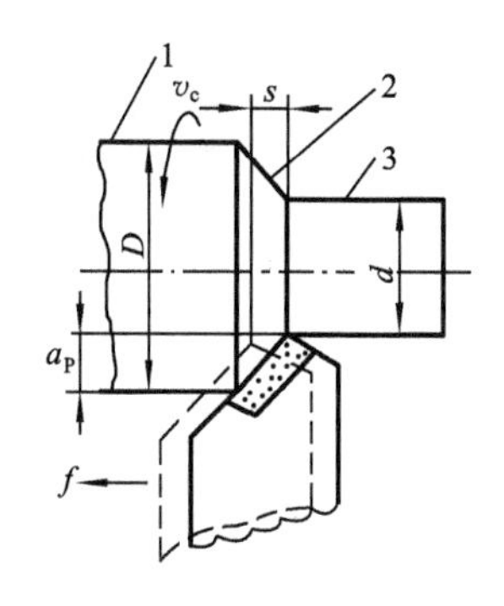

图 6-3　车削的切削用量

1—待加工表面　2—切削表面　3—已加工表面

6.2　零件的加工质量

1. 加工精度

在实际加工中，由于种种原因，不可能把零件加工得绝对准确，总存在有偏差，这种偏差就是加工误差。加工误差愈小，则加工精度愈高。

(1) 尺寸精度　尺寸精度(dimension precision)是指加工表面自身的尺寸或不同表面间尺寸的准确程度。

零件加工后允许的最大极限尺寸和最小极限尺寸与其基本尺寸的代数差，分别称为上偏差和下偏差，它们的代数差的绝对值即是允许尺寸的变动量，称为尺寸公差。

尺寸的精确程度常用标准公差反映。国家标准 GB/T 1800.2—2009 将标准公差分为 20 个等级，分别表示为 IT01、IT0、IT1、IT2、…、IT18。IT 代表“国际”(international)、“公差”(tolerance)英文单词的首字母，数字代表公差等级。从 IT01 到 IT18 等级依次降低，数字愈大，等级愈低。公差等级所对应的加工方法及其应用如表 6-1 所示。

表 6-1　公差等级所对应的加工方法及其应用

<table>
<tr><th>国际公差等级</th><th>加工方法</th><th>应用</th></tr>
<tr><td>IT01～IT2</td><td>研磨</td><td>用于量块、量仪</td></tr>
<tr><td>IT3～IT4</td><td>研磨</td><td>用于精密仪表、精密机件的光整加工</td></tr>
<tr><td>IT5</td><td rowspan="2">研磨、珩磨、精磨精铰、精拉</td><td rowspan="4">用于一般精密配合，IT6～IT7 在机床和较精密的机器、仪器制造中应用最广</td></tr>
<tr><td>IT6</td></tr>
<tr><td>IT7</td><td rowspan="2">磨削、拉削、铰孔、精车、精镗、精铣、粉末冶金</td></tr>
<tr><td>IT8</td></tr>
<tr><td>IT9</td><td rowspan="2">车、镗、铣、刨、插</td><td rowspan="2">用于一般要求，主要用于长度尺寸的配合处，如键和键槽的配合</td></tr>
<tr><td>IT10</td></tr>
</table>

续表

国际公差等级	加 工 方 法	应　　用
IT11	粗车、粗镗、粗铣、粗刨、插、钻、冲压、压铸	用于不重要的配合，IT12～IT13 也可用于非配合尺寸
IT12～IT13		
IT14	冲压、压铸	用于非配合尺寸
IT15～IT18	铸造、锻造、焊接、气割	

(2) 几何精度　几何精度是指零件的实际形状和实际位置对理想形状和理想位置的符合程度。所谓理想形状即是绝对的圆柱面、平面、锥面等，所谓理想位置即是绝对的平行、垂直、对称等。国家标准GB/T 1800.2—2009 规定了形状、方向、位置和跳动公差的内容和符号，如表 6-2 所示。

表 6-2　几何公差的几何特征和符号

公差类型	几 何 特 征	符　　号	公差类型	几 何 特 征	符　　号
形状公差	直线度	⏤	位置公差	位置度	⌖
	平面度	⏥		同心度（用于中心点）	◎
	圆度	○			
	圆柱度	⌭		同轴度（用于轴线）	◎
	线轮廓度	⌒		对称度	⌯
	面轮廓度	⌓		线轮廓度	⌒
方向公差	平行度	∥		面轮廓度	⌓
	垂直度	⊥	跳动公差	圆跳动	↗
	倾斜度	∠		全跳动	⌰
	线轮廓度	⌒			
	面轮廓度	⌓			

形位公差等级除圆度和圆柱度外，各类形位公差均分为 12 级。圆度和圆柱度增设了“0”级，以满足高精度零件的需要。精度等级随数字的增大而降低。同一精度等级时，形位公差值随零件的基本尺寸增大而增大。

2. 表面粗糙度

零件在切削加工时，由于刀具在零件表面上要留下刀痕、表面金属可能发生塑性变形及机床有振动等原因，加工后的零件表面上会产生微小的峰谷。零件表面的这种微观不平度称为表面粗糙度。

用轮廓算术平均偏差 Ra 值标注的表面粗糙度最为常用。表 6-3 列出了 Ra 和与之对应的主要加工方法和表面特征。

表 6-3 金属表面不同粗糙度参数的表面特征和加工方法

表面要求	表 面 特 性	$Ra/\mu m$	旧国标光洁度代号	加工方法举例
不加工	毛坯表面清除毛刺	$\sqrt{\circ}$		钳工
粗加工	明显可见刀痕 可见刀痕 微见刀痕	50 25 12.5	▽1 ▽2 ▽3	钻孔、粗车、粗铣、粗刨、粗镗
半精加工	可见加工痕迹 微见加工痕迹 不见加工痕迹	6.3 3.2 1.6	▽4 ▽5 ▽6	半精车、精车、精铣、精刨、粗磨、精镗、铰孔、拉削
精加工	可辨加工痕迹的方向 微辨加工痕迹的方向 不辨加工痕迹的方向	0.8 0.4 0.2	▽7 ▽8 ∨9	精铰、刮削、精拉、精磨
精密加工	按表面光泽判别	0.1～ 0.008	▽10～▽14	精密磨削、珩磨、研磨、抛光、超精加工、镜面磨削

6.3 常用的刀具材料

1. 刀具材料应具备的性能

在切削过程中，刀具要承受很大的切削力（包括压力、摩擦力）和高温下的切削热，同时还要承受冲击和振动，因此刀具切削部分的材料应具备以下性能。

① 高硬度，一般刀具切削部分的硬度，要高于被加工材料的硬度。硬度愈高，刀具愈耐磨。常用的刀具，其常温下的硬度一般要达到 60 HRC 以上。

② 足够的强度和韧度，以承受切削力以及冲击和振动，并保持刀具不断裂和不崩刃。

③ 高热硬性，以保证刀具在高温情况下有良好的切削性能。

④ 高耐磨性，以保证刀具能保持常温下的切削性能。

⑤ 良好的工艺性能，如热塑性、热处理工艺性、焊接性、切削加工性等，以便能制造出各种形状的刀具。

2. 常用刀具材料

刀具材料分为工具钢（如碳素工具钢、合金工具钢、高速钢等）、硬质合金（如钨钴类、钨钴钛类等）、陶瓷（如氧化铝陶瓷、氧化硅陶瓷等）和超硬材料（如立方氮化硼、人造金刚石等）四大类。工具钢的工艺性能良好，可制造成形状复杂的刀具；硬质合金由高硬度、高熔点的碳化物（如 WC、TiC 等）与金属黏结剂（如钴），用粉末冶金的方法烧结而成，其热硬性很高，但其抗弯强度与冲击韧度较高速钢差，不易制成整体刀具；陶瓷刀具由加压烧结然后磨削加工而成；超硬材料采用高温高压经聚晶而成，多用于特殊材料的精加工。其中以高速钢和硬质合金用得最多。常用刀具材料的主要性能和应用范围如表 6-4 所示。

表 6-4　常用刀具材料的主要性能和应用范围

<table>
<tr><th>种类</th><th>硬　度</th><th>热硬温度/℃</th><th>抗弯强度/$\times 10^3$ MPa</th><th colspan="3">常 用 牌 号</th><th>应 用 范 围</th></tr>
<tr><td>碳素工具钢</td><td>60～64HRC</td><td>200</td><td>2.5～2.8</td><td colspan="3">T8A、T10A、T12A</td><td>手工工具：锯条、锉刀、丝锥、板牙、铰刀、刮刀、錾子等</td></tr>
<tr><td>合金工具钢</td><td>60～65HRC</td><td>250～300</td><td>2.5～2.8</td><td colspan="3">9CrSi、CrWMn</td><td>低速刀具：丝锥、板牙、铰刀、拉刀等</td></tr>
<tr><td>高速钢</td><td>62～70HRC</td><td>540～600</td><td>2.5～4.5</td><td colspan="3">W18Cr4V、W6Mo5Cr4V2</td><td>中速刀具：车刀、铣刀、刨刀、钻头、拉刀、齿轮刀具、丝锥、板牙等</td></tr>
<tr><td rowspan="2">硬质合金</td><td rowspan="2">74～82HRC</td><td rowspan="2">800～1 000</td><td rowspan="2">0.9～2.5</td><td>钨钴类</td><td>YG8、YG6、YG3</td><td>切铸铁</td><td rowspan="2">车刀刀头、铣刀刀头、刨刀刀头；钻头、滚刀等，多镶片使用；特小型钻头、铣刀，做成整体使用</td></tr>
<tr><td>钨钴钛类</td><td>YT30、YT15、YT5</td><td>切钢</td></tr>
</table>

6.4　量具

加工出的零件是否符合图样要求（包括尺寸精度、形位精度和表面粗糙度等），需用量具进行测量。由于零件形状各异，它们的精度等级和表面质量不一，因此需用不同的量具去检测。

量具的种类很多，这里仅介绍几种常用的量具。一般精度要求不高或未加工表面的尺寸，应用钢直尺、内外卡钳测量；精度较高的已加工表面的尺寸，则应用游标卡尺、千分尺、百分表等量具测量。

1. 卡钳

卡钳是一种间接量具。使用时必须与钢直尺或其他刻线量具配合使用。

图 6-4 所示的为用外卡钳测量轴径的方法。图 6-5 所示的为用内卡钳测量孔径的方法。

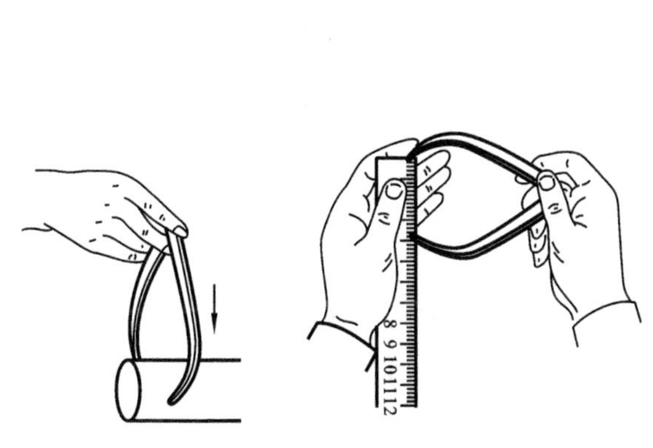

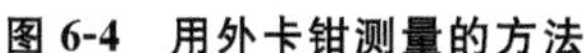

图 6-4 用外卡钳测量的方法

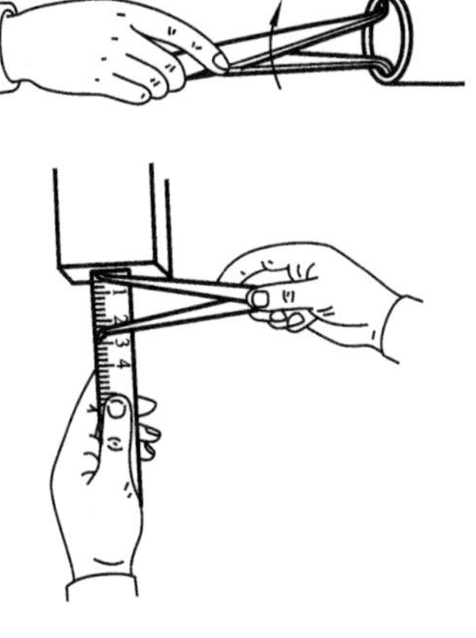

图 6-5 用内卡钳测量的方法

2. 游标卡尺

游标卡尺是一种结构简单、比较精密的量具，共分为游标卡尺、游标深度尺和游标高度尺等几种，如图 6-6a、图 6-7 所示。

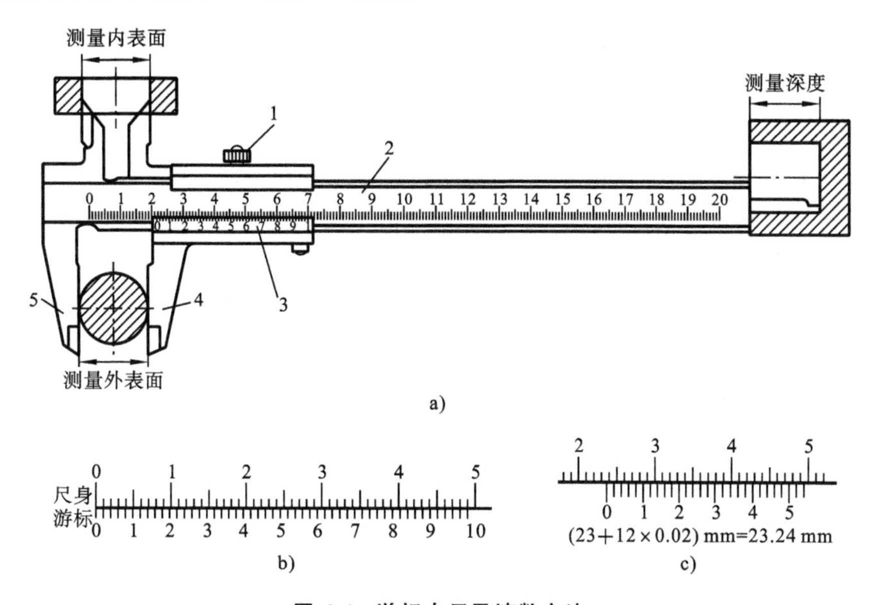

图 6-6 游标卡尺及读数方法

a) 游标卡尺 b) 尺身和游标刻度 c) 读数

1—止动螺钉 2—尺身 3—游标 4—活动卡爪 5—固定卡爪

游标卡尺用来测量工件的内径、外径、长度和深度，其结构如图 6-6 所示。它由尺身和游标组成。尺身与固定卡脚制成一体，游标和活动卡脚制成一体，并能在尺身上滑动。游标卡尺按准确度分有 0.1 mm、0.05 mm、0.02 mm 的三种类型，测量范围有 0～125 mm、0～200 mm、0～300 mm 等数种规格。

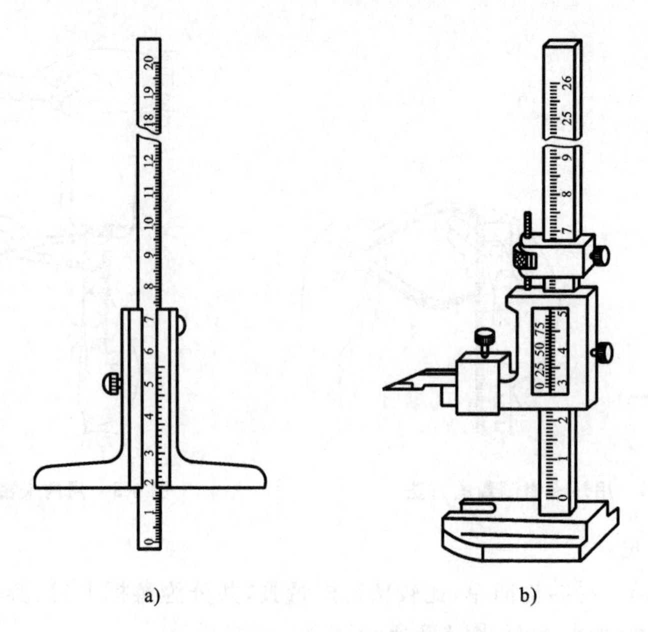

图 6-7　游标深度尺和游标高度尺

a) 游标深度尺　b) 游标高度尺

图 6-6 所示的是 0.02 mm 的游标卡尺，现以其为例说明游标卡尺的刻线原理和读数方法。

(1) 刻线原理　当卡脚贴合时，游标上的零线对准尺身的零线(见图 6-6b)，尺身上每一小格为 1 mm，在游标上取等于尺身 49 mm 的长度，并将其等分为 50 格，即尺身上 49 mm 刚好等于游标上 50 格的长度，故有

$$游标每小格长度=49\ mm/50=0.98\ mm$$

$$尺身与游标每小格之差=(1-0.98)\ mm=0.02\ mm$$

(2) 读数方法　读数方法(见图 6-6c)可分三个步骤：

① 根据游标零线以左的尺身上的最近刻度读出毫米数，即 23 mm；

② 根据游标零线以右的刻线与尺身上刻线对准的刻线数乘上 0.02 得出小数，即 $12\times0.02\ mm=0.24\ mm$；

③ 将上面整数和小数两部分的读数加起来，即为测量的读数 23.24 mm。

上述读数方法可用下式表示：

测量工件尺寸读数 =游标零线指示的尺身上的读数

＋游标与尺身重合的格数×准确度值

用游标卡尺测量工件时，应使卡脚逐渐与工件表面靠近，最后达到轻微接触。游标卡尺必须放正，切忌歪斜，否则测量不准。

(3) 使用游标卡尺的注意事项

① 需校对零点。校对时先擦净卡脚，然后将两卡脚贴合，检查尺身、游标上的零

线是否重合。若不重合,则在测量后应根据原始误差修正读数。

② 测量时,卡脚不得用力紧压工件,以免卡脚变形或磨损,降低测量的准确度。

③ 游标卡尺仅用于测量加工过的光滑表面,不宜用它测量表面粗糙的工件和正在运动的工件,以免卡脚过快磨损。

3. 千分尺

千分尺是一种比游标卡尺更为精密的量具,其测量准确度为 0.01 mm。有内径、外径和深度千分尺三种类型,如图 6-8 所示。

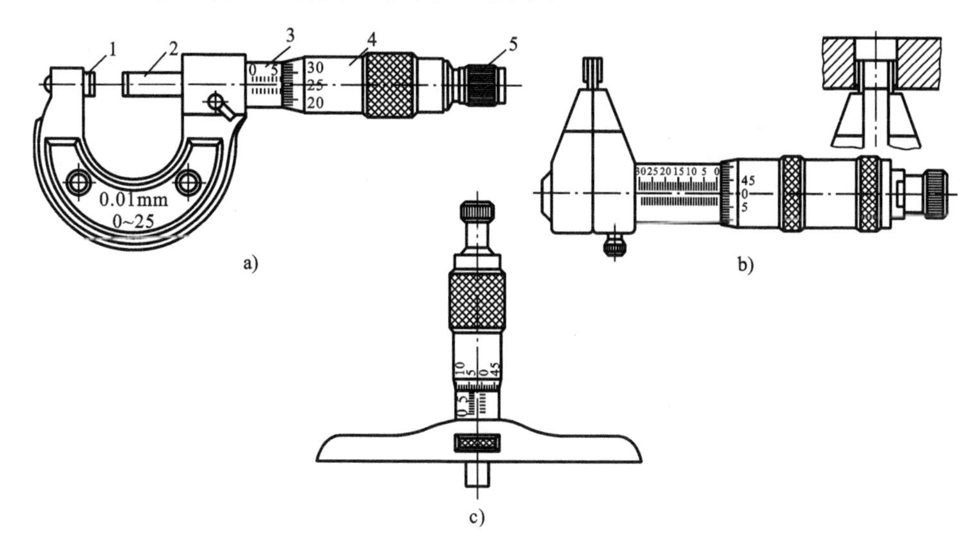

图 6-8　千分尺

a) 外径千分尺　b) 内径千分尺　c) 深度千分尺

1—砧座　2—螺杆　3—固定套筒　4—活动套筒　5—棘轮盘

测量范围为 0～25 mm 的外径千分尺如图 6-8a 所示。弓架左端装有砧座,右端的固定套筒沿轴线刻有间距为 0.5 mm 的刻线,活动套筒沿圆周分为 50 格。当活动套筒转动一周时,螺杆和活动套筒沿轴向移动 0.5 mm。因此,活动套筒每转过 1 格,螺杆沿轴向移动的距离为 0.01 mm。当螺杆端头与砧座表面接触时,活动套筒左端的边线与轴向刻度线的零线重合,同时圆周上的零线与中线对准。

读数方法可分三步:

① 读出距边线最近的轴向刻度数(应为 0.5 mm 的整倍数);

② 读出与轴向刻度中线重合的圆周刻度数;

③ 将以上两部分读数相加,得到总尺寸。

上述读数方法可用下式表示:

测量工件尺寸的读数 =活动套筒左端的边线所指的固定套筒上的读数
+固定套筒中线所指的活动套筒上的格数 ×0.01

图 6-9 所示的为千分尺的几种读数。千分尺的使用方法如图 6-10 所示。

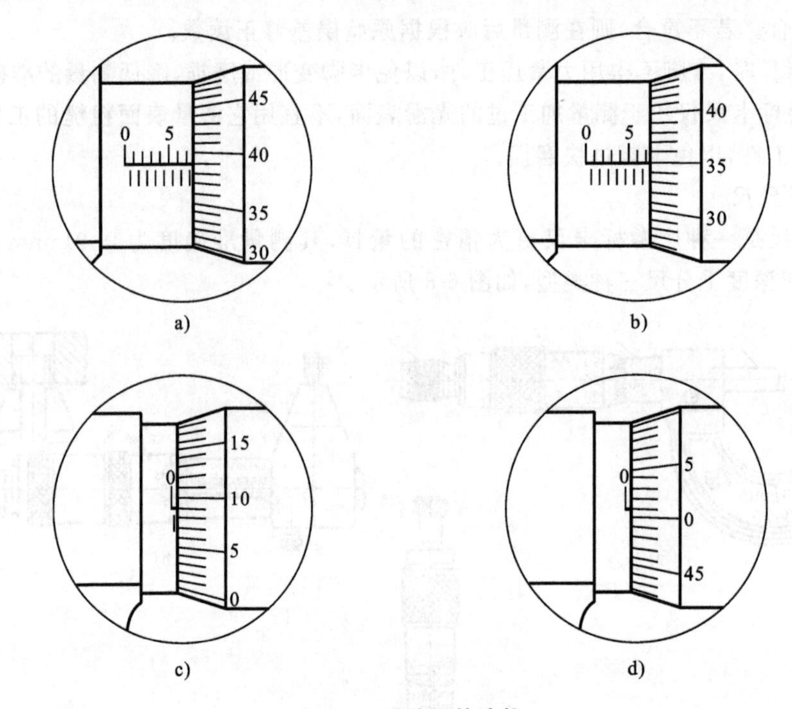

图 6-9　千分尺的读数

a) 读 7.89　b) 读 7.35　c) 读 0.59　d) 读 0.01

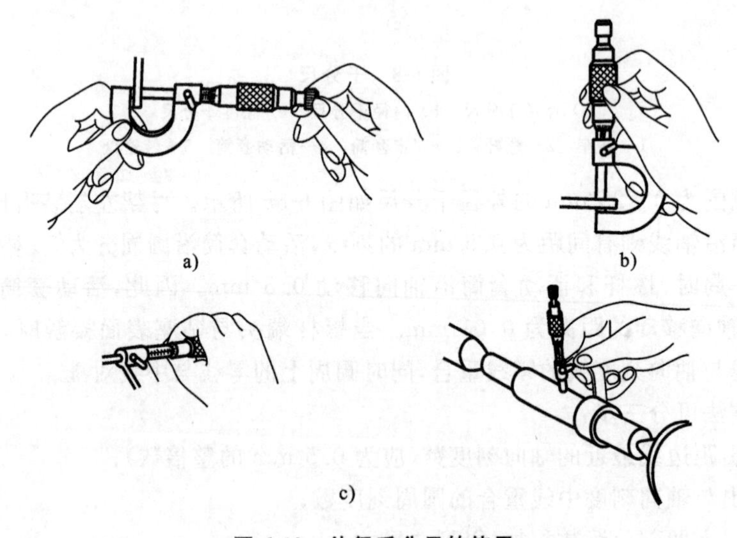

图 6-10　外径千分尺的使用

a) 双手量法　b) 单手量法　c) 错误量法

4. 百分表

百分表是一种精度较高的比较量具，如图 6-11 所示。百分表的准确度为 0.01 mm，常用来检验工件的形状和位置误差（如圆度、平面度、垂直度、径向圆跳动、同轴度、平行度等)，多用于比较测量。百分表的应用如图 6-12 所示。

百分表的工作原理是，将测量杆的直线移动通过齿轮传动转变为角位移。例如，当测量杆向上或向下移动 1 mm 时，通过齿轮传动系统带动大指针转一圈，小指针转一格。在刻度盘圆周上有 100 个等份的刻度线，其每格的读数值为 0.01 mm；小指针每格的读数值为 1 mm。测量时大、小指针所示读数之和即为尺寸变化量。小指针处的刻度范围即为百分表的测量范围。刻度盘可以转动，用于测量时使大指针对准零位线。

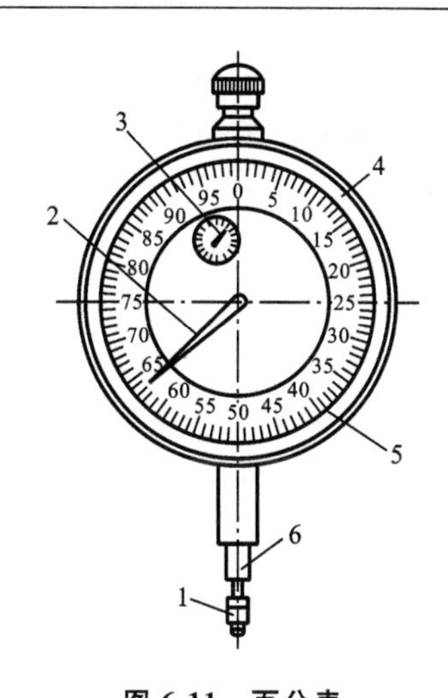

图 6-11 百分表

1—测量头 2—大指针 3—小指针 4—表壳 5—刻度盘 6—测量杆

5. 90°角尺

90°角尺的两边成准确的直角，用于检查工件两垂直面的垂直情况，如图 6-13 所示。

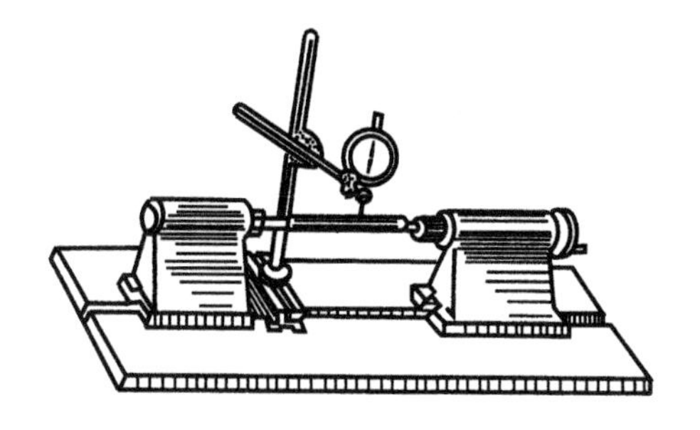

图 6-12 用百分表检验工件的径向跳动

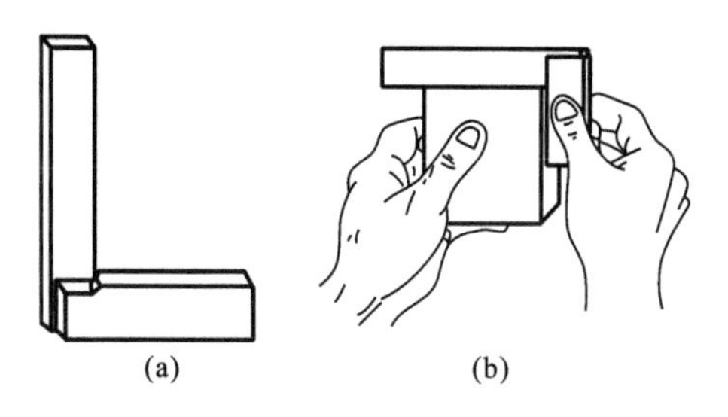

图 6-13 90°角尺及其使用

6. 量具的保养

量具的精度直接影响到检测的可靠性，所以必须加强量具的保养。量具使用保养的重点在于防止量具的破损、变形、锈蚀和磨损，因此，必须做到以下几点：

① 量具在使用前必须用棉纱擦干净；

② 不能用精密量具测量毛坯或运动着的工件；

③ 测量时不能用力过猛、过大，不能测量温度过高的工件；

④ 不能将量具与工具混放、乱放，不能将量具当工具使用；

⑤ 量具用完后必须擦洗干净、涂油并放入专用的量具盒内。

复习思考题

1. 试分析车削、钻削、刨削、铣削、磨削几种常用加工方法的主运动和进给运动，并指出它们的运动件(工件或刀具)及运动形式(转动或移动)。

2. 以车削为例说明切削用量三要素的名称、含义及单位。

3. 机床上常用的刀具材料有哪些？各有什么特点？加工45钢和HT200铸铁时，应选用哪类硬质合金车刀？

4. 车刀的安装有哪些要求？

5. 常用的量具有哪几种？试选择测量下列尺寸(单位：mm)的量具：

未加工：$\phi50$；已加工：$\phi30$，$\phi25\pm0.1$，$\phi22\pm0.01$。

6. 游标卡尺和千分尺的测量准确度分别是多少？用它们能否测量铸件毛坯？

7. 在使用量具前为什么要检查它的零点、零线或基准？

8. 怎样正确使用量具和保养量具？

第7章　车削加工

本章重点　车削加工的基础知识，车床的运动、结构和工作特点，工件装夹和定位、刀具角度与加工质量、粗加工与精加工的基本概念，车削用刀具和机床附件的选用。

学习方法　先进行集中讲课，然后进行现场教学，最后按照要求，让学生进行车削外圆、端面、圆锥面、螺纹面、成形面、切槽和滚花的操作训练。也可以讲课与训练穿插进行。让学生按教材中的要求将现场教学和操作中的内容填写入相应的表格，并回答相应的问题。

车削加工(turning machining)是金属切削加工中最基本的一种方式。车削时，工件作旋转运动(主运动)，刀具作直线或曲线进给运动。车床主要用来加工回转表面，其中包括内外圆柱面、内外圆锥面、内外螺纹、成形面、端面、沟槽以及滚花等，如图7-1所示。车削除了可以用于加工金属材料外，还可以用于加工木材、塑料、橡胶、尼龙等非金属材料。

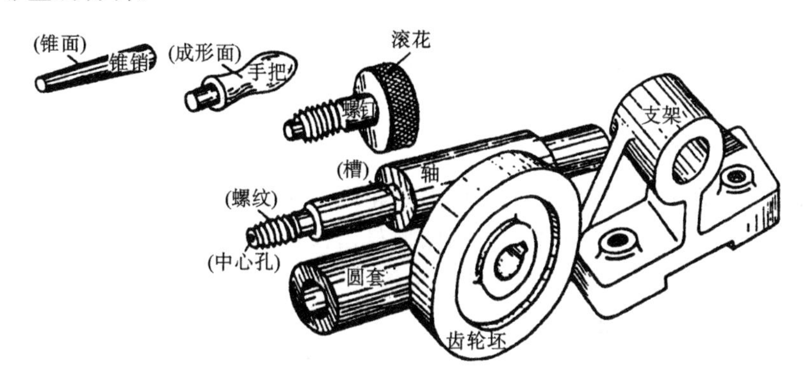

图7-1　车削加工的零件举例

车床的种类很多，主要有卧式车床、转塔车床、立式车床、多刀车床、自动及半自动车床、仪表车床、数控车床等，其中应用最广的是卧式车床。车床在机械加工中占有很大比重。在一般机械工厂中，车床的数量约占金属切削机床总数的50%。车床可完成的主要工作如图7-2所示。一般车床加工的公差等级为IT9～IT7，表面粗糙度值 Ra 可达1.6 μm。

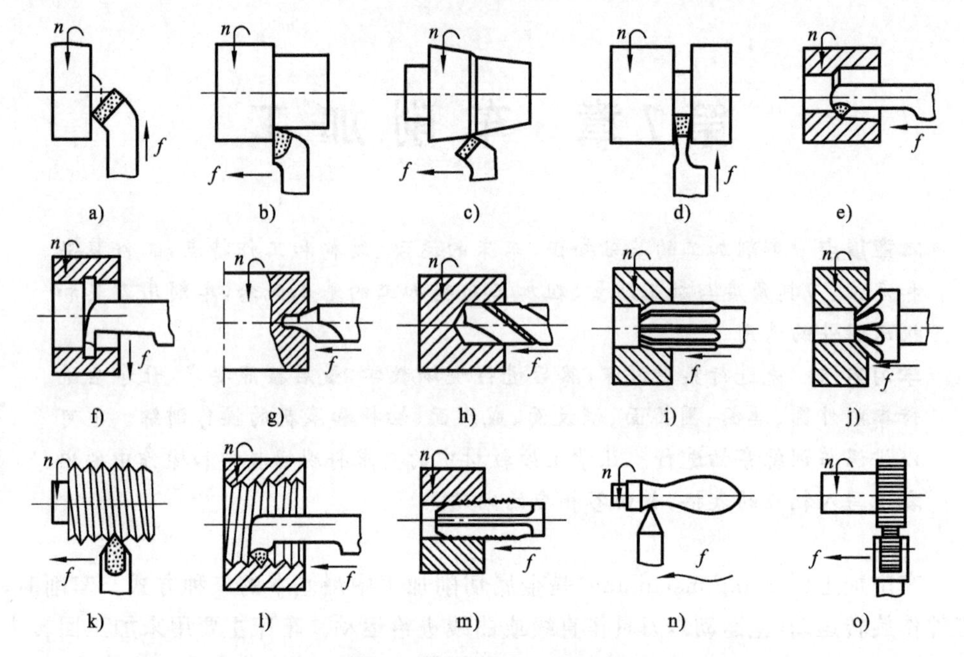

图 7-2　车床可完成的主要工作

a) 车端面　b) 车外圆　c) 车外锥面　d) 切槽、切断　e) 镗孔　f) 切内槽　g) 钻中心孔　h) 钻孔　i) 铰孔　j) 锪锥孔　k) 车外螺纹　l) 车内螺纹　m) 攻螺纹　n) 车成形面　o) 滚花

7.1　卧式车床的组成及典型传动机构

1. 卧式车床的型号

实习常用的卧式车床有 C6136、C6132 等几种型号，按《金属切削机床　型号编制方法》(GB/T 15375—2008)规定，机床型号由汉语拼音字母和阿拉伯数字组成。现以 C6132 为例介绍卧式车床编号的含义：

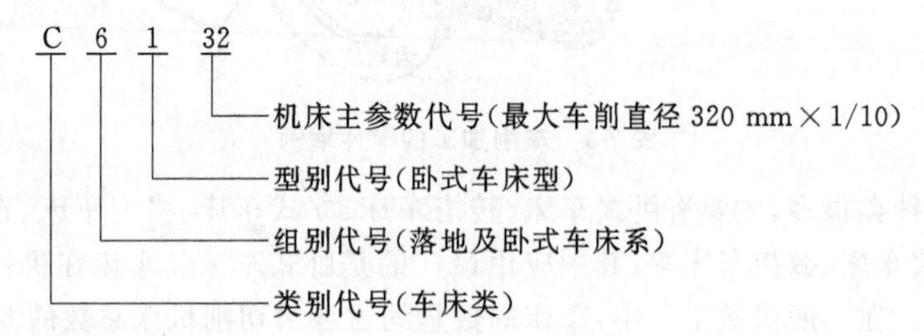

2. 卧式车床的组成

图 7-3 所示的是 C6132 型车床，它表示出车床各主要部件之间的相互位置及运动关系，其主要组成部件及功用如下。

(1) 主轴箱(床头箱)　内部装有主轴和变速传动机构。其功能是支承主轴并把动力经变速机构传给主轴，使主轴带动工件按规定的转速旋转，以实现主运动。

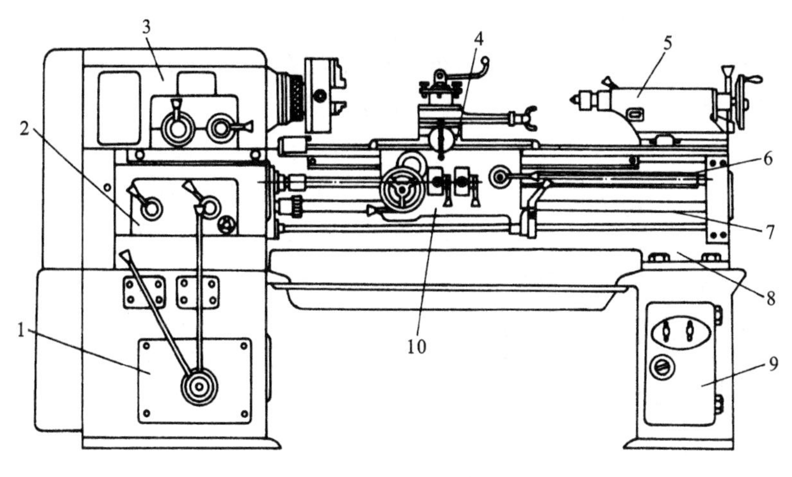

图7-3　C6132型车床

1—变速箱　2—进给箱　3—主轴箱　4—刀架　5—尾座

6—丝杠　7—光杠　8—床身　9—床腿　10—溜板箱

(2) 变速箱　变速箱内有变速机构,用于增大主轴变速范围。

(3) 进给箱　进给箱固定在床身左前侧,内有变速机构,主轴通过齿轮把运动传递给它。改变箱内齿轮啮合关系,可使光杠、丝杠获得不同的速度。其功能是改变进给机构的进给量或加工螺纹的导程。

(4) 溜板箱　溜板箱与刀架部件的最下层纵向溜板相连,与刀架一起作纵向运动。其功能是把进给箱传来的运动传递给刀架,使刀架实现纵向进给、横向进给、快速移动或车螺纹。

(5) 尾座　尾座装在床身右边的尾座导轨上,可沿导轨纵向调整其位置,如图7-4所示。套筒前端为莫氏锥孔,可装顶尖、钻头、铰刀等各种附件和刀具。摇动尾座

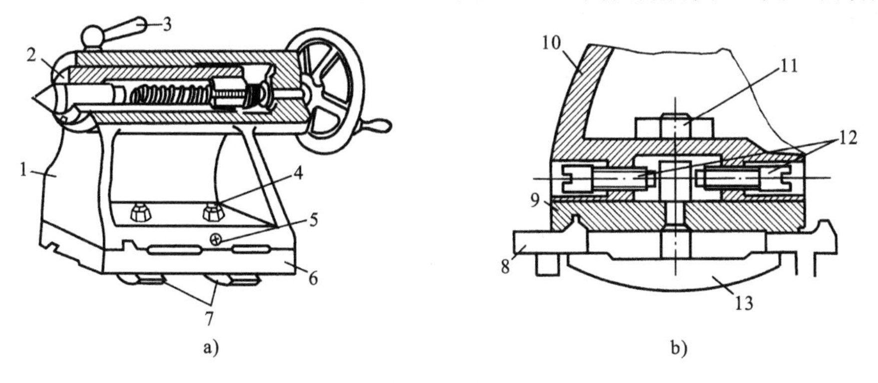

图7-4　尾座

a) 尾座的结构　b) 尾座体横向调节机构

1,10—尾座体　2—套筒　3—套筒锁紧手柄　4,11—固定螺栓

5,12—调节螺钉　6,9—底座　7,13—压板　8—床身导轨

手柄，套筒便可在尾座体内作伸出或后退运动。套筒锁紧装置用于松开或锁紧套筒的位置。松开尾座螺钉就可进行尾座体的横向位置调整，以便使尾座顶尖中心对准主轴中心或偏离一定距离，从而可车削小角度锥面。

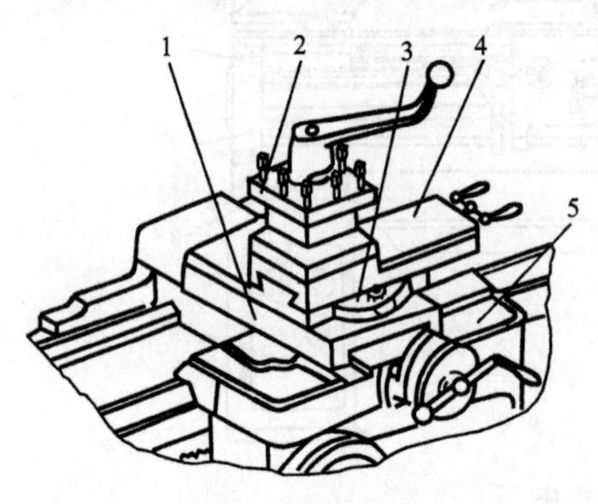

图 7-5 刀架的组成

1—中拖板 2—方刀架 3—转盘 4—小拖板 5—大拖板

(6) 床身 床身的功能是支承各主要部件，使它们在工作时保持准确的相对位置。

(7) 床腿 床腿的功能是支承床身，并与地基连接。

(8) 刀架部件 刀架装在床身的中部，可沿床身上的导轨作纵向移动。它由大拖板、中拖板、转盘、小拖板和方刀架等组成，如图 7-5 所示。它的功能是装夹车刀，实现纵向、横向或斜向进给运动。

(9) 光杠、丝杠 光杠和丝杠的功能是将进给箱的运动传给溜板箱。自动走刀用光杠，车削螺纹用丝杠。

3. 卧式车床的传动元件、机构与路线

(1) 常用传动元件 机床的动力源一般为电动机，电动机作单向旋转运动，并通过传动元件把运动传送到主轴和刀架。常见的传动元件为带轮、齿轮、蜗轮蜗杆、齿轮齿条、丝杠螺母等，如表 7-1 所示。

表 7-1 常见传动元件及符号

名 称	图 形	符 号	名 称	图 形	符 号
平带传动		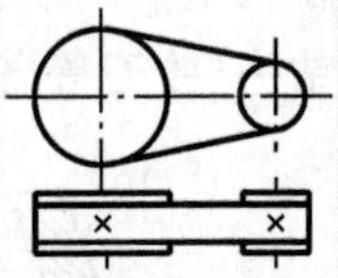	V 带传动	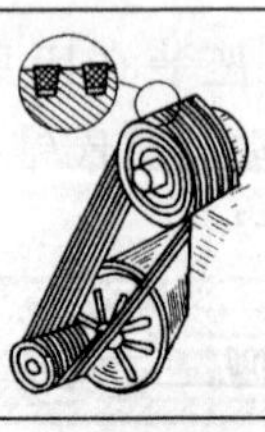	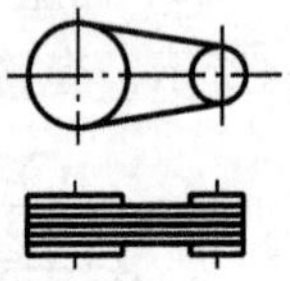
齿轮传动		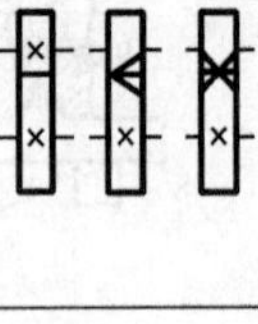	蜗轮蜗杆传动	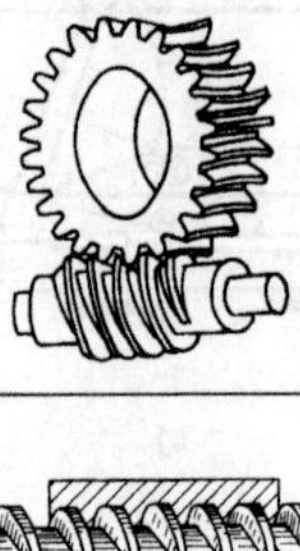	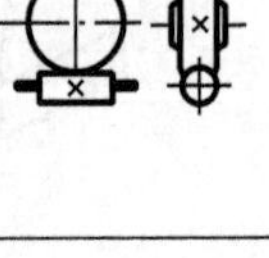
齿轮齿条传动	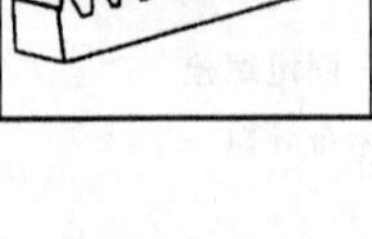	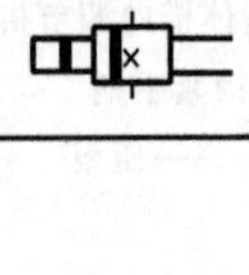	整体螺母传动	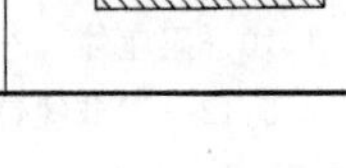	

(2) 典型传动机构 卧式车床的典型传动机构包括以下三类。

① 变速机构 车床主要通过改变滑动齿轮的齿数比来达到变速的目的。

② 换向机构 车床常用增加中间齿轮的方式来改变转动的方向。如图 7-6 所示，当 M 向左接合时，Ⅱ轴与Ⅰ轴旋转方向相反；当 M 向右接合时，Ⅱ轴与Ⅰ轴旋转方向相同。

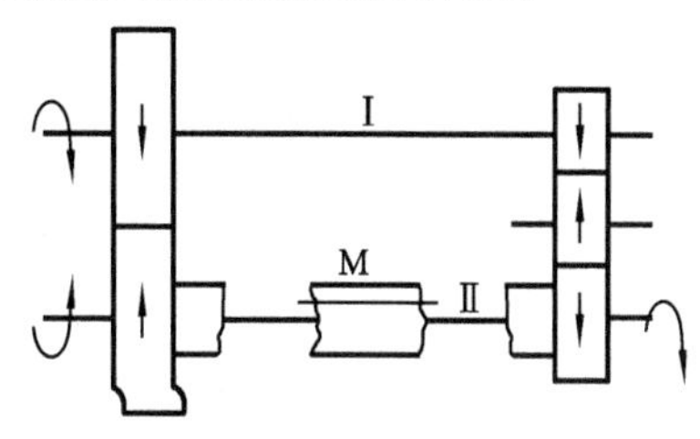

图 7-6 换向机构

③ 变运动类型机构 这类机构的主要任务是把旋转运动变为直线移动，如齿轮齿条传动和丝杠螺母传动都属此种机构。

(3) 卧式车床传动路线 车床的传动路线是指将电动机的旋转运动通过带轮、齿轮、丝杠螺母或齿轮齿条等传至机床的主轴或刀架的运动传递路线。通常用规定的传动件符号，按照运动传递的先后顺序，以展开图的形式表示出来。图 7-7 所示为 C6132 型车床的传动系统图，图 7-8 所示为其传动路线示意框图。

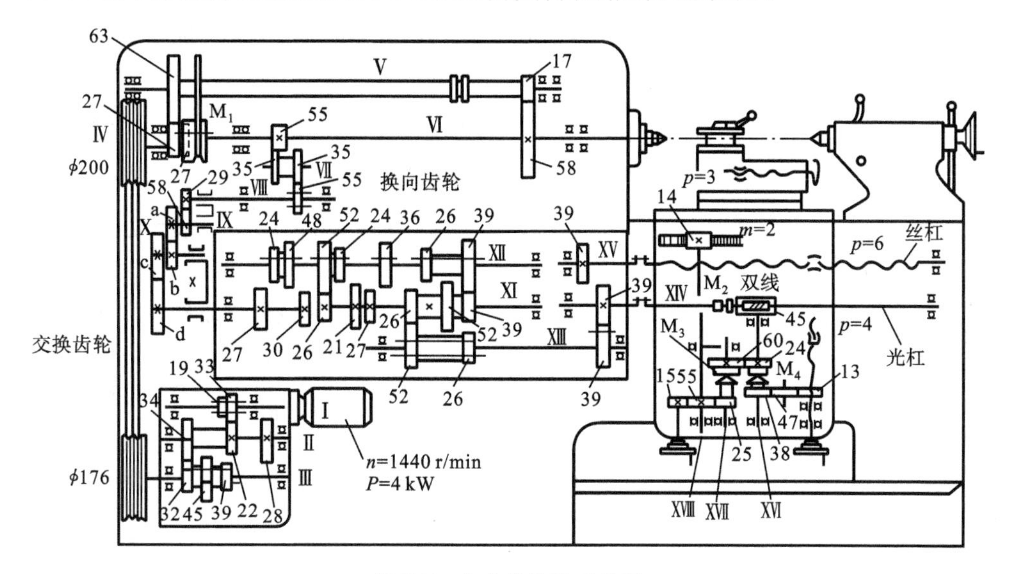

图 7-7 车床的传动系统图

（图中数字表示齿轮的齿数）

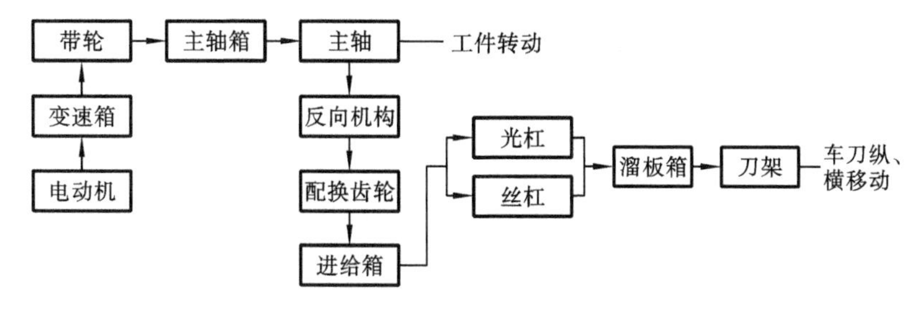

图 7-8 传动路线示意框图

C6132 型车床主轴共有 12 种转速，转速范围为 45～1 980 r/min。C6132 型车床对于每一组挂轮，进给箱可对应给出 20 种不同的进给量。进给量的范围是：纵向进给量为0.06～3.34 mm/r；横向进给量为 0.04～2.45 mm/r。

7.2 车刀的分类及主要角度

7.2.1 车刀的分类

1. 按结构形式分类

(1) 整体式车刀　这类车刀的切削部分与夹持部分是用同一种材料组成的，常用的高速钢车刀即属此类。

(2) 焊接式车刀　这类车刀的切削部分与夹持部分材料完全不同，切削部分材料多以刀片形式焊接在刀杆上，常用的硬质合金车刀即属此类。

(3) 机械夹固式车刀　这类车刀多在批量生产和自动化程度较高的场合使用，可分为机械夹固重磨式和不重磨式两种。前者用钝后可重磨，类似焊接车刀，刀杆可继续使用，以节省材料；后者不需重磨，一刃用钝后转换一刃即可再用，故又称为可转位刀具。图 7-9 所示的是不同结构的车刀。

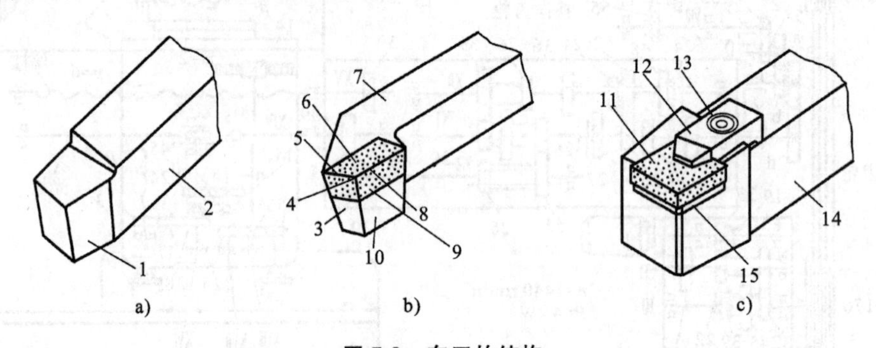

图 7-9　车刀的结构

a) 整体式车刀　b) 焊接式车刀　c) 机械夹固式车刀

1,9—刀头　2,7,14—刀体　3—副后刀面　4—刀尖　5—副切削刃　6—前刀面

8—主切削刃　10—主后刀面　11—刀片　12—压板　13—压紧螺钉　15—刀垫

2. 按使用场合分类

由于切削工件不同，车刀可分为偏刀、弯头刀、切刀、镗刀、成形车刀、螺纹车刀等，如图 7-10 所示。

7.2.2 外圆车刀切削部分的组成及主要角度

1. 组成

外圆车刀切削部分由一尖二刃三面所组成，即一点二线三面，如图 7-9b 所示。

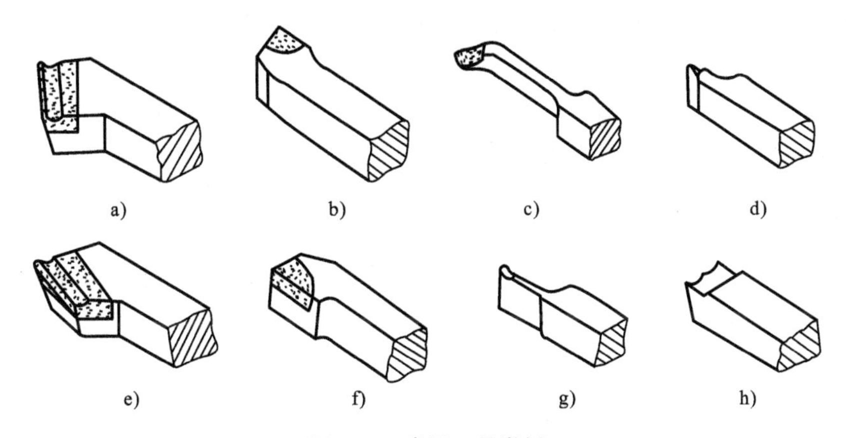

图 7-10　常用刀具举例

a) 45°外圆刀　b) 左偏刀　c) 镗孔刀　d) 外螺纹车刀

e) 75°外圆刀　f) 右偏刀　g) 切断刀　h) 样板刀

(1) 三面　前面(前刀面)——刀具上切屑流过的表面。

主后面(主后刀面)——与工件加工表面相对的表面。

副后面(副后刀面)——与工件已加工表面相对的表面。

(2) 二刃　主切削刃——前面与主后面相交的切削刃,担负主要切削工作。

副切削刃——前面与副后面相交的切削刃,小部分也担任切削工作。

(3) 一尖　刀尖——主切削刃与副切削刃连接处的一部分切削刃,一般为一段过渡圆弧。

2. 主要角度

(1) 度量基准平面　为了确定刀具刃口的锋利程度及其在空间的位置,必须有一个度量指标,即刀具几何角度。其中决定前面在空间的位置(倾斜程度)的角为前角 γ_o,决定主后面在空间的位置的角为主后角 α_o;同样,副后角 α_o'决定副后面在空间的位置。为了能正确度量角度的数值,按几何惯例必须要定出几个作为度量基准的基准平面(辅助平面)。为简单起见,假定外圆车刀的主切削刃为水平,在度量刀具角度时所选定的三个基准平面如图 7-11 所示。

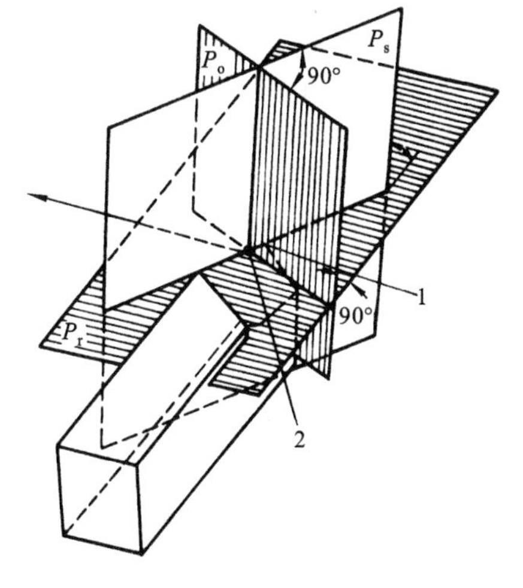

图 7-11　车刀度量基准

1—刀尖　2—刀刃上选定点

① 基面 P_r,即过主切削刃选定点的平面。此平面在主切削刃为水平时包含主切削刃并与车刀安装底面(即水平面)平行,主要作为度量前面在空间位置的基准面。

② 主切削平面 P_s,即过主切削刃选定点,

与主切削刃相切并与基面相垂直的平面。此平面主要作为度量主后面在空间位置的基准面。

③ 正交平面 P_o，即过主切削刃选定点并同时垂直于基面和主切削平面的平面，又称为主截面或主剖面。在此面上可度量刀具的前角 γ_o 和主后角 α_o。

(2) 刀具的标注角度　标注角度即在刀具图样上标注的角度，是刀具制造和刃磨的依据。车刀的主要标注角度有以下几个(见图 7-12)。

① 前角 γ_o　在主剖面中，前刀面与基面之夹角即前角。根据前刀面和基面相对位置的不同，其又可分为正前角、零度前角和负前角，如图 7-13 所示。

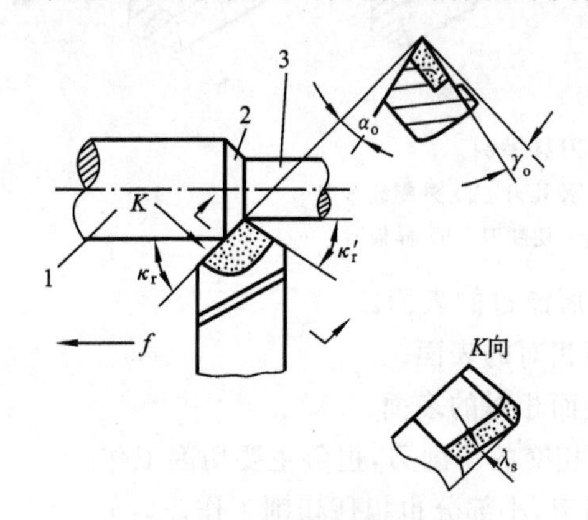

图 7-12　车刀的主要标注角度

1—待加工表面　2—加工表面

3—已加工表面

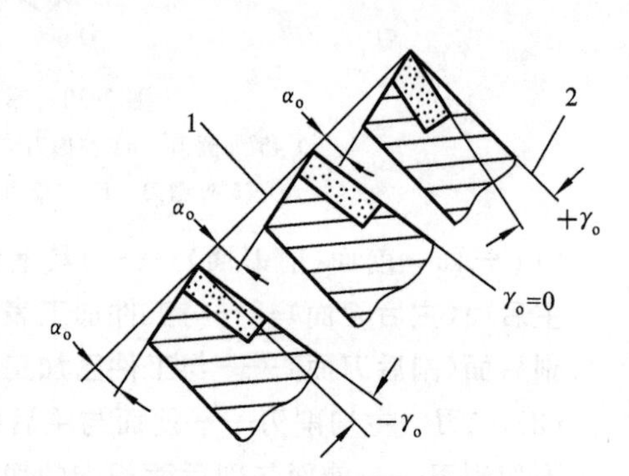

图 7-13　前角的正与负

1—切削平面　2—基面

② 后角 α_o　在主剖面中，主后刀面与切削平面之夹角即后角。

③ 主偏角 κ_r　在基面上，主切削刃的投影与进给方向之夹角即主偏角。

④ 副偏角 κ_r'　在基面上，副切削刃的投影与进给反方向之夹角即副偏角。

⑤ 刃倾角 λ_s　在切削平面中，主切削刃与基面之夹角即刃倾角。与前角类似，刃倾角也有正、负和零值之分，如图 7-14 所示。

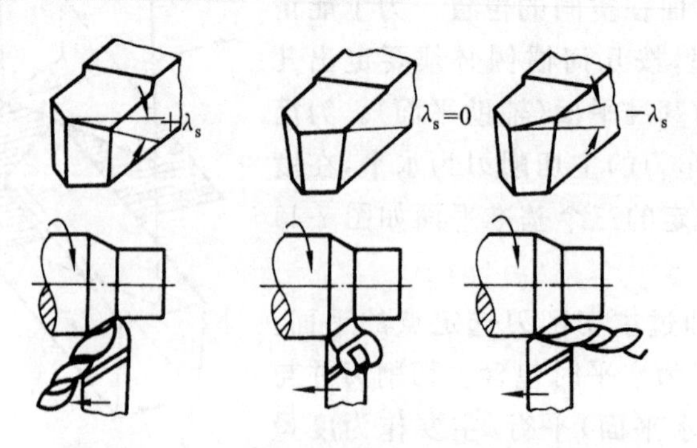

图 7-14　刃倾角的正负及其对切屑流向的影响

3. 外圆车刀主要角度的作用及选择原则

(1) 前角 γ_o　前角的作用和选择原则如下。

① 作用　影响切削刃锋利程度及强度。增大前角可使刃口锋利、切削力减小、切削温度降低,但过大的前角会使刃口强度降低,容易造成刃口损坏。

② 选择原则　前角的数值大小与刀具切削部分材料、被加工材料、工作条件等都有关系。刀具切削部分材料性脆、强度低时前角应取小值;工件材料强度和硬度低时可选取较大前角;在重切削和有冲击的工作条件时前角只能取较小值,有时甚至取负值。一般是在保证刀具刃口强度的条件下,尽量选用大前角,如用硬质合金车刀加工钢时前角值为 5°～15°。

(2) 后角 α_o　后角的作用和选择原则如下。

① 作用　减小后刀面与工件之间的摩擦,它和前角一样会影响刃口的强度和锋利程度。

② 选择原则　与前角相似,一般后角值为 6°～8°。

(3) 主偏角 κ_r　主偏角的作用和选择原则如下。

① 作用　影响切削刃工作长度、吃刀抗力、刀尖强度和散热条件。主偏角越小,吃刀抗力越大,切削刃工作长度越长,散热条件越好。

② 选择原则　工件粗大、刚性好时可取较小值;车细长轴时为了减少径向切削抗力以免工件弯曲,宜选取较大的值。常用的角度为 45°～75°。

(4) 副偏角 κ_r'　副偏角的作用和选择原则如下。

① 作用　影响已加工表面的粗糙度,减小副偏角可使被加工表面光洁。

② 选择原则　精加工时为提高已加工表面的质量,选取较小的值,一般为 5°～10°。

(5) 刃倾角 λ_s　刃倾角的作用和选择原则如下。

① 作用　影响切屑流动方向和刀尖的强度。当 λ_s 为正值时,刀尖在主切削刃上为最高点,切屑流向待加工表面;当 λ_s 为负值时,刀尖在主切削刃上为最低点,切屑流向已加工表面;刃倾角为 0°时,切屑沿垂直于过渡表面的方向流出。

② 选择原则　精加工时取正值,粗加工或有冲击时取负值,一般情况下为 0°±5°。

4. 车刀的安装

为使车刀在工作时能保持合理的切削角度,车刀必须正确地安装在方刀架上。安装车刀时,要求刀尖与车床主轴轴线等高,且刀柄应与车床主轴轴线垂直。

此外,刀杆的伸出长度不宜过长,否则容易使刀杆刚性减弱,切削时产生振动。刀尖的高低可以通过增减刀杆下面的垫片进行调整,装刀时常以尾架顶尖的高度来对刀。

7.3　工件安装及所用附件

车削加工时,工件要随主轴作高速旋转运动。工件与主轴的固定是靠各种夹具来实现的。为满足各种车削工艺及不同零件的要求,车床上常配备的附件有三爪定心卡盘、四爪单动卡盘、顶尖、跟刀架、中心架、花盘以及弯板等。

1. 用三爪定心卡盘安装工件

三爪定心卡盘是车床上应用最广的通用夹具,如图 7-15 所示。它能自动定心,装夹方便迅速,适于夹持圆形和正六边形截面的短工件。其定心精度受卡盘本身制造精度和使用后磨损程度的影响,故对工件上同轴度要求较高的表面,应尽可能在一次装夹中车出。

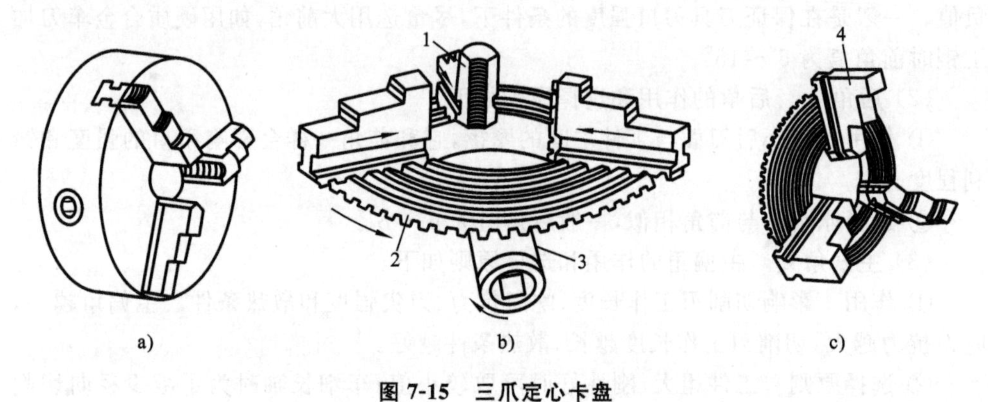

图 7-15 三爪定心卡盘

a) 外形 b) 内部构造 c) 反爪形式

1—卡爪 2—大锥齿轮(背面有平面螺纹) 3—小锥齿轮(共 3 个) 4—反爪

2. 用四爪单动卡盘安装工件

四爪单动卡盘的结构如图 7-16 所示。四个单动卡爪用扳手分别调整,可用来夹持方形、椭圆形等偏心或不规则形状的工件,也可用来夹持尺寸较大的圆形工件。

四爪单动卡盘夹持工件时,可根据工件的加工精度要求,进行划线找正(见图 7-17),将工件调整至所需的加工位置。但精确找正很费时间。精度要求较低时可用划线盘找正,精度要求较高时可用百分表找正。

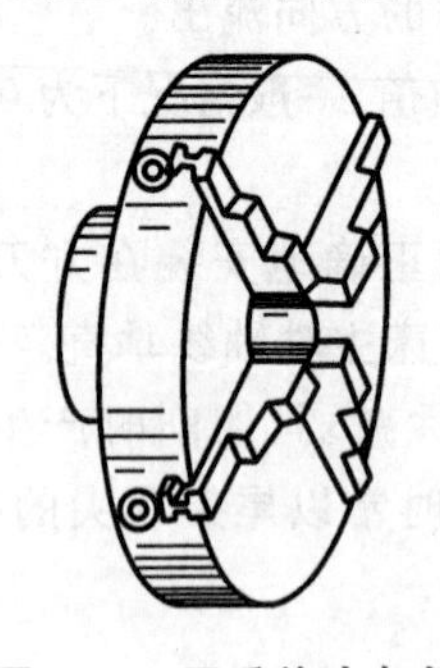

图 7-16 四爪单动卡盘

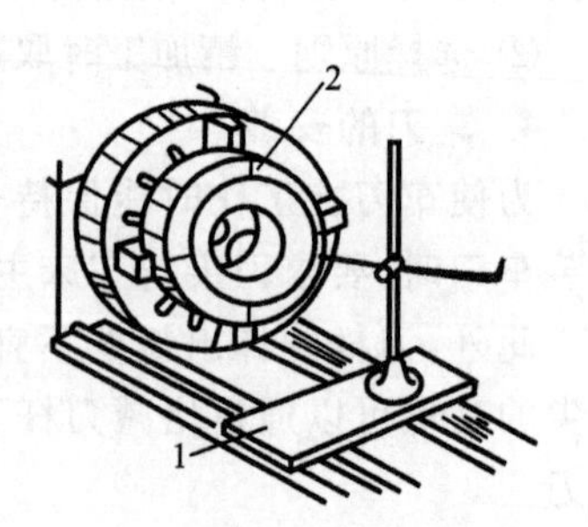

图 7-17 划线找正装夹

1—木板 2—孔的加工线

3. 用顶尖装夹工件

较长或工序较多的轴类工件，常采用双顶尖装夹(见图 7-18)，工件装夹在前后顶尖之间，由卡箍、拨盘带动其旋转。前顶尖装在主轴上，和主轴一起旋转；后顶尖装在尾座上固定不动。普通死顶尖的形状如图 7-19 所示。由于其后顶尖容易磨损，因此在工件转速较高的情况下，常用活顶尖(见图 7-20)，加工时活顶尖与工件一起转动。

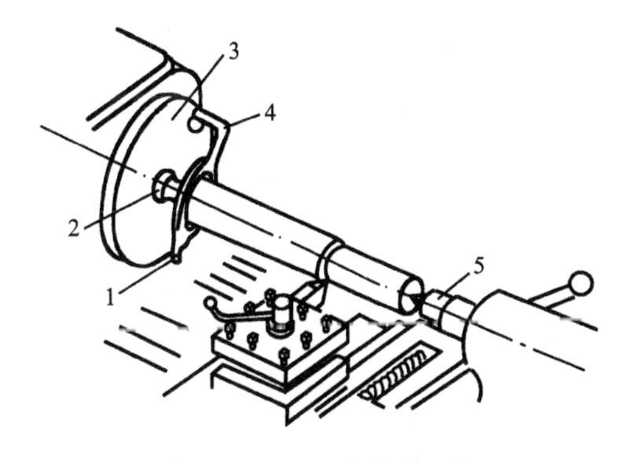

图 7-18 双顶尖装夹工件

1—夹紧螺钉 2—前顶尖 3—拨盘
4—卡箍 5—后顶尖

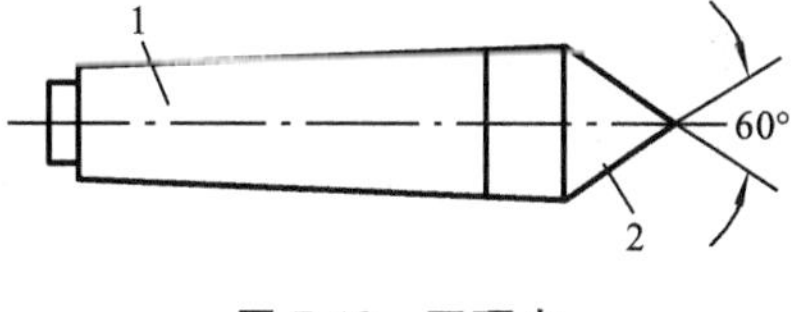

图 7-19 死顶尖

1—安装部分(尾部) 2—支持工件部分

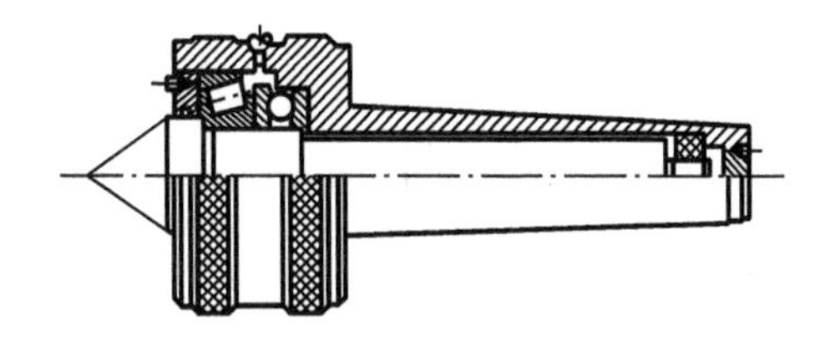

图 7-20 活顶尖

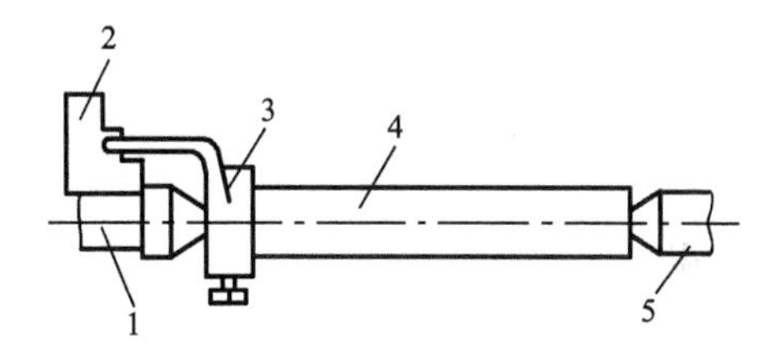

图 7-21 用三爪定心卡盘代替拨盘

1—前顶尖 2—卡爪 3—鸡心夹头
4—工件 5—后顶尖

有时可用三爪定心卡盘代替拨盘，如图 7-21 所示，此时前顶尖用钢料车成。

用顶尖装夹工件前，先车削工件的端面，用中心钻钻出中心孔，如图 7-22 所示。中心孔是轴类工件在顶尖上装夹的定位基面。

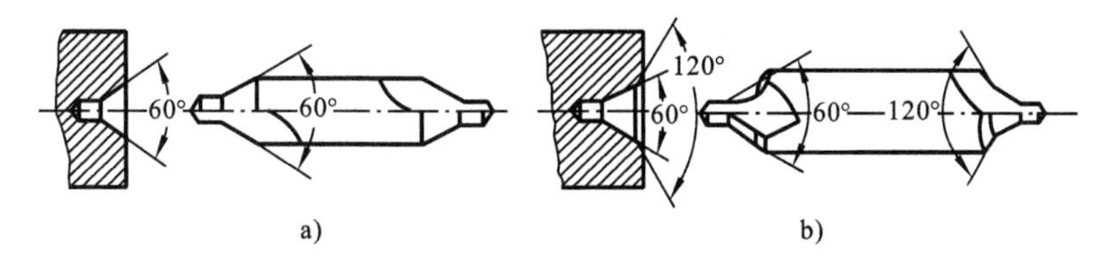

图 7-22 中心孔与中心钻

a) 用 A 型中心钻加工普通中心孔 b) 用 B 型中心钻加工双锥面中心孔

(1) 用顶尖装夹工件的操作步骤　具体步骤如下。

① 在工件一端装夹卡箍(见图 7-23),在工件另一端中心孔里涂上润滑油。装夹工件的毛坯表面时(见图 a),工件露出端应尽量短;装夹工件已加工表面时(见图 b),应垫以开缝套管,以免夹伤工件。

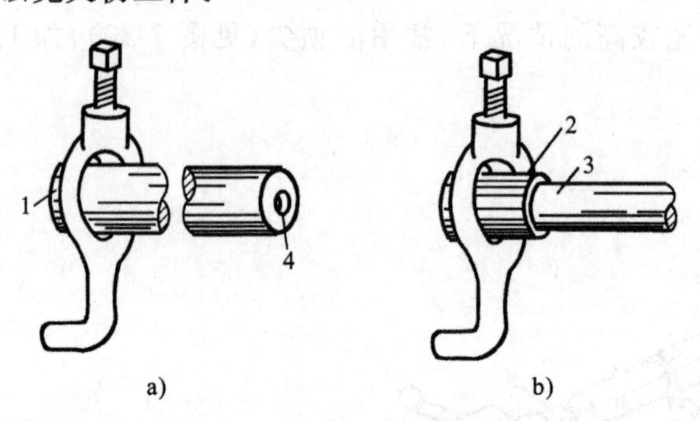

图 7-23　装卡箍

a) 夹毛坯表面　b) 夹已加工表面

1—工件　2—套管　3—已加工表面　4—加油孔

② 将工件置于顶尖间(见图 7-24),根据工件长短调整尾座位置,保证能让刀架移至车削行程的最外端,同时尽量使尾座套筒伸出最短,最后将尾座固定。

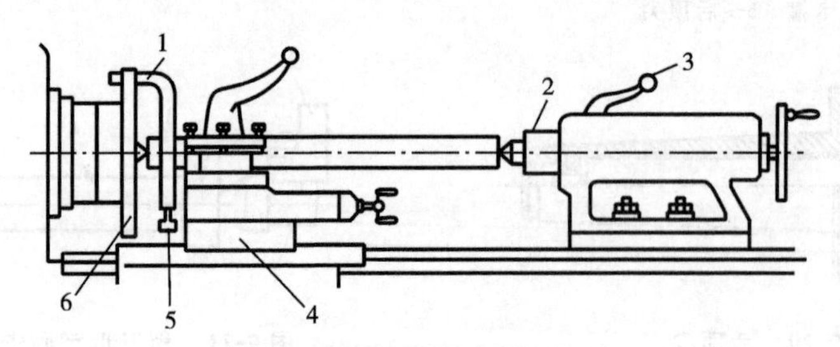

图 7-24　用顶尖装夹工件

1—卡箍　2—尾座套筒　3—套筒锁紧手柄

4—刀架　5—卡箍螺钉　6—拨盘

③ 转动尾座手轮,调节工件在顶尖间的松紧程度,使之既能自由转动,又不会有轴向松动,最后紧固尾座套筒。

④ 将刀架移至车削行程的最左端,用手拨动拨盘及卡箍,检查它们是否会与刀架等碰撞。

⑤ 拧紧卡箍螺钉。

(2) 用顶尖装夹工件时的注意事项　用顶尖装夹工件时,需注意以下几点。

① 前后顶尖应对准(见图 7-25a),若两顶尖轴线不重合(见图 7-25b),工件将被车成锥体(见图 7-25c)。可横向调整尾座,使两顶尖轴线重合。

② 两顶尖与工件的配合松紧必须适度。过松时工件定心不准,易振动,严重时工件甚至会飞出;过紧时两锥面间的摩擦增加,会使顶尖和中心孔磨损,甚至烧坏。

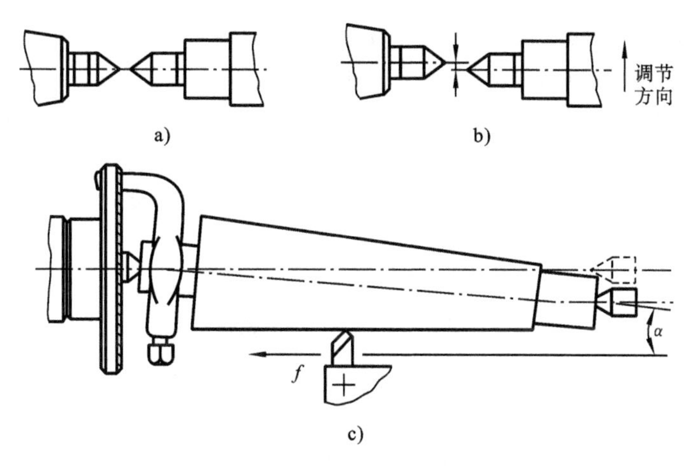

图 7-25　对准顶尖使轴线重合

a) 两顶尖轴线重合　b) 两顶尖轴线不重合　c) 顶尖轴线不重合时车出锥体

当切削用量较大时，工件会因发热而伸长，故加工过程中还需将顶尖稍松开一些。

③ 精车、半精车较重的轴类零件时，可用一夹一顶的装夹方式(见图 7-26)，这样能承受较大的切削力。这种方法应用很广。

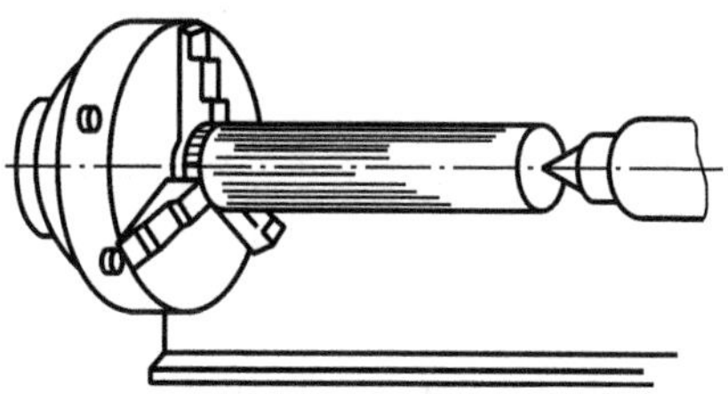

图 7-26　一夹一顶的装夹方式

4. 中心架和跟刀架

在车削长径比 $L/D>10$ 的细长轴时，由于其刚性差，易引起振动及车刀顶弯工件而使工件车削成腰鼓形的情况，因此，须采用中心架或跟刀架作为辅助支承，以保持工件的刚性，减少工件的变形。

(1) 中心架　中心架固定在车床导轨上(见图 7-27)，车削时，在工件上中心架的

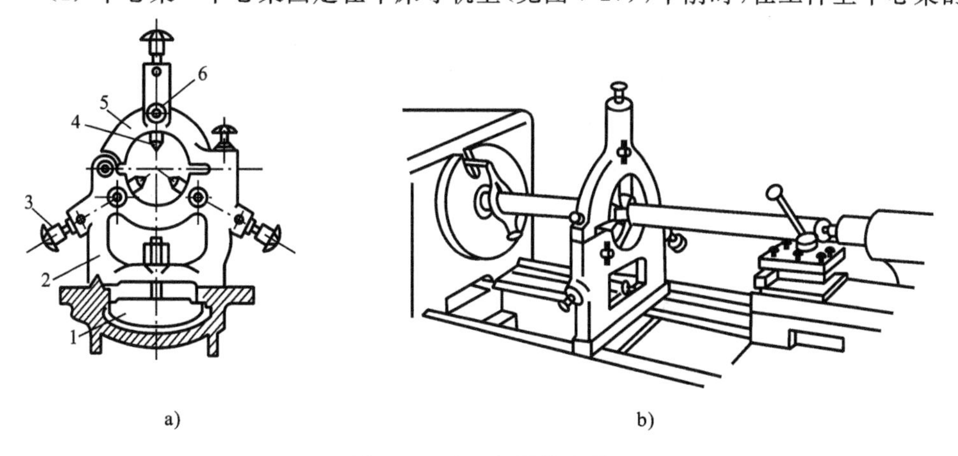

图 7-27　中心架及其应用

a) 中心架　b) 中心架的应用

1—压板　2—底座　3—螺栓　4—支承爪　5—盖子　6—紧固螺钉

支承处预先车出外圆面，然后调整三个支承爪与其接触，使松紧适度。中心架主要用来加工阶梯轴及长轴的端面、打中心孔及加工内孔等。

(2) 跟刀架　跟刀架装夹在车床刀架的大拖板上，与整个刀架一起移动(见图7-28)，两个支承安装在车刀对面，抵住工件，以平衡切削时的径向分力。车削时，在工件一端先车一段外圆，然后使支承与其接触，保持松紧适度，工作时支承处加润滑油。跟刀架主要用来车削细长光轴。

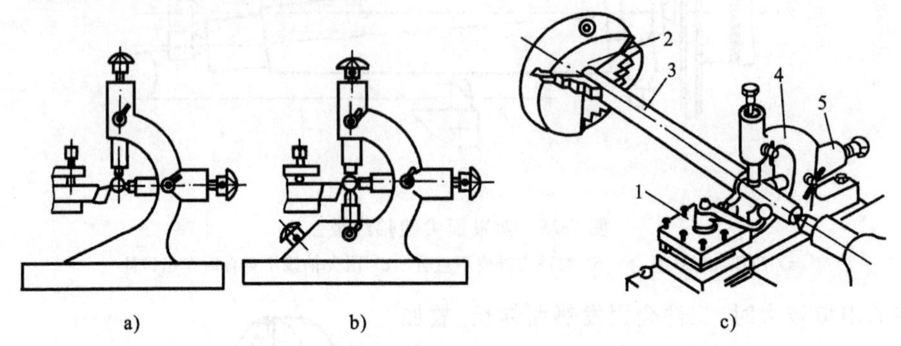

图 7-28　跟刀架及其应用

a) 两爪跟刀架　b) 三爪跟刀架　c) 跟刀架的应用

1—刀架　2—三爪定心卡盘　3—工件　4—跟刀架　5—尾顶尖

5. 用心轴装夹工件

盘、套类零件的外圆及端面对内孔常有同轴度及垂直度的要求，当这些孔及面不能在一次装夹中完成车削时，就难以保证这些要求。通常先将孔进行精加工(IT9～IT7)，再以孔定位装到心轴上加工其他表面，从而满足技术要求。

当工件长度大于工件孔径时，可采用带有锥度的心轴(1∶1 000 至 1∶2 000，见图 7-29)，靠心轴圆锥表面与工件间的摩擦力将工件夹紧。由于切削力是靠其配合面的摩擦传递的，故背吃刀量不能太大。这种方法主要用于精车外圆及端面。

当工件长度比孔径小时，则可做成带螺母压紧的心轴(圆柱心轴)，如图 7-30 所示。工件左端紧靠心轴的轴肩，由螺母及垫片压紧在心轴上。为保证内、外圆的同轴度，孔和心轴之间的配合间隙应尽可能小。

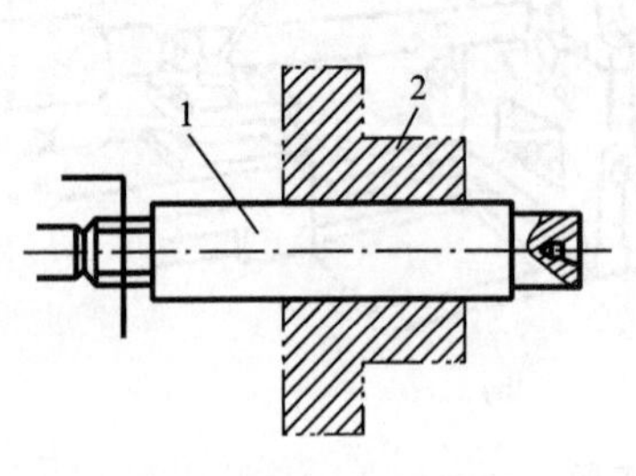

图 7-29　带锥度心轴

1—心轴　2—工件

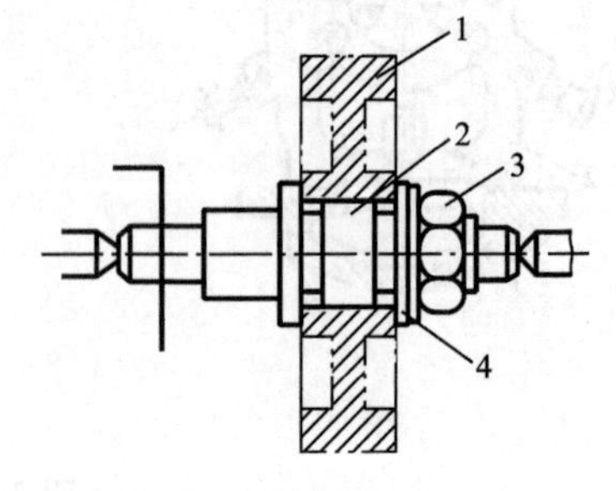

图 7-30　带螺母压紧的心轴

1—工件　2—心轴　3—螺母　4—垫圈

6. 用花盘装夹工件

花盘是个直径较大的铸铁圆盘，其中心的内螺纹孔可直接装夹在车床主轴上，端面上的T形槽用来安装压紧螺栓。花盘端面应平整，装夹时，端面与主轴线垂直，如图7-31所示。花盘适用于加工孔或外圆与基准面垂直的工件。

当待加工孔或外圆与装夹基准面平行时，可加配弯板装夹，如图7-32所示。用花盘或花盘加弯板装夹工件时，用平衡铁进行平衡，可防止加工时因工件及弯板的重心偏离旋转中心而引起振动。

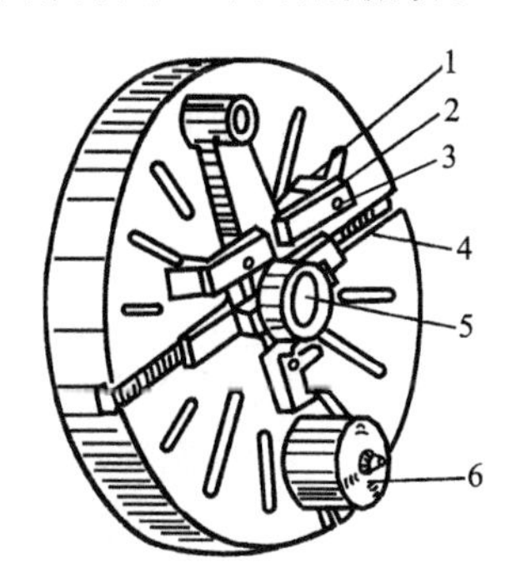

图7-31 花盘

1—垫铁 2—压板 3—螺钉 4—螺钉槽 5—工件 6—平衡铁

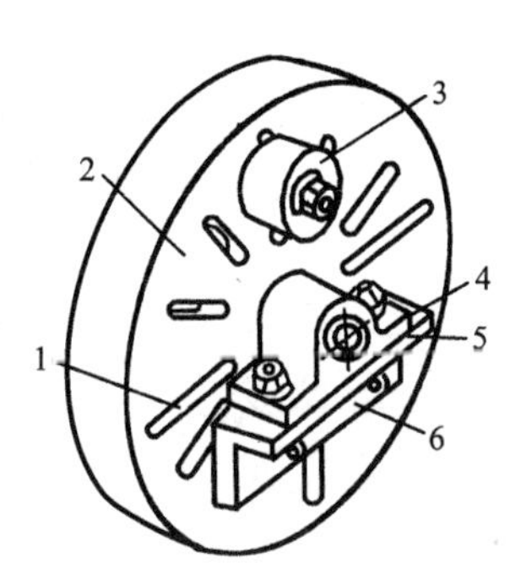

图7-32 花盘加配弯板装夹

1—螺钉槽 2—花盘 3—平衡铁 4—工件 5—安装基面 6—弯板

7.4 车床操作要点及基本车削工作

7.4.1 车床操作要点

1. 刻度盘及刻度盘手柄的使用

在车削工件时，要准确、迅速地掌握切深，必须熟练地使用横刀架和小刀架的刻度盘。

横刀架的刻度盘紧固在丝杠轴头上，横刀架和丝杠螺母紧固在一起。当横刀架手柄带着刻度盘转一周时，丝杠也转一周，这时螺母带着横刀架移动一个螺距。所以横刀架移动的距离可根据刻度盘上的格数来计算：

$$\text{刻度盘每转一格横刀架移动的距离} = \frac{\text{丝杠螺距}}{\text{刻度盘格数}} \quad (\text{mm})$$

例如，车床横刀架丝杠螺距为4 mm，横刀架的刻度盘等分为200格，故刻度盘每转一格横刀架移动的距离为

$$4\ \text{mm} \div 200 = 0.02\ \text{mm}$$

刻度盘转一格，刀架带着车刀移动0.02 mm。由于工件是旋转的，所以工件径向被切下的部分是车刀切深的两倍，也就是说，工件直径改变了0.04 mm。截面为

圆形的工件,其圆周加工余量都是相对直径而言的,测量工件的尺寸时也是测其直径的变化,所以用横刀架刻度盘进刀切削时,通常将每格读作 0.04 mm。

加工外圆时,车刀向工件中心移动为进刀,远离工件中心为退刀。而加工内孔时,则刚好相反。

进刀时,如果刻度盘手柄旋转过了头,或试切后发现尺寸太小而须退回车刀,由于丝杠与螺母之间存在着间隙,刻度盘不能直接退回到所要的刻度,应按图 7-33c 所示的方法操作。

小刀架刻度盘的原理及其使用方法与横刀架的相同。

小刀架刻度盘主要用来控制工件长度方向的尺寸。与加工圆柱面不同的是,小刀架移动多少,工件的长度尺寸经加工后就改变多少。

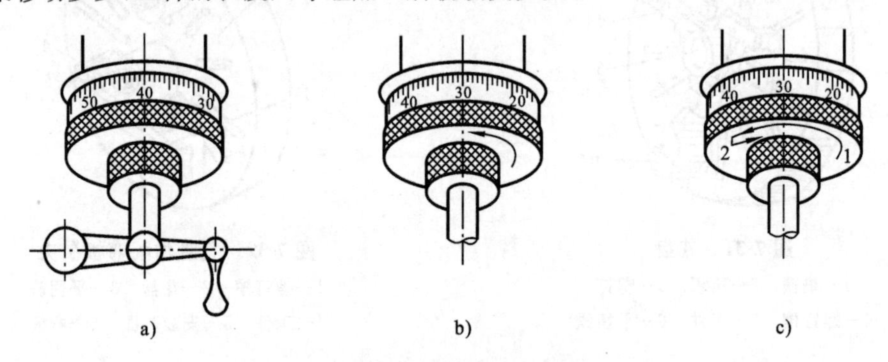

图 7-33　手柄使用的正与误

a) 要求手柄转至位置 30,但摇过头至 40　b)错误:直接退至 30

c) 正确:反转约一圈后,再转至所需位置 30

2. 试切的方法与步骤

工件在车床上安装以后,要根据工件的加工余量决定走刀次数和每次走刀的切深。半精车和精车时,为了准确地确定切深,保证工件加工的尺寸精度,只靠刻度盘的刻度来确定进刀量是不行的。因为刻度盘和丝杠都有误差,单靠刻度盘的刻度往往不能满足半精车和精车的要求,而需采用试切的方法。试切的方法与步骤如图 7-34所示。

其中图 7-34a～e 所示的是试切的一个循环。如果尺寸合格了,就按这个切深将整个表面加工完毕;如果尺寸不合要求,就要重新进行试切,直到尺寸合格才能继续车下去。

3. 粗车

粗车的目的是尽快地从工件上切去大部分加工余量,使工件接近最后的形状和尺寸。粗车要给精车留有合适的加工余量,而精度和表面质量要求都很低。在生产中,加大切深对提高生产率有利,而对车刀的寿命影响又不大。因此,粗车时要优先选用较大的切深。其次根据可能,适当加大进给量,最后确定切削速度。一般采用中等或中等偏低的切削速度。

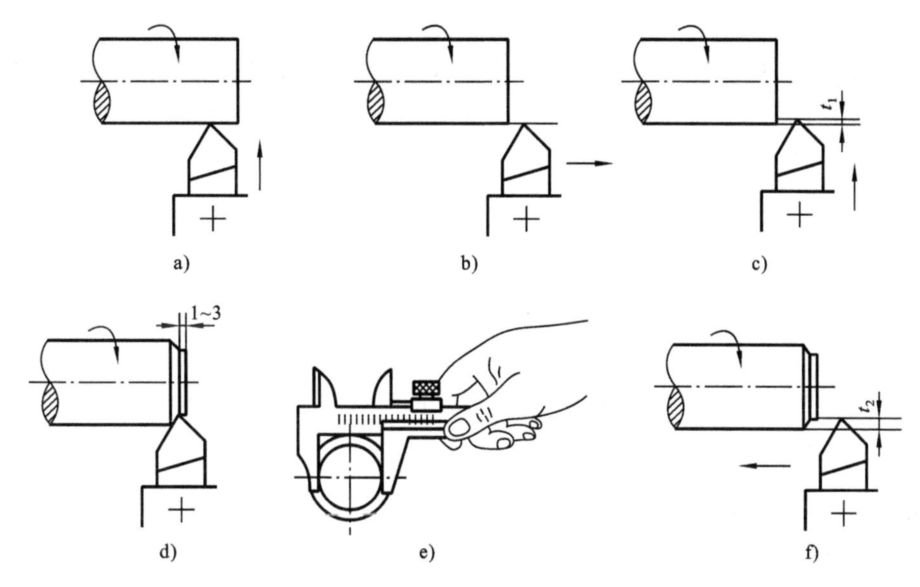

图 7-34　试切的方法与步骤

a) 开车对刀,使车刀和工件表面轻微接触　b) 向右退出　c) 按要求横向进给 t_1
d) 试切 1～3 mm　e) 向右退出,停车测量　f) 调整切深至 t_2 后,自动进给车外圆

粗车的切削用量推荐如下。

切深:取 2～4 mm;进给量:取 0.15～0.4 mm/r。

切速:用硬质合金车刀切钢时可取 50～70 m/min,切铸铁时可取 40～60 m/min。

粗车铸件时,因工件表面有硬皮,如切深很小,刀尖反而容易被硬皮碰坏或磨损,因此,第一刀的切深应大于硬皮厚度。

选择切削用量时,还要看工件安装是否牢靠。若工件夹持部分的长度较短或表面凹凸不平,则切削量也不宜过大。

4. 精车

粗车给精车(或半精车)留的加工余量一般为 0.5～2 mm,加大切深对精车来说并不重要。精车的目的是要保证零件的尺寸精度和表面粗糙度的要求。

精车的公差等级一般为 IT8～IT7,其尺寸精度主要是依靠准确地度量、准确地进刀并用试切来保证的,因此操作时要细心、认真。

精车时表面粗糙度值 Ra 一般为 3.2～1.6 μm。使 Ra 值减小的措施主要有以下几个方面。

① 选择的车刀几何形状要合适。当采用较小的主偏角 κ_r 或副偏角 κ_r',或刀尖磨有小圆弧时,都会减小残留面积,使 Ra 值减小。

② 选用较大的前角 γ_0 并用油石把车刀的前刀面和后刀面打磨得光滑一些。

③ 合理选择精车时的切削用量。生产实践证明，较高的切速（$v \geqslant 100$ m/min）或较低的切速（$v \leqslant 6$ m/min）都可获得较小的 Ra 值。但采用低速切削时生产率低，一般只在精车小直径的工件时使用。选用较小的切深对减小 Ra 值较为有利。但切深过小（0.03～0.05 mm），工件上原来凹凸不平的表面可能不会完全切除掉，这样就不能达到满意的效果。采用较小的进给量可使残留面积减小，因而有利于减小 Ra 值。

精车的切削用量推荐如下。

切深：取 0.3～0.5 mm（高速精车）或 0.05～0.10 mm（低速精车）。

进给量：取 0.05～0.2 mm/r。

切速：用硬质合金车刀切钢时取 100～200 m/min，切铸铁时取 60～100 m/min。

④ 合理地使用切削液。高速精车钢件时可使用乳化液，低速精车铸铁件时常用煤油作为切削液。

7.4.2 基本车削工作

1. 车外圆和台阶

将工件车削成圆柱形表面的方法称为车外圆。它是生产中最基本、应用最广的工序。

车削外圆时常用的车刀有尖刀、45°弯头刀、90°偏刀等。尖刀主要用来车外圆；45°弯头刀和 90°偏刀通用性较好，既可车外圆，又可车端面和倒角；右偏刀用来车削带有垂直台阶的外圆工件和细长轴，用其车削外圆时径向力很小，不易顶弯工件。带有圆弧的刀尖常用来车削带过渡圆弧表面的外圆。图 7-35 所示为常见的外圆车削。

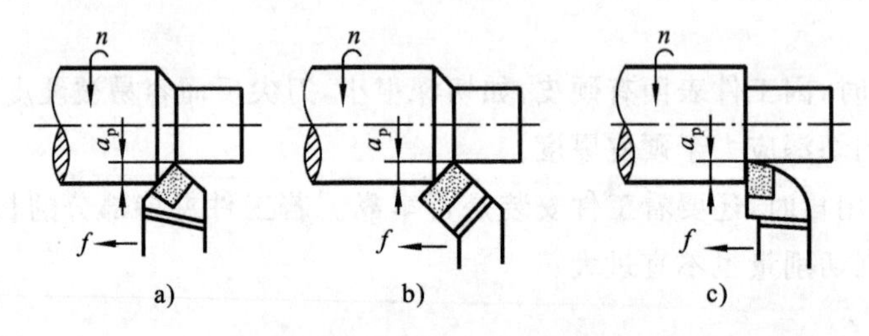

图 7-35　常见的外圆车削

a) 用尖刀车外圆　b) 用 45°弯头刀车外圆　c) 用右偏刀车外圆

车台阶实际上是外圆和端面的组合加工。当轴上的台阶高度在 5 mm 以下时，可在车外圆时同时车出。为使车刀的主切削刃垂直于工件轴线，装刀时用 90°角尺对刀。有时为使台阶长度符合要求，可用刀尖预先刻出线痕，作为加工的界限，如图 7-36 所示。但这种方法很不准确，一般线痕所定的长度应比所需的长度略短，以留有加工余量。

当台阶高度在 5 mm 以上时，如图 7-37 所示，应使偏刀主切削刃与工件轴线成 95°角，分多次走刀，纵向进给车削（见图 a）；在末次纵向进给后，车刀应横向退出，以平整台阶端面（见图 b）。

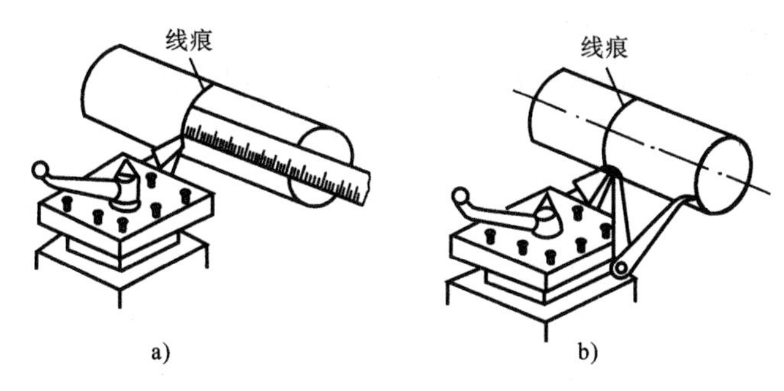

图 7-36　刻出线痕,控制台阶长度

a) 用钢尺量　b) 用卡钳量

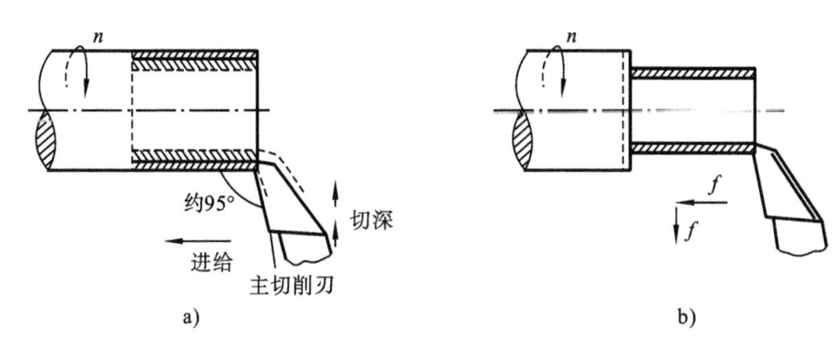

图 7-37　高台阶分层车削

a) 分层切削　b) 车平台阶

2. 车端面

对工件端面进行车削称为车端面。轴类、盘、套筒类零件的端面一般可在车床上加工。端面可作为工件长度方向尺寸的测量定位基准,车端面可为在工件端面上钻孔(含中心孔)作准备。车削内、外圆之前一般需先车端面,这样易保证内、外圆轴线对端面的垂直度。

车端面时所用的刀具如图 7-38 所示。用偏刀车端面时,当背吃刀量较大时易扎

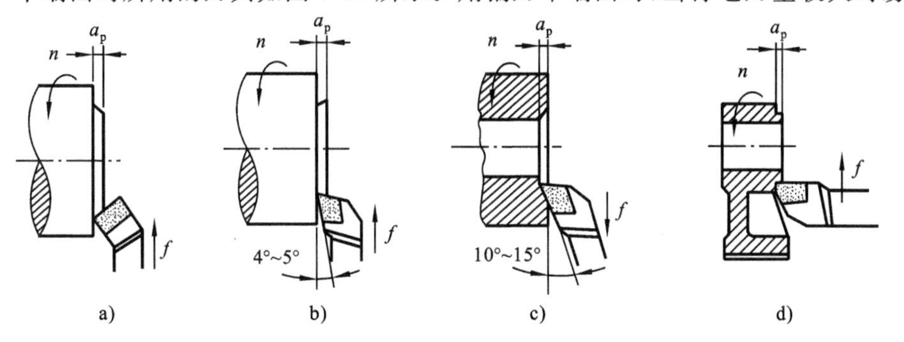

图 7-38　车端面

a) 用弯头刀车端面　b) 用右偏刀车端面(由外向中心)

c) 用右偏刀车端面(由中心向外)　d) 用左偏刀车端面

刀，所以车端面时用弯头刀较有利。但精车端面时可用偏刀由中心向外进给，这样能提高端面的加工质量。车削直径较大的端面，若出现凹心或凸面，则应检查车刀和刀架是否锁紧，以及中拖板的松紧程度。此外，为使车刀准确地横向进给而无纵向松动，应将大拖板紧固于床身上，用小拖板来调整背吃刀量。

3. 车圆锥面

在机械制造中，除广泛采用圆柱体和圆柱孔作为配合表面外，还广泛采用外圆锥面和圆锥孔作为配合表面，如车床主轴的锥孔、顶尖、直径较大的钻头的锥柄等。圆锥配合紧密，拆卸方便，且经多次拆卸仍能保持精确的定心作用，因而得到了广泛应用。车圆锥面的方法主要有以下几种。

(1) 宽刀法　宽刀法(样板刀法)是将刀具磨成与工件轴线成锥面斜角 α 的切削刃，直接进行加工的方法，如图 7-39 所示。这种方法的优点是方便、迅速，能加工任意角度的圆锥面。但由于切削刃较大，因此，要求机床和工件的刚性较好，加工的圆锥不能太长，仅适用于批量生产。

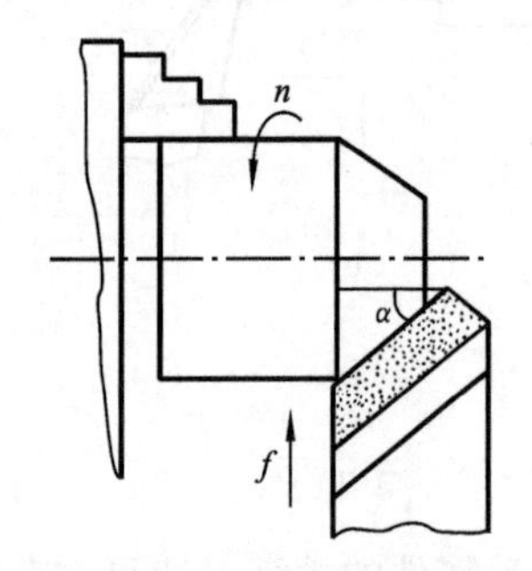

图 7-39　用宽刀车圆锥面

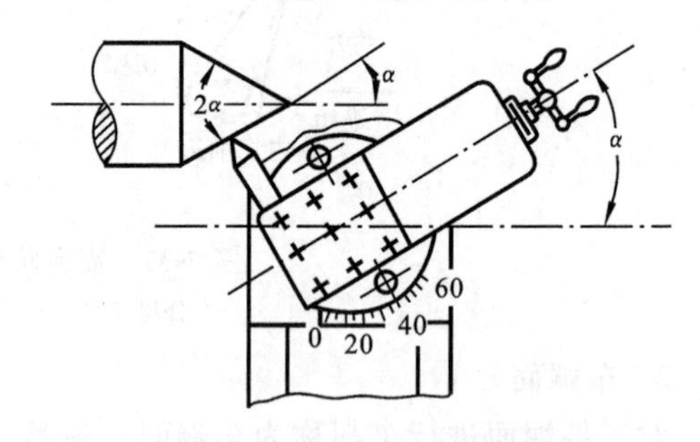

图 7-40　用转动小拖板法车圆锥面

(2) 转动小拖板法　将小拖板绕转盘轴线旋转 α 角，然后用螺钉紧固。加工时转动小拖板手柄，使车刀沿锥面的母线移动，就能加工出所需要的圆锥面，如图 7-40 所示。

这种方法调整方便，操作简单，可以加工任意斜角的内、外圆锥面，应用很广。但所切圆锥面的长度受小拖板行程的限制，且只能手动进给，故仅用于单件生产。

(3) 偏移尾架法　调整尾座顶尖使其偏移一个距离 s，使工件的轴线与机床主轴的轴线相交一个斜角 α，利用车刀的自动纵向进给，车出所需圆锥面，如图 7-41 所示。

尾座偏移量：　$s=L\sin\alpha$

当 α 较小时：　$s=L\tan\alpha=L(D-d)/2l$

采用这种方法能车削较长的圆锥面。由于受到尾座偏移量的限制，一般只能加工锥面斜角 $\alpha<8°$ 的锥面，不能加工内锥面，且精确调整尾座偏移量较费时。

(4) 靠模板法　靠模板装置的底座一般固定在床身的后面，底板上面装有锥度靠模板，它可以绕中心轴旋转到与工件轴线相交成锥面斜角，如图 7-42 所示。为使

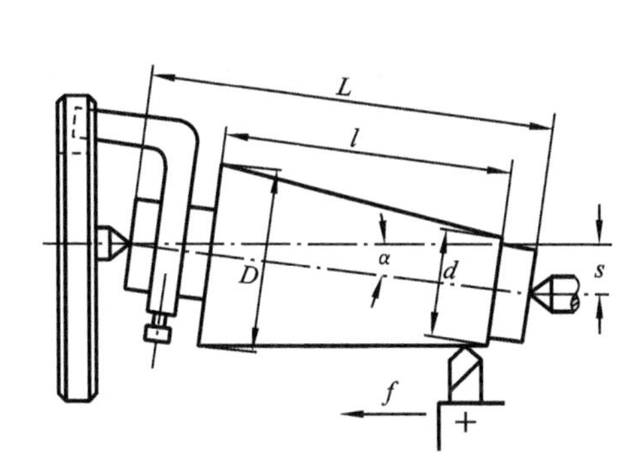

图 7-41 用偏移尾架法车圆锥面

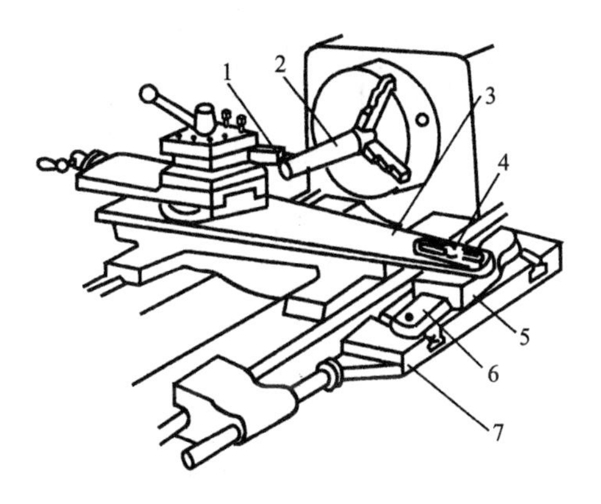

图 7-42 用靠模板法车圆锥面

1—车刀 2—工件 3—中拖板 4—固定螺钉 5—滑板 6—靠模板 7 托架

中拖板自由地滑动，必须将中拖板与大拖板的丝杠与螺母脱开。为便于调整背吃刀量，小拖板必须转过 90°。

当大拖板作纵向自由进给时，滑板就沿着靠模板滑动，使车刀的运动平行于靠模板，就可车出所需的圆锥面。

靠模板法适用于加工较长、任意锥角、批量生产的圆锥面和圆锥孔，且精度较高。

4. 切槽与切断

切槽要用切槽刀(见图 7-43)加工。刀头的宽度很窄，侧面磨出 1°～2°的副偏角，以减少与工件的摩擦，这样就使刀头较脆弱。

切削宽度为 5 mm 以下的窄槽时，可以横向进给一次切出。切宽槽时，可按图7-44所示的步骤进行。

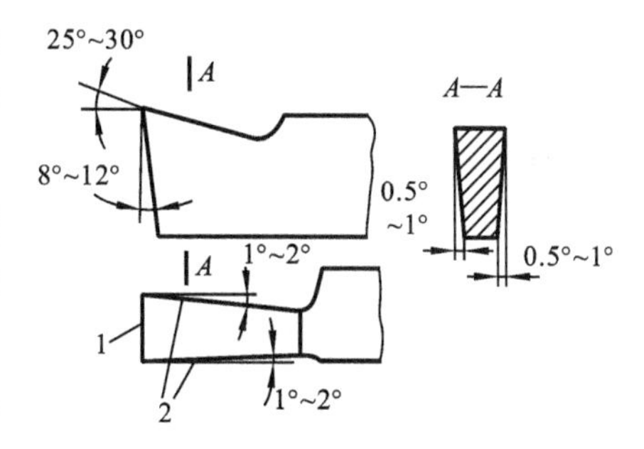

图 7-43 切槽刀

1—主切削刃 2—副切削刃

切断刀与切槽刀相似，只是刀头更窄且长，故必须注意以下几点。

① 切断时，一般工件用卡盘夹持，切断处应靠近卡盘，以免引起工件振动。

② 切断刀必须正确装夹。若刀尖过低，切断处会留下凸起部分；若刀尖过高，后刀面与工件面会产生摩擦，增加阻力。

③ 切断时应降低切削速度，尽可能减小主轴和刀架滑动部分的间隙。

④ 切削时用手缓慢而均匀地进给，切削钢料时须加切削液。即将切断时，进给速度须更慢，以免刀头折断。

5. 钻孔和镗孔

(1) 钻孔 在车床上可利用麻花钻、扩孔钻、铰刀和镗刀等进行孔加工。

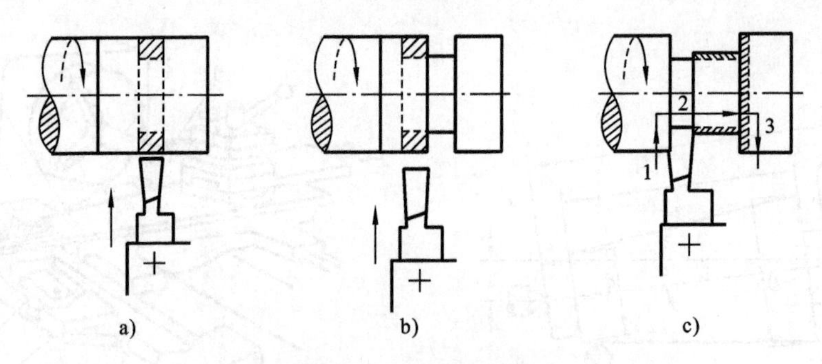

图 7-44　切宽槽步骤

a）第一次横向进给　b）第二次横向进给

c）末次横向进给后，再纵向进给精车槽底，切宽槽

在车床上钻孔时，钻头安装在尾座上，随尾座一起作进给运动，如图 7-45 所示。采用这种方法易保证孔和外圆的同轴度及与端面的垂直度。

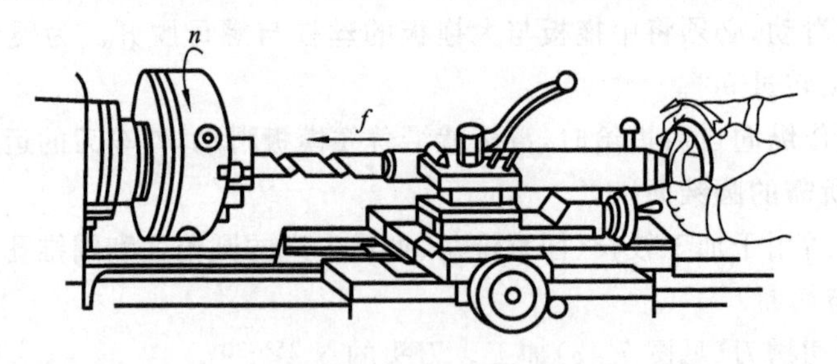

图 7-45　在车床上钻孔

(2) 镗孔　镗孔是用镗刀对工件上已有孔进行再加工的一种孔加工方法，如图 7-46所示。

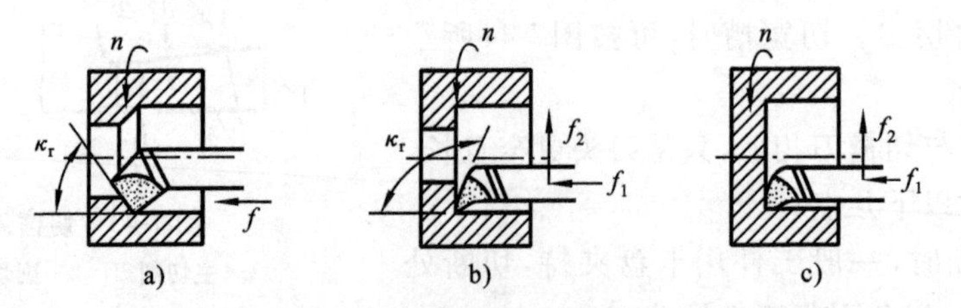

图 7-46　在车床上镗孔

a）镗通孔　b）镗台阶孔　c）镗不通孔

镗刀可以扩大孔径，提高精度，降低表面粗糙度，较好地纠正原来孔轴线的偏斜，常用于孔的粗加工、半精加工与精加工，可加工任意孔径的孔，通用性好。

为保证工件上的孔与外圆面同轴并和端面垂直，在车床上镗孔时常采用所谓“一刀落”的方法，即工件装夹后，端面、外圆面和内孔的粗、精加工按顺序连续完成，然后切断，再调头加工另一端面和倒角。

6. 车成形面

在车床上可以车削各种以曲线为母线的回转体表面，如手柄、手轮、球的表面等，这些带有曲线轮廓的表面称为成形面。在车床上加工成形面的方法通常有三种。

(1) 双手控制法　双手控制法是指利用双手同时摇动中拖板和小拖板的手柄，使刀尖所走的轨迹与所需成形面的母线相符，如图 7-47 所示。车削时可用成形样板检验并进行修正。双手控制法简单易行，但其加工精度取决于生产者的技术水平，仅适用于单件生产及精度要求不高的场合。

(2) 成形车刀法　成形车刀法是指利用切削刃形状与成形面母线形状相吻合的成形车刀来加工成形面，如图7-48所示。加工时成形车刀只作横向进给。其操作方便，生产率高，精度主要取决于成形车刀的刃磨质量，适用于成批生产。但车刀与工件的接触面大，易引起振动，且产生的热量高，须有良好的冷却润滑条件。

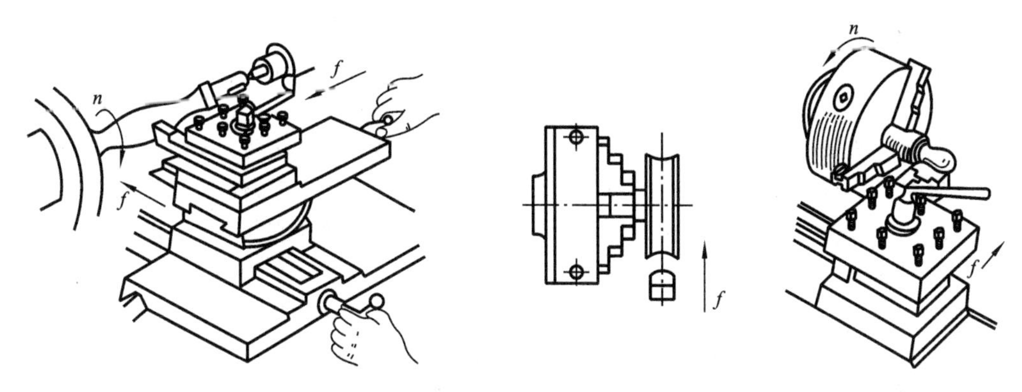

图 7-47　用双手控制法车成形面　　图 7-48　用成形车刀法车成形面

(3) 用靠模车成形面　这种方法的加工原理和用靠模板法车削圆锥面相同，只需把滑板换成滚柱，把锥度模板换成带有所需曲线的靠模板即可。该方法加工质量好，生产率也高，但制造靠模增加了成本，故广泛应用于批量生产中。

7. 车螺纹

螺纹加工的方法很多，有车削、铣削、攻螺纹与套螺纹、搓螺纹与滚螺纹、磨削及研磨等，其中以车削螺纹最为常见。

车削螺纹的技术要求是要保证螺纹的中径、牙型和螺距的精度。

车削螺纹的运动关系是：工件每转一周，车刀准确而均匀地移动一个螺距或导程(单线螺纹为螺距 P，多线螺纹为导程 $L=nP$)。

(1) 螺纹车刀　螺纹车刀结构简单，制造容易，通用性强，可用于加工各种形状、尺寸及精度的内螺纹和外螺纹，特别适合加工大尺寸螺纹，多用高速钢和硬质合金制造。

(2) 螺纹车刀的对刀　装夹螺纹车刀时，要保证车出螺纹的牙型半角相等，牙型不偏斜。可用角度样板对刀，如图 7-49 所示。同时装夹工件必须牢靠，以防工件在

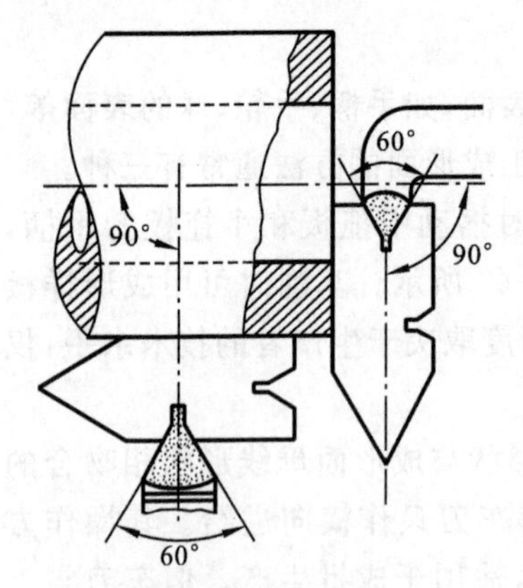

图 7-49 螺纹车刀的对刀方法

车削过程中松动。

(3) 车削螺纹的方法 车削外螺纹时，先车出螺纹大径、倒角，一般应车出退刀槽，然后以牙型高度(普通螺纹牙型高度 $h=0.54P$)为总背吃刀量，由中拖板刻度盘控制，分多次走刀车出螺纹。

另外一种车螺纹的方法为抬闸法，就是利用开合螺母的压下或抬起来车削螺纹。这种方法操作简单，但容易出现乱扣(即前、后两次走刀车出的螺旋槽轨迹不重合)，只适用于加工车床的丝杠螺距是工件螺距整数倍的情况。与正、反车法的主要不同之处是车刀行至终点时，横向退刀后不开反车返回起点，而是抬起开合螺母手柄使丝杠与螺母脱开，手动纵向退回，再进刀车削。

车内螺纹时，应先钻(或扩)螺纹底孔至螺纹小径尺寸，再用内螺纹车刀车削。对于公称直径较小的内螺纹，也可以在车床上用丝锥攻出螺纹。

车削左旋螺纹时，只需调整换向机构，使主轴正转，丝杠反转，车刀从左向右切削。如图 7-50 所示，用正、反车法车削螺纹的步骤如下：a)开车，使车刀与工件轻微接触，记下刻度读数，向右退出车刀(见图 7-50a)；b)合上对开螺母，在工件表面上车出一条螺旋线，横向退出车刀，停车(见图 7-50b)；c)开反车使车刀退到工件右端，停车，用钢直尺检查螺距是否正确(见图 7-50c)；d)利用刻度盘调整切深，开车切削(见图 7-50d)；e)车刀将至行程终了时，应做好退刀、停车准备，先快速退出车刀，然后停车，开反车退回刀架(见图 7-50e)；f)再次横向切入，其切削过程的路线如图 7-50f 所示。这种方法适用于车削各种螺纹。

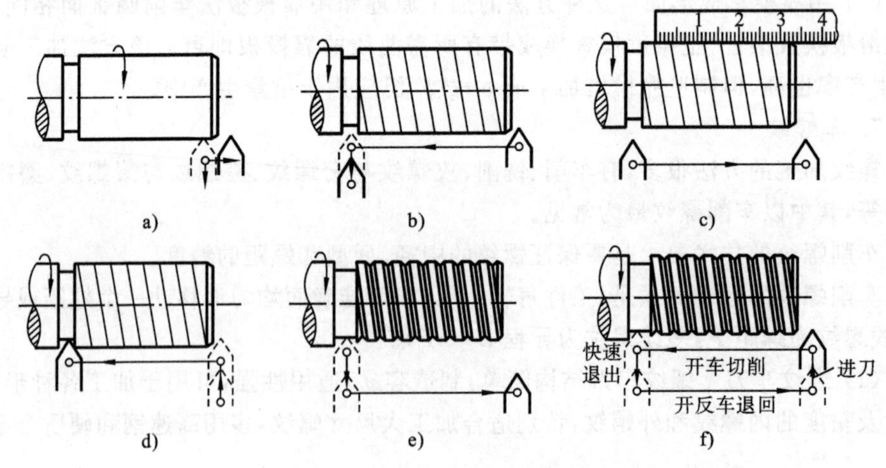

图 7-50 用正、反车法车削螺纹

a) 开车，车刀与工件轻微接触 b) 车出螺旋线，退刀停车 c) 检查螺距
d) 调整切深，开车 e) 行程终了时退刀停车 f) 再次进入继续切削

车削多线螺纹时，每一条螺旋槽的车削方法与车单线螺纹完全相同。只是在计算挂轮和调整进给箱手柄时，不是按工件螺距而是按导程进行调整的。由于多线螺纹在轴向截面内，任意两条相邻螺旋线间的距离等于其螺距值，当车完第一条螺旋槽后，只要转动小刀架手柄使车刀刀尖沿工件轴向移动一个螺距值(移动小刀架前，应先校正小刀架导轨，使之与工件轴线平行)，利用丝杠自动走刀把车刀退回工件右端(注意：退刀时，小刀架手柄不能动，否则会出现“乱扣”现象)，调整好吃刀量后，即可切第二条螺旋槽，如图 7-51 所示。按此方法可依次车出第三、第四条螺旋槽。

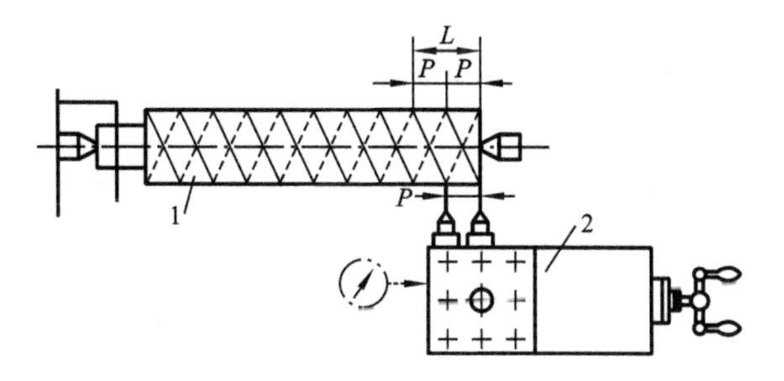

图 7-51 用移动小刀架法分线

1—工件 2—小刀架

8. 滚花

在车床上利用滚花刀对工件表面进行挤压，使表面层金属产生塑性变形而形成花纹的加工方法称为滚花。由于滚花时的挤压力较大，因此要求工件刚性好，转速不宜太高，同时还应加强冷却润滑。

7.5 典型零件的车削工艺

零件都是由多个表面组成的，在生产中，往往需经过若干个加工步骤才能由毛坯加工成。零件形状愈复杂，精度、表面粗糙度要求愈高，需要的加工步骤也就愈多。一般用车床加工的零件，有时还需经过铣、刨、磨、钳、热处理等工序。因此，制订零件的加工工艺时，必须综合考虑，合理安排加工步骤。

制订零件的加工工艺，一般要解决以下几方面问题。

① 根据零件的形状、结构、材料和数量确定毛坯的种类(如棒料、锻件、铸件等)。

② 根据零件的精度、表面粗糙度等全部技术要求以及所选用的毛坯确定零件的加工顺序(除对各表面进行粗加工、精加工外，还包括热处理方法的确定及安排等)。

③ 确定每一加工步骤所用的机床、零件的安装方法、加工方法、度量方法以及加工的尺寸和为下一步所留的加工余量。

④ 对成批生产的零件还要确定每一步加工时所用的切削用量。

为此必须强调，在制订零件加工工艺之前，一定要先看清图样，做到既了解全部技术要求，又抓住技术关键。具体制订工艺时，还要紧密结合本厂、本车间的实际生产条件。

加工轴类、盘套类零件时，其车削工艺是整个工艺过程的重要组成部分，有的零件通过车削即可完成全部加工内容。图 7-52 和图 7-53 所示分别为销轴和模套的零件图。销轴的材料为 45 钢，模套的材料为铸铁，坯料为棒料。销轴和模套的车削加工步骤分别如表 7-2、表 7-3 所示。

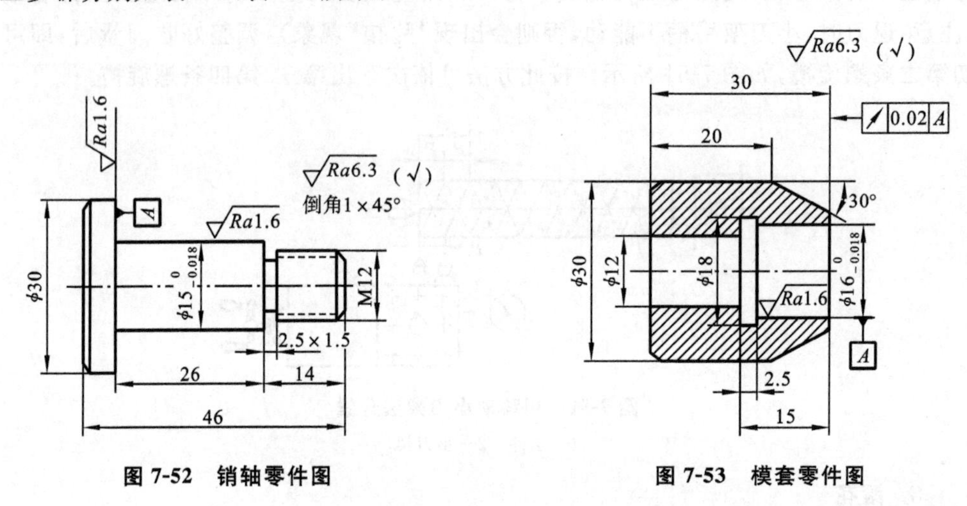

图 7-52　销轴零件图　　　　图 7-53　模套零件图

表 7-2　销轴的车削步骤

序　号	操 作 内 容	加 工 简 图	装 夹 工 具
1	下棒料 φ32×49，10 件共 490		
2	车端面	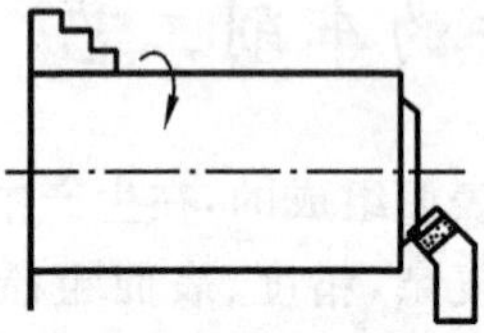	三爪卡盘
3	粗车各外圆 φ30×50 φ13×14 φ16×26	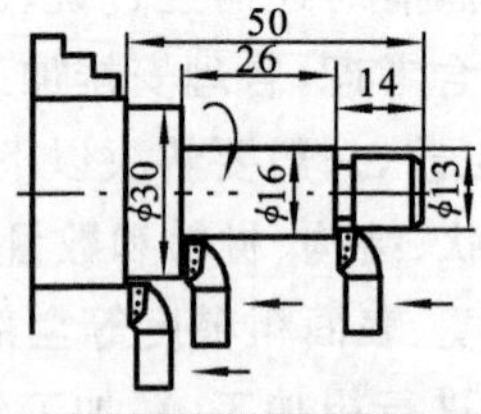 50 26 14 φ30 φ16 φ13	三爪卡盘
4	切退刀槽	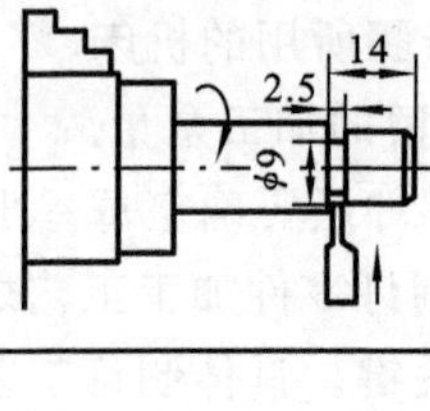 14 2.5 φ9	三爪卡盘

续表

序　号	操作内容	加工简图	装夹工具
5	精车各外圆 $\phi15\times26$ $\phi12\times14$	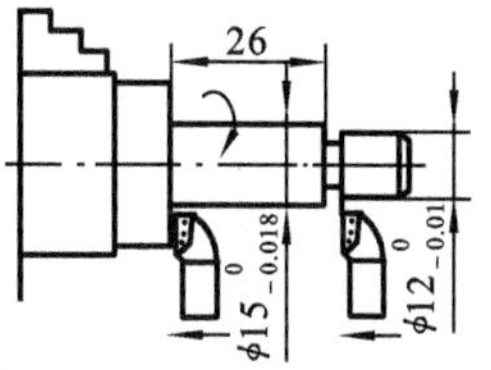 26 $\phi15^{0}_{-0.018}$ $\phi12^{0}_{-0.01}$	三爪卡盘
6	倒角	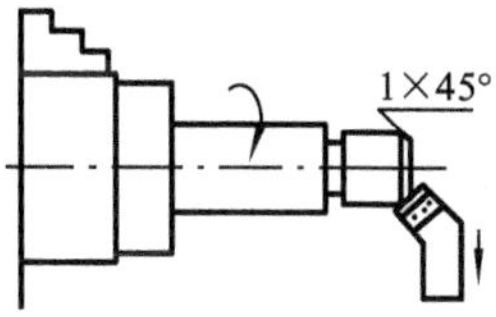 1×45°	三爪卡盘
7	车 M12 螺纹	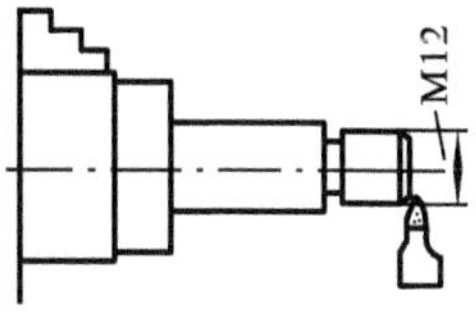 M12	三爪卡盘
8	切断，端面留加工余量 1，全长 47	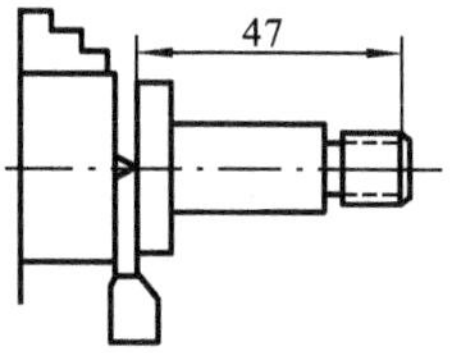 47	
9	调头、车端面、倒角	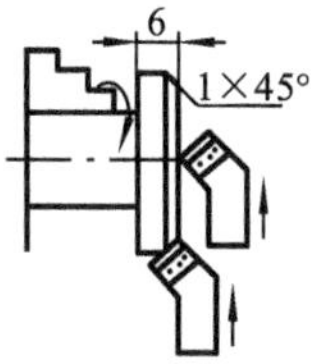 6 1×45°	
10	检验		

表 7-3　模套车削步骤

序　号	操作内容	加工简图	装夹工具
1	准备坯料：$\phi35\times140$ 铸铁棒		
2	车端面	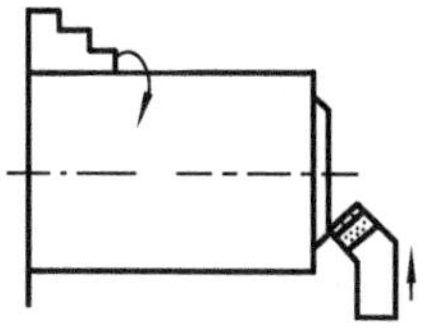	三爪卡盘

续表

序　号	操 作 内 容	加 工 简 图	装 夹 工 具
3	钻孔 ϕ12×34	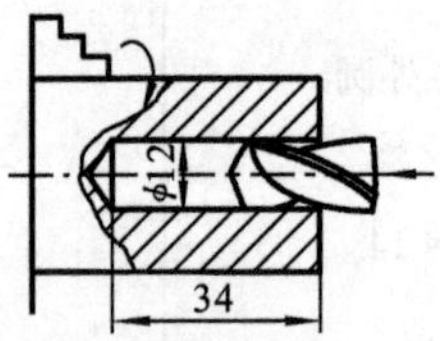	三爪卡盘
4	粗精车外圆 ϕ30×34	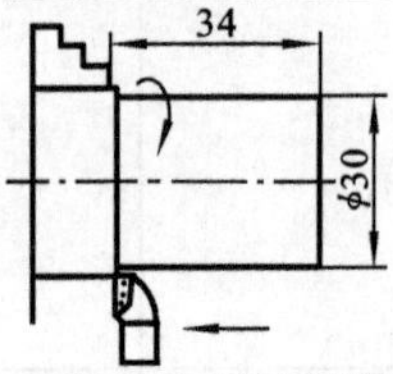	三爪卡盘
5	车圆锥面	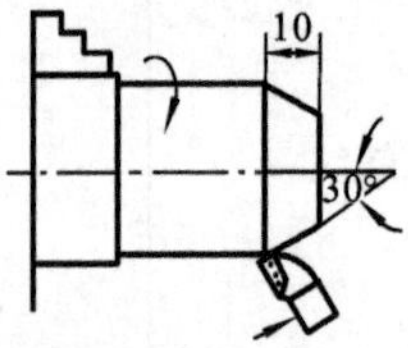	三爪卡盘
6	切内孔退刀槽	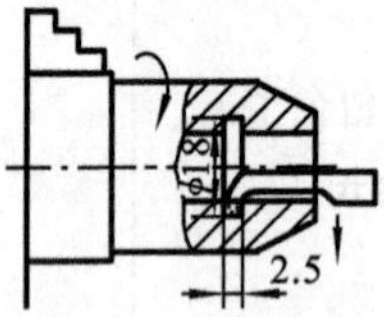	三爪卡盘
7	镗孔	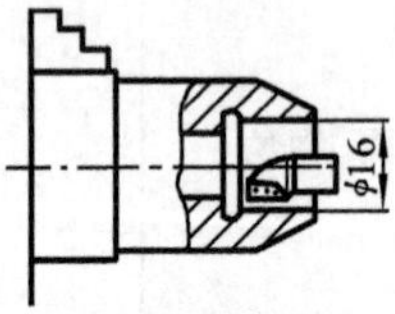	三爪卡盘
8	切断，全长 31	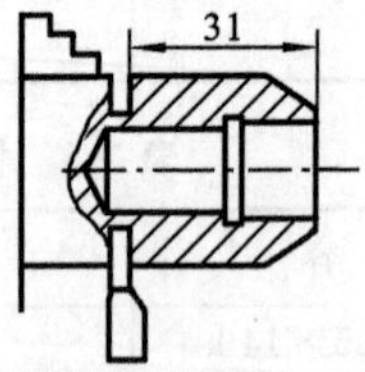	三爪卡盘
9	调头，车端面、倒角	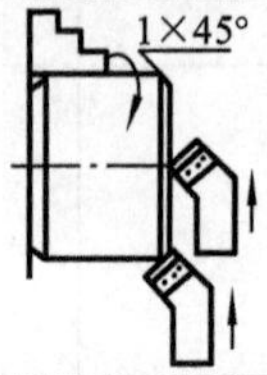	三爪卡盘
10	检验		

复习思考题

1. 卧式车床由哪几部分组成？各有何功用？

2. 车床的主轴是如何传动的？主轴转速如何调节？

3. 丝杠和光杠的作用是什么？为什么有时需要改变转动方向？

4. 试述外圆车刀切削部分的组成及主要角度的含义和功用。

5. 在车床上安装工件的方法有哪些？各适用于加工哪些种类和技术要求的零件？

6. 在卧式车床上能加工哪些表面？

7. 调整切削深度时为什么要用试切法？如何进行？试说明车外圆的步骤。

8. 车螺纹时为什么要用丝杠传动？螺距如何调整？切削时为什么一般要开反车使刀架退回？

第 8 章　刨削加工

本章重点　刨削加工的基础知识，刨床的运动、结构和工作特点，工件装夹和定位、刀具角度与加工质量的基本概念，刨削用刀具和机床附件的选用。

学习方法　先进行集中讲课，然后进行现场教学，最后按照要求，让学生进行刨削平面、斜面、矩形、沟槽的操作训练。也可以讲课与训练穿插进行，并让学生按教材中的要求将现场教学和操作中的内容填写入相应的表格，回答相应的问题。

在刨床上用刨刀加工工件称为刨削。刨削主要用来加工平面（水平面、垂直面、斜面）、沟槽（直槽、T 形槽、V 形槽、燕尾槽）和某些成形面，如图 8-1 所示。其加工的尺寸精度一般为 IT9～IT8，表面粗糙度值 Ra 为 3.2～1.6 μm，精刨时尺寸精度也可达 IT6，表面粗糙度值 Ra 可达 0.8 μm。

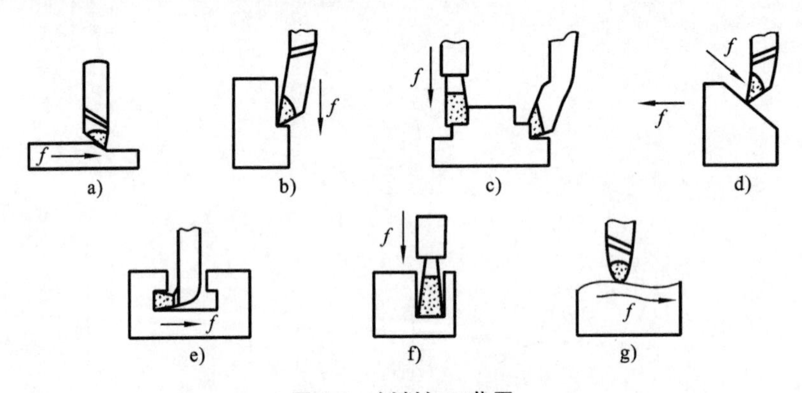

图 8-1　刨削加工范围

a) 刨水平面　b) 刨垂直面　c) 刨台阶面　d) 刨斜面　e) 刨 T 形槽　f) 刨直槽　g) 刨曲面

刨削所用的机床有两类：牛头刨床和龙门刨床。牛头刨床多用于单件、小批生产加工中小型零件。龙门刨床可用于加工大型工件或同时加工多个中型工件。刨削时，只有工作行程进行切削，返回的空行程不进行切削，且切削速度较低，故生产率较低。但因刨床和刨刀的结构简单，使用方便，所以在单件、小批生产以及狭长平面的加工中仍得到较广泛应用。

8.1　刨削运动

在不同类型的刨床上进行刨削加工时，其刨削运动的主运动和进给运动是不相同的。龙门刨床的主运动是工件的直线往复运动，进给运动是刀具的间歇移动。牛头刨床的主运动是刀具的直线往复运动，进给运动是工件的间歇移动。牛头刨床的刨削运动如图 8-2 所示，其刨削要素如下。

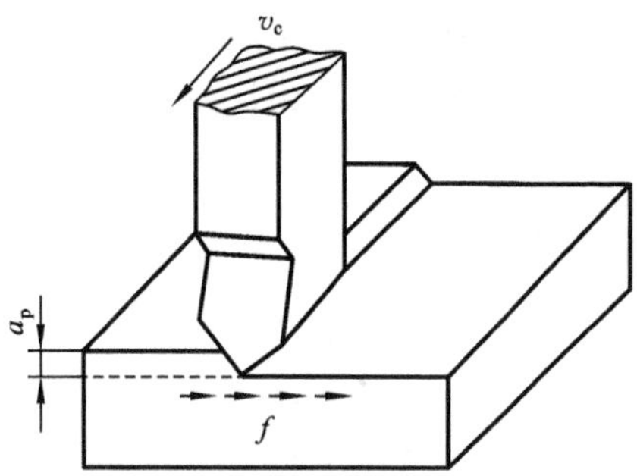

1. 刨削速度 v_c

刨削速度是工件和刨刀在切削时的相对速度，或刨刀往复运动的平均速度(单位为 m/s)。

图 8-2　牛头刨床的刨削运动

2. 进给量 f

工件在刨刀每一次往复运动中所移动的距离称为进给量 f(单位为 mm/每一次往复)。

3. 背吃刀量 a_p

每次切去的金属层厚度称为背吃刀量(单位为 mm)。

8.2　牛头刨床

牛头刨床是刨削类机床中应用较广的一种。它适用于刨削长度不超过 1 000 mm 的中、小型工件。图 8-3 所示的为 B6065 型牛头刨床。

1. 牛头刨床的编号

在编号 B6065 中，“B”是“刨床”汉语拼音的第一个字母，为刨削类机床的代号；“60”表示牛头刨床；“65”是刨削工件的最大长度的 1/10，即最大刨削长度为 650 mm。

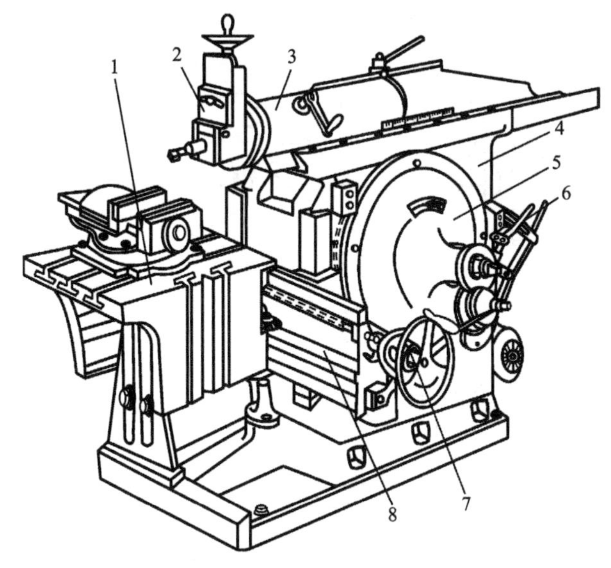

图 8-3　B6065 **型牛头刨床**

1—工作台　2—刀架　3—滑枕　4—床身

5—曲柄摆杆机构　6—变速机构　7—进刀机构　8—横梁

2. 牛头刨床的组成

牛头刨床主要由床身、滑枕、刀架、工作台、横梁、底座等部分组成。

(1) 床身　它用来支承和连接刨床的各部件。其顶面导轨供滑枕作往复运动用,侧面导轨供工作台升降用。床身的内部有传动机构。

(2) 滑枕　滑枕主要用来带动刨刀作直线往复运动(即主运动),其前端有刀架。滑枕往复运动的快慢、行程的长度和位置,都可根据加工需要进行调整。

(3) 刀架　刀架(见图 8-4)用以夹持刨刀。它由转盘、溜板、刀座、抬刀板和刀夹等组成。溜板带着刨刀可沿着转盘上的导轨上下移动,以调整背吃刀量或加工垂直面时作进给运动。转盘转一定角度后,刀架即可作斜向移动,以加工斜面。溜板上还装有可偏转的刀座。抬刀板可绕刀座上的轴向上抬起,使刨刀在返回行程时离开工件的已加工面,以减少与工件的摩擦。

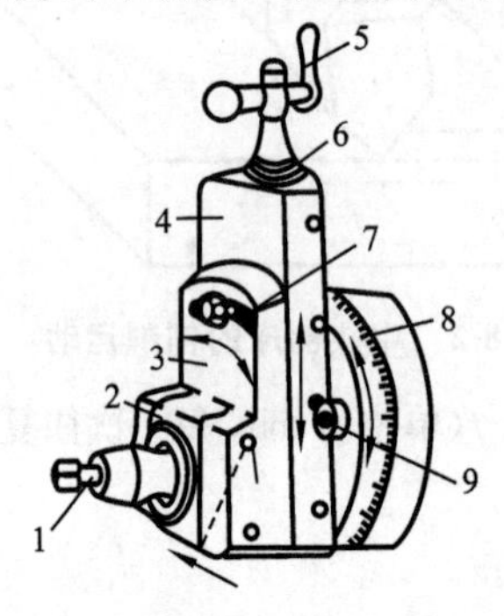

图 8-4　刀架

1—紧固螺钉　2—抬刀板　3—刀座　4—溜板　5—手柄　6—刻度盘　7—弧形槽　8—转盘　9—转盘螺母

(4) 工作台　工作台用来安装工件,可沿横梁作横向水平移动,并能随横梁一起作上下调整运动。

3. 牛头刨床的传动机构

(1) 摇臂机构　摇臂机构的作用是把旋转运动变成滑枕的往复直线运动。摇臂机构如图 8-5 所示,它由摇臂齿轮、摇臂、偏心滑块等组成。摇臂上端与滑枕内的螺

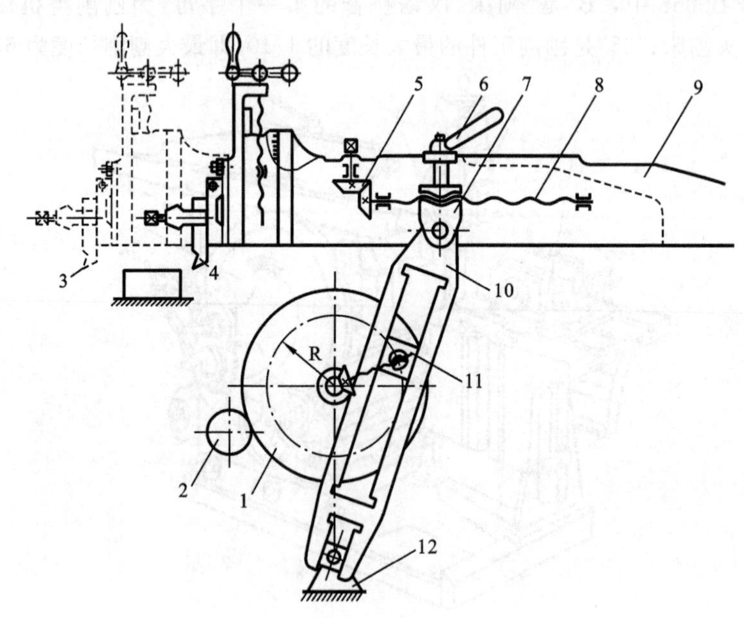

图 8-5　摇臂机构示意图

1—摇臂齿轮　2—小齿轮　3—调整前位置　4—调整后位置　5—锥齿轮　6—锁紧手柄　7—螺母　8—丝杠　9—滑枕　10—摇臂　11—偏心滑块　12—支架

母相连。摇臂齿轮由小齿轮带动旋转时，偏心滑块就带动摇臂绕支架左右摆动，于是滑枕被推动作往复直线运动。改变偏心滑块的偏心距 R，就能改变滑枕的行程长度。偏心距越大，滑枕行程越长，反之行程越短。偏心滑块的调节机构如图8-6所示。

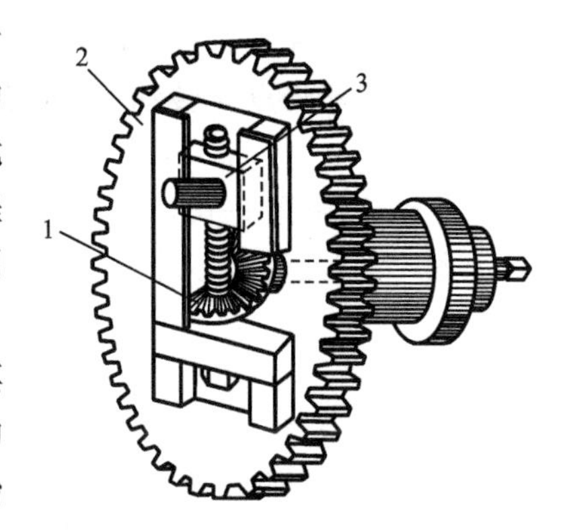

图 8-6 偏心滑块的调节

1—锥齿轮 2—摇臂齿轮 3—偏心滑块

摇臂齿轮转一周，滑枕即往复运动一次，其转动速度由机床变速机构调节。松开滑枕内的锁紧螺母，转动丝杠，即可改变滑枕行程的起始点，以适应工件加工面的位置变化。

(2) 棘轮机构 棘轮机构的作用是使工作台实现自动间歇横向水平进给运动，其结构如图8-7所示。摇杆空套在横梁的丝杠上，棘轮则用键与丝杠相连。当齿轮 B 由齿轮 A 带动旋转时，连杆便使摇杆左右摆动。齿轮 A 和摇臂齿轮同轴旋转，齿轮 A 与齿轮 B 齿数相等，因此，刨刀(滑枕)每往复运动一次，摇杆即往复摆动一次。棘轮爪拨动棘轮作间歇转动，再由丝杠通过螺母带动工作台作横向水平进给运动。

改变棘轮外面的挡环位置，如图8-8所示，即可改变棘轮爪每次拨动的有效齿数，从而改变进给量的大小。改变棘轮爪的方位，则可改变进给运动方向。提起棘轮爪，进给运动即停止。

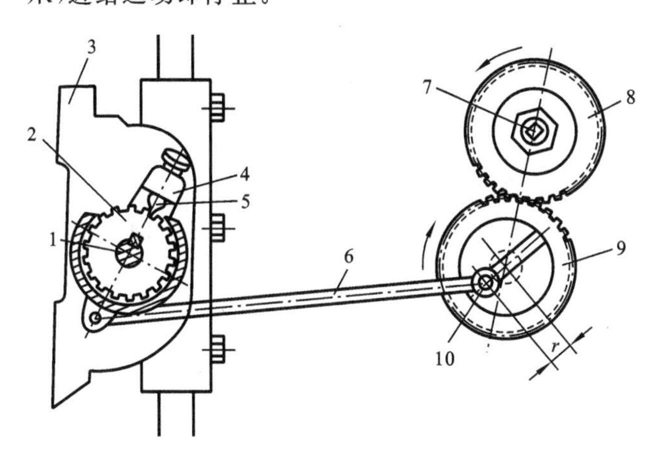

图 8-7 棘轮机构

1—横向进给丝杠 2—棘轮 3—横梁 4—摇杆 5—棘轮爪 6—连杆 7—摇臂齿轮轴 8—齿轮 A 9—齿轮 B 10—偏心销

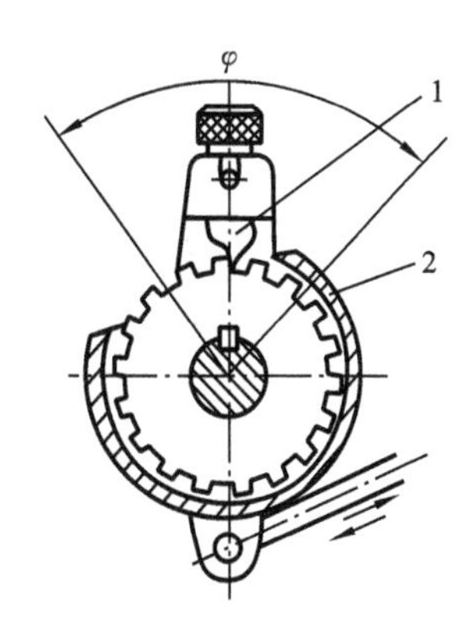

图 8-8 用挡环调节进给量

1—棘轮爪 2—挡环

8.3 刨刀及其安装

刨刀形状与车刀相似(见图8-9)，但刀杆横截面面积比车刀大1.25～1.5倍，以利承受切入时的冲击。另外，刨刀刀杆常做成弓形，目的是当刀杆受力产生弹性弯曲变形时使刀杆能绕点 a 转动，刀尖抬起（见图 8-9c），从而不至啃入工件或折断刀尖（见图 8-9b）。

安装刨刀（见图 8-10）时，刀头不要伸出太长，直刨刀的伸出长度一般为刀杆厚度的 1.5～2 倍，以保证刀杆有足够的刚性。为了能准确控制吃刀深度，转盘应对准零线。

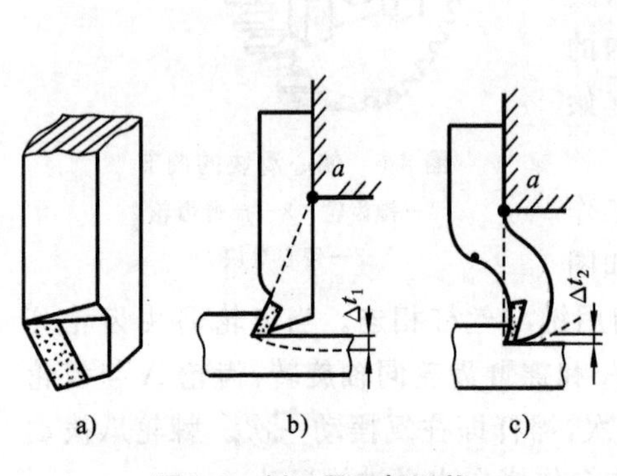

图 8-9　刨刀及刀杆形状

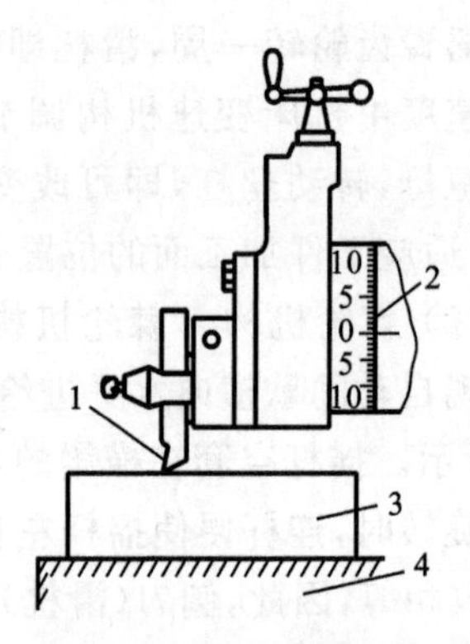

图 8-10　刨刀的安装

1—刀头　2—转盘　3—工件　4—工作台

刨刀的种类很多，按加工形式和用途的不同，可分为平面刨刀、偏刀、角度偏刀、切刀、弯切刀等，如图 8-11 所示。刨刀切削部分最常用的材料有高速钢和硬质合金等。

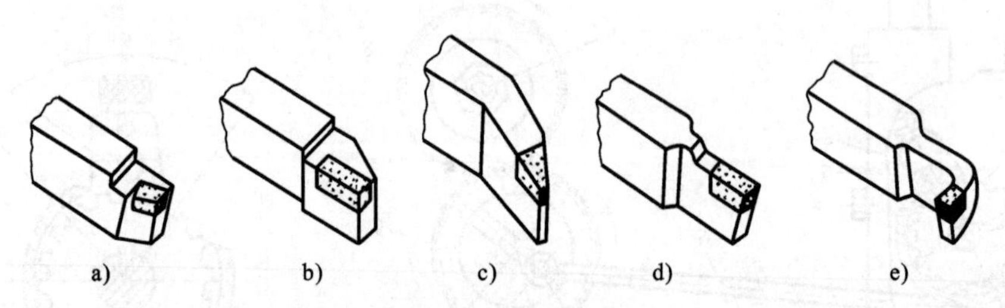

图 8-11　常用刨刀

a）平面刨刀　b）偏刀　c）角度偏刀　d）切刀　e）弯切刀

8.4　工件的安装

1. 平口钳安装

平口钳是一种通用夹具，常用来安装小型工件。使用时先把平口钳钳口找正并固定在工作台上，然后再安装工件。按划线找正的安装方法如图 8-12a 所示。

注意事项：

① 工件的被加工面必须高出钳口，否则要用平行垫铁将工件垫高才能加工，如

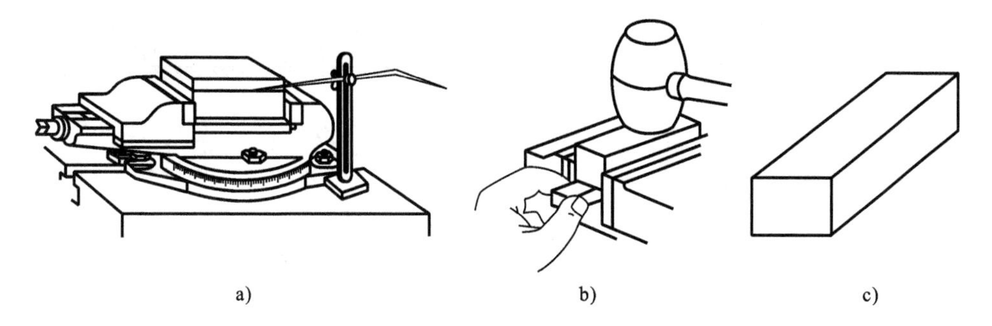

图 8-12 用平口钳安装工件

a) 按划线找正安装 b) 用垫铁垫高工件 c) 平行垫铁

图 8-12b、c 所示。

② 为防止刨削时工件走动，必须把比较平整的平面贴紧在垫铁和钳口上，以便安装牢固。

③ 为了保护工件的已加工表面，安装工件时需在钳口处垫上铜皮。

④ 用手挪动垫铁，检查贴紧程度，如有松动，说明工件与垫铁之间贴合不好，应该松开平口钳重新夹紧。

⑤ 对于刚性不足的工件需要增加支撑，以免在夹紧力的作用下工件变形，如图 8-13 所示。

2. 压板、螺栓安装

有些工件较大或形状特殊，需要用压板、螺栓和垫铁把工件直接固定在工作台上进行刨削。安装时先把工件找正，具体安装方法如图 8-14 所示。

注意事项：

① 压板的位置要安排得当，压点要靠近切削面，压力大小要合适。粗加工时，压紧力要大，以防止切削时工件移动；精加工时，压紧力要合适，以防止工件变形。压紧方法的正、误比较如图 8-15 所示。

② 工件如果放在垫铁上，要检查工件与垫铁是否贴紧，若没有贴紧，必须垫上纸或铜皮，直到贴紧为止。

③ 压板必须压在垫铁处，以免工件因受夹紧力而变形。

④ 安装薄壁工件时，在其空心位置处可用活动支撑（千斤顶等）增加刚度，否则工件会因受切削力而产生振动和变形。

⑤ 工件夹紧后，要用划针复查加工线是否仍然与工作台平行，避免工件在安装过程中变形或走动。

⑥ 粗加工完毕后、精加工开始前，应松开压板，重新找正、夹紧。

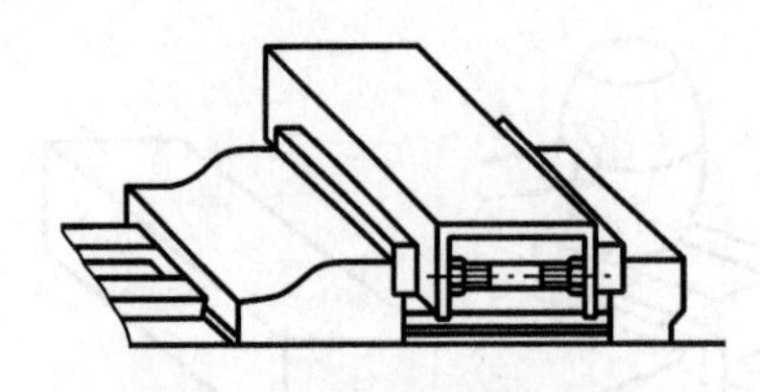

图 8-13　框形工件的安装图

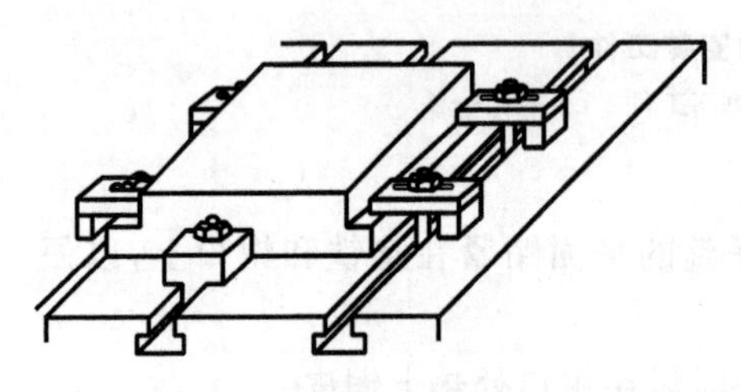

图 8-14　用压板、螺栓安装工件

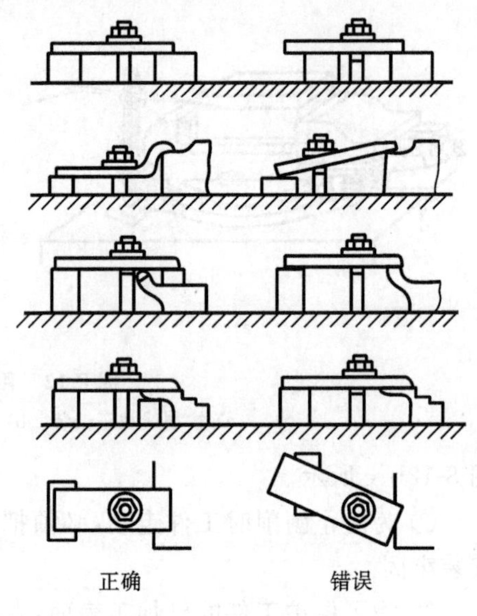

图 8-15　压板的使用

8.5　刨削加工

1. 刨水平面

① 根据工件加工表面形状选择和安装刨刀。

② 根据工件大小和形状确定工件安装方法，找正并夹紧工件。

③ 调整刨刀的行程长度和起始位置。

④ 开动机床，调整刀具，使刀尖轻微接触刨削表面，然后横向移动工件，使刀尖离开工件 3～5 mm 后停车。

⑤ 调整好吃刀量，按选好的进给量调整棘轮罩，放下棘轮爪，方可开动机床进行加工。试切出 0.5～1 mm 宽度后停车，测量尺寸，如果合格，则自动走刀，刨完整个表面，如果不合格，则应重新调整吃刀量。如工件加工余量较大，不能一次切去，可分几次切削。若工件表面粗糙度要求较高（Ra 为 6.3～3.2 μm），则应分粗刨和精刨两个步骤完成。

2. 刨垂直面和斜面

常用偏刨刀以垂直进给和斜向进给的方法刨削，如图 8-16 所示。必须注意，刨垂直面时，刀架转盘应对准零线，方能保证所刨平面的垂直度。刨斜面时，应松开两个转盘螺母，将刀架旋转一定角度，使燕尾导轨平行于被刨斜面，再紧固转盘螺母，转动手柄，刨刀便可沿斜面进给。

3. 刨矩形工件

矩形工件（如平行垫铁）要求相对两面互相平行，相邻两面互相垂直。这类工件可以铣削，也可以刨削。当工件采用平口钳装夹时，不管是铣还是刨，平口钳的精度

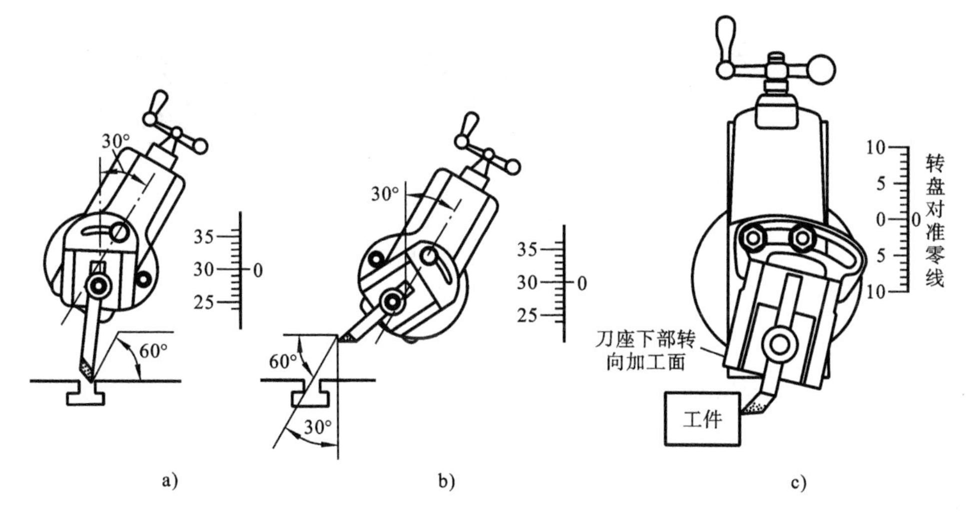

图 8-16　刨斜面和垂直面

a）刨外斜面　b）刨内斜面　c）刨垂直面

都应保证其固定钳口面是垂直面，放工件或垫铁的底面为水平面。加工时四个面都要按照以下顺序进行，如图 8-17 所示。

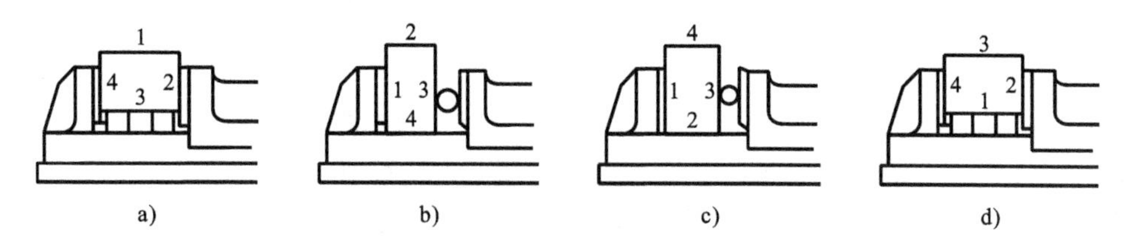

图 8-17　刨削矩形工件的步骤

a）刨面 1　b）刨面 2　c）刨面 4　d）刨面 3

① 刨出平面 1 作为基准面。

② 将已加工的平面 1 作为基准面贴紧固定钳口，加工相邻的平面 2。为使夹紧力集中在钳口中部，使平面 1 与固定钳口可靠地贴紧，应在活动钳口与工件之间的中部垫一根圆棒再夹紧。

③ 将已加工面 2 朝下，仍使基准面 1 贴紧固定钳口，加工平面 4。夹紧时，用手锤轻轻敲击工件，使平面 2 贴紧平口钳底面。

④ 使平面 1 贴紧平行垫铁，工件直接夹在两个钳口之间。夹紧时用软锤轻轻敲击，使平面 1 与垫铁贴实，即可加工平面 3。

4. 刨沟槽

V 形槽、燕尾槽、T 形槽等沟槽都是由平面、斜面和直槽等组成的。刨槽前先应刨出各关联平面，在端面和上平面上划出加工线，然后加工。不同沟槽表面的刨削顺序如图 8-18 所示。

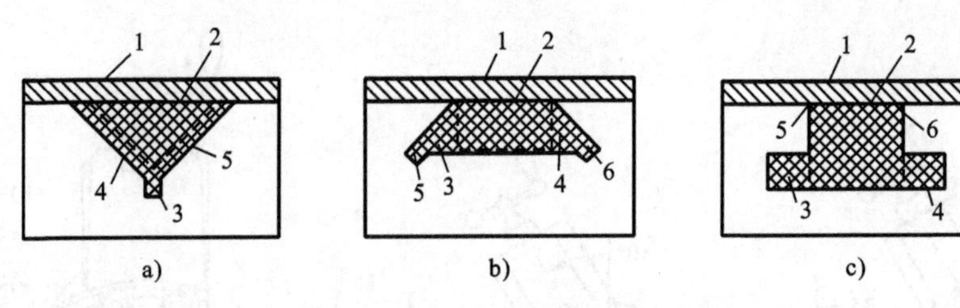

图 8-18　刨沟槽的顺序

a) 刨 V 形槽　b) 刨燕尾槽　c) 刨 T 形槽

8.6　龙门刨床和插床

在刨削类机床中，除前面已介绍过的牛头刨床外，还有龙门刨床和插床等。

1. 龙门刨床

龙门刨床(见图 8-19)的主运动是工件的往复直线运动，进给运动是刀架(刀具)的移动。编号 B 2010A 中，“B”是刨削类机床的代号；“20”表示龙门刨床；“10”是最大刨削宽度的 1/100，即最大刨削宽度为 1 000 mm；“A”表示经过一次重大改进。

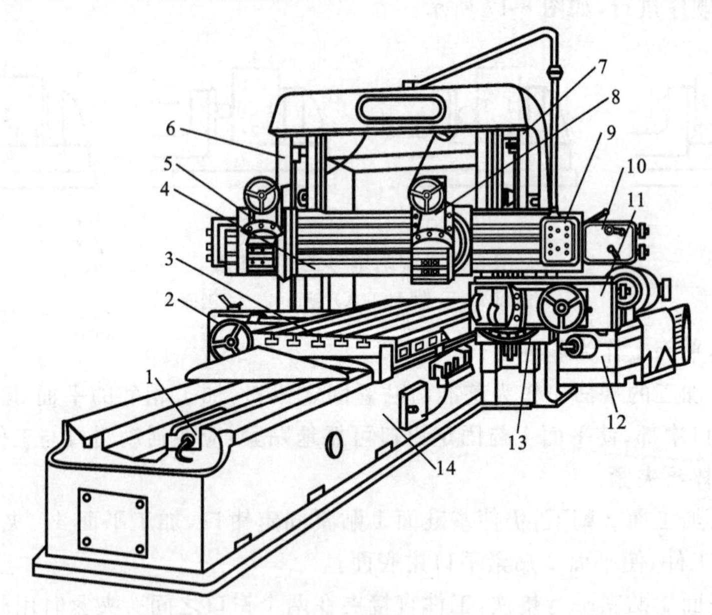

图 8-19　龙门刨床

1—液压安全器　2—左侧刀架进给箱　3—工作台　4—横梁　5—左垂直刀架
6—左立柱　7—右立柱　8—右垂直刀架　9—悬挂按钮站　10—垂直刀架进给箱
11—右侧刀架进给箱　12—工作台减速箱　13—右侧刀架　14—床身

刨削时，两个垂直刀架可在横梁上作横向进给运动，以刨削水平面；两个侧刀架可沿立柱作垂直进给运动，以刨削垂直面。各个刀架均可旋转一定的角度以刨削斜面。横梁可沿立柱导轨升降,以适应加工不同高度的工件。

龙门刨床的刚性好、功率大,适合于加工大型零件上的窄长表面或大平面,或多件同时刨削,可用于批量生产。

2. 插床

插床(见图 8-20)实际上是一种立式刨床,其结构原理与牛头刨床属同一类型。插床的滑枕在垂直方向上作往复直线运动(为主运动)。工件安装在工作台上,可作纵向、横向和圆周间歇进给运动。

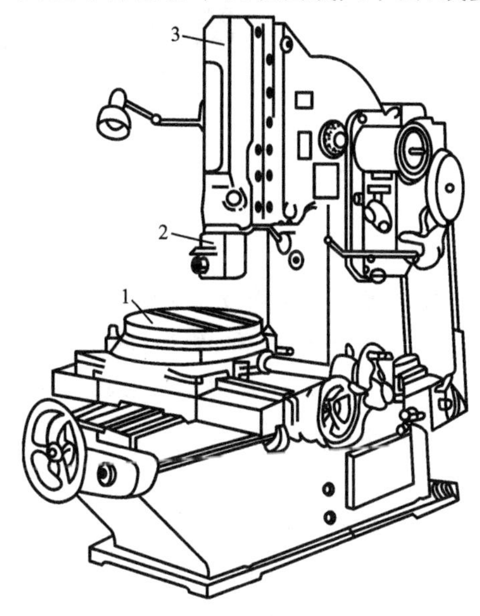

图 8-20 插床

1—圆工作台 2—刀架 3—滑枕

插床主要用于单件、小批生产中加工零件的内表面(如加工方孔、多边形孔、键槽等的表面)。在插床上加工孔内表面时,刀具要穿入工件的孔内进行插削,因此工件的加工部分须先有一个足够大的孔,然后才能进行加工。

插床编号 B 5020 中,“B”是刨削类机床的代号;“50”表示插床;“20”是最大插削长度的 1/10,即最大插削长度为 200 mm。

复习思考题

1. 试述牛头刨床的组成部分及其功用。
2. 滑枕的往复运动如何实现?刨刀每分钟往复运动的次数、行程长度和起始位置如何调整?
3. 工作台的进给运动如何实现?进给量如何调整?
4. 为什么刨刀往往做成弯头的?
5. 试述刨平面的步骤。

第9章 铣削加工

本章重点 铣削加工的基础知识,铣床的运动、结构和工作特点,工件装夹和定位、刀具角度与加工质量的基本概念,铣削用刀具和机床附件的选用。

学习方法 先进行集中讲课,然后进行现场教学,最后按照要求,让学生进行铣削平面、斜面、矩形、沟槽和T形槽、成形面的操作训练。也可以讲课与训练穿插进行,并让学生按教材中的要求将现场教学和操作中的内容填写入相应的表格,回答相应的问题。

铣削是平面加工的主要方法之一。它还可以加工成形表面及齿轮等。铣削使用旋转的多刃刀具,不但可以提高生产率,而且还可以使工件的表面获得较小的粗糙度。因此,在机器制造业中,铣削加工占有相当的比重。

9.1 铣床

常用的铣床有卧式铣床和立式铣床两种。卧式铣床又分为普通铣床和万能铣床两类。万能铣床的工作台能在一定角度范围内偏转,而普通铣床则不能。图9-1所示的为万能铣床外形图,它由下列几部分组成。

(1) 床身 床身用来支撑和固定铣床各部件。顶面上有供横梁移动的水平导轨,前壁上有燕尾形的垂直导轨,供升降台上下移动。床身内部装有主轴、主轴变速箱、电器设备及润滑油泵等部件。

(2) 横梁 横梁上装有安装吊架,用以支撑刀杆的外端,减小刀杆的弯曲和振动。横梁伸出的长度可根据刀杆的长度进行调整。

(3) 主轴 主轴用来安装刀杆并带动它旋转。主轴做成空心轴,前端有锥孔,以便安装刀杆锥柄。

(4) 升降台 升降台位于工作台、转台、横溜板的下方,并带动它们沿床身的垂直导轨作上下移动,以调整台面与铣刀间的距离。升降台内装有进给运动的电动机及传动系统。

(5) 横溜板 横溜板用来带动工作台在升降台的水平导轨上作横向移动。

(6) 转台 转台上面有水平导轨,供工作台作纵向移动,下面与横溜板相连。松开连接螺钉,可使转台带动工作台在水平面内偏转一个角度,使工作台作斜向

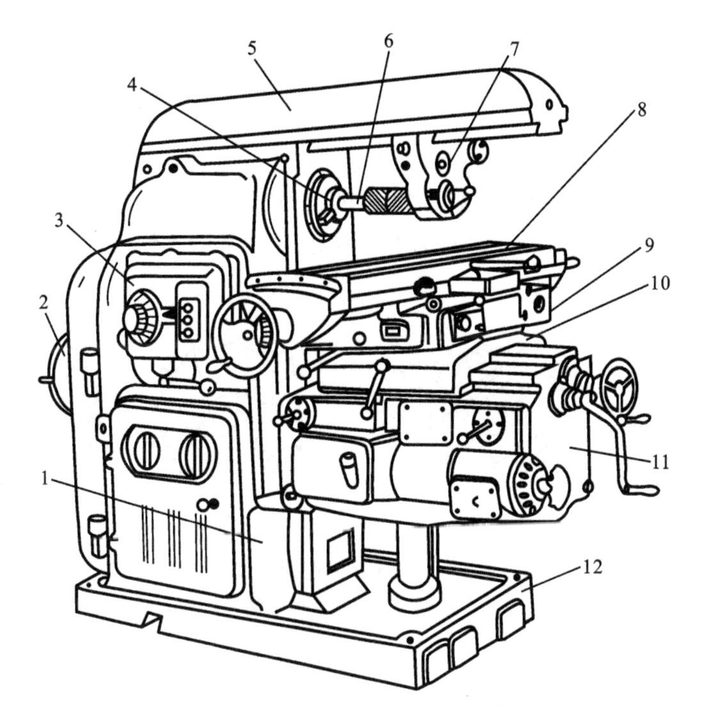

图 9-1　万能铣床外形图

1—床身　2—电动机　3—变速箱　4—主轴　5—横梁　6—刀杆　7—吊架
8—纵向工作台　9—转台　10—横向工作台　11—升降台　12—底座

移动。

(7) 工作台　工作台用来安装工件和夹具。台面上有T形槽,可用螺栓将工件和夹具紧固在工作台上。工作台的下部有一根传动丝杠,通过它工作台可带动工件作纵向进给运动。工作台的前面有一条T形槽,用于固定挡块,以便实现机床的半自动操作。

图9-2是立式铣床的外形图。它与万能铣床的区别仅在于其主轴垂直于工作台。立铣头还可以在垂直面内左右偏转,使主轴和工作台台面倾斜成一定角度,从而扩大了铣床的工作范围。

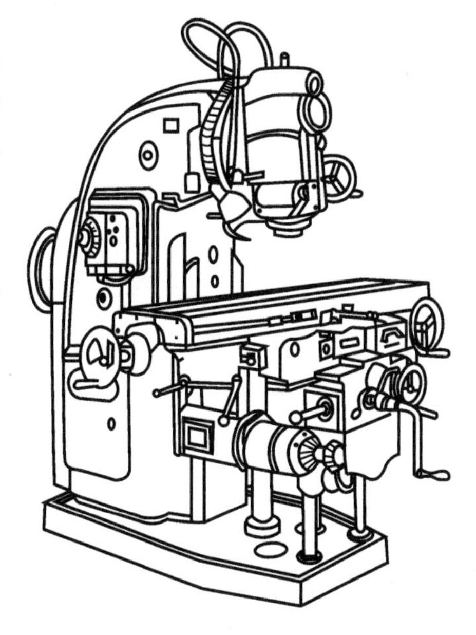

图 9-2　立式铣床外形图

9.2　铣刀

铣刀是多齿的回转刀具,每齿都相当于一把车刀。

为了适应不同的工作方法,铣刀有结构不同的许多种类,如圆柱铣刀、端铣刀、盘状铣刀、立铣刀、角度铣刀和成形铣刀等。铣水平面所用的铣刀如图 9-3 所示。

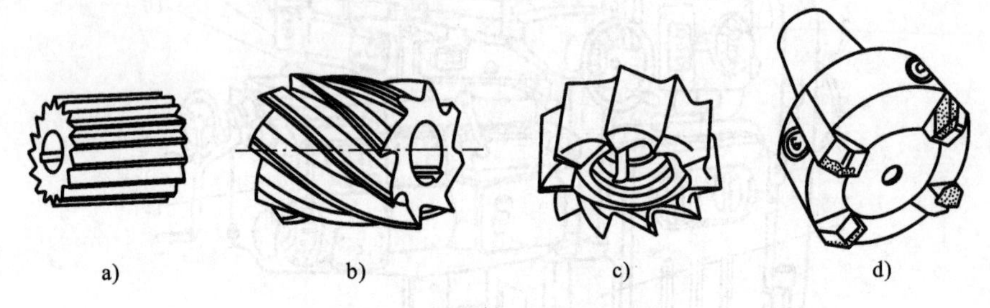

图 9-3　铣水平面所用的铣刀

a) 直齿圆柱铣刀　b) 螺旋齿铣刀　c) 端铣刀　d) 镶齿端铣刀

铣刀的结构不同,在铣床上的安装方法也不一样。带孔的圆柱铣刀安装在刀杆上,刀杆与主轴的连接方法如图 9-4 所示。安装铣刀的步骤如下:a)在刀杆上先套上几个垫圈,装上键,再套上铣刀,并注意旋转方向(见图 9-5a);b)在铣刀外边的刀杆上再套上几个垫圈,拧紧左旋螺母(见图 9-5b);c)装上支架,拧紧支架紧固螺钉,在轴承孔内加润滑油(见图 9-5c);d)初步拧紧螺母,开车观察铣刀是否装正,然后用力拧紧螺母(见图 9-5d)。装刀前应将刀杆、铣刀及垫圈擦干净,以保证铣刀的正确安装。

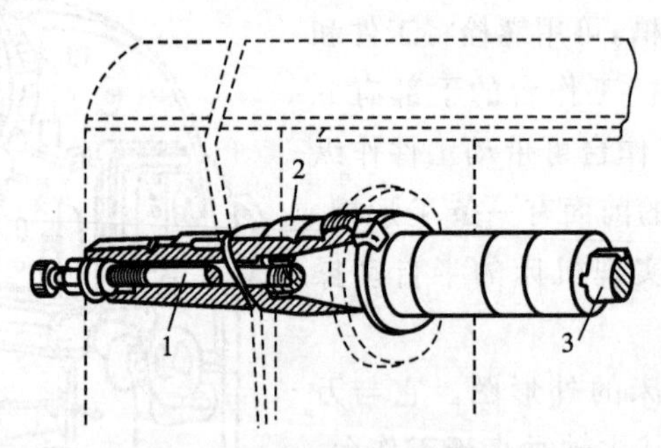

图 9-4　刀杆与主轴的连接方法

1—拉杆　2—主轴　3—刀杆

同是加工平面,可以用端铣也可以用周铣的方法;同是用圆柱铣刀加工平面又有顺铣与逆铣之分。在选择铣削方法时,应充分注意到它们各自的特点,选取合理的铣削方式,以保证加工质量和提高生产效率。

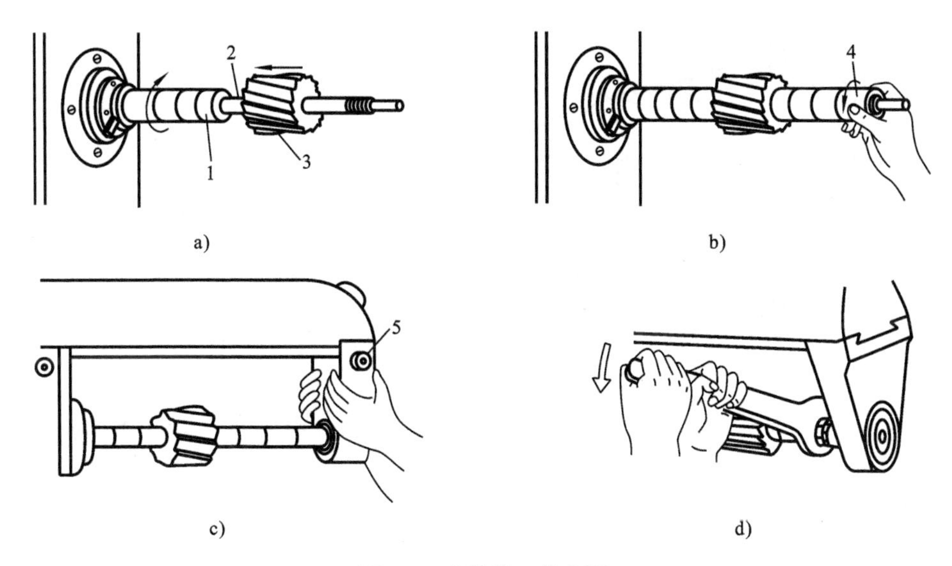

图 9-5 安装铣刀的步骤

a）套上垫圈和铣刀 b）再套上垫圈，拧紧螺母 c）装上支架，加润滑油 d）校正铣刀，拧紧螺母

1—垫圈 2—键 3—铣刀 4—压紧螺母 5—紧固螺钉

9.3 铣床附件

各种不同类型和形状的铣刀加上附件，可以使铣削范围更广。铣床的主要附件有分度头和圆形工作台。

1. 分度头的结构及简单分度方法

分度头是铣床的重要附件之一，铣削各种齿轮、多边形、花键等时都需要用分度头。

分度头的结构如图 9-6 所示，它由底座回转体、主轴等组成。底座固定在机床工作台上，主轴可以随回转体绕底座在 0°～90°范围内旋转任意角度。主轴前端装有顶尖，也可以装卡盘或拨盘。在底座的侧面有一个分度盘，盘的两面共有 11 圈均匀分布的不通小孔。分度盘前面是手柄，通过内部传动，可以带动主轴旋转，由此进行分度。

分度头的传动如图 9-7 所示。主轴上固定着齿数为 40 的蜗轮，与之相啮合的为单头蜗杆。当拔出定位销，转动分度手柄时，一对齿数相等的螺旋齿轮相互传动，使蜗杆带动蜗轮及主轴转动。

每当手柄转 1 圈时，主轴即转 1/40 周。如果工件要分成 Z 等份，每分一等份就要求主轴转 $1/Z$ 圈，因此，手柄转过的圈数 n 与工件分成的等份数 Z 之间具有如下关系：

$$1:40=\frac{1}{Z}:n$$

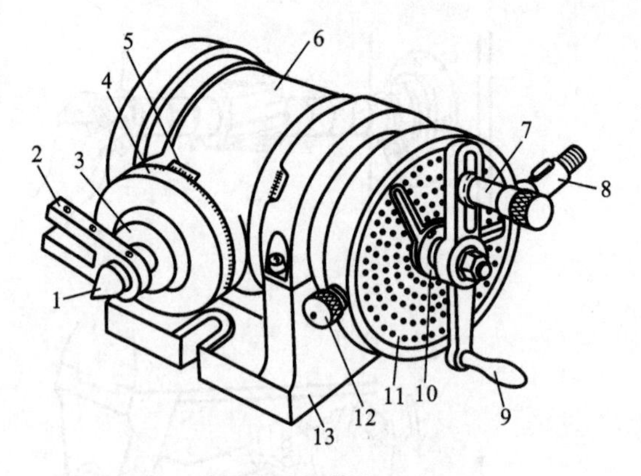

图 9-6 万能分度头

1—前顶尖 2—拨盘 3—主轴 4—刻度盘 5—游标 6—回转体 7—定位销 8—挂轮轴 9—手柄 10—分度叉 11—分度盘 12—锁紧螺钉 13—底座

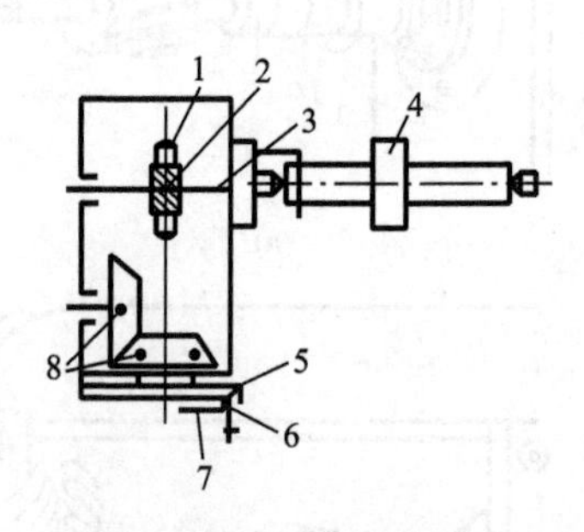

图 9-7 分度头的传动图

1—蜗杆($K=1$) 2—蜗轮($Z=40$) 3—主轴 4—工件 5—分度盘 6—定位销 7—手柄 8—锥齿轮

即

$$n=\frac{40}{Z}$$

式中 n——手柄转动圈数；

Z——被加工工件分成的等份数。

例如，铣削 7 等份的键槽时手柄每次分度应转过的圈数为

$$n=\frac{40}{Z}=\frac{40}{7}=5\ \frac{5}{7}=5\ \frac{35}{49}$$

此处 n 不是整数。非整数的圈数是借助分度盘来控制的。FW250 型分度头备有两块分度盘，每块的正面有六圈均匀分布的定位孔，反面有五圈。

第一块正面的孔数分别是 24、25、28、30、34、37，反面的分别是 38、39、41、42、43。

第二块正面的孔数分别是 46、47、49、51、53、54，反面的分别是 57、58、59、62、66。

如上述 40/7 圈，只需使手柄在分度盘的 49 孔的圈上转 5 圈后再转过 35 个孔间距即可。为了使手柄转过的孔间距方便、无误，可调整分度盘上的扇形板的夹角，使之为 35 个孔间距。

图 9-8、图 9-9 所示分别为用分度头铣齿轮和铣螺旋槽的应用实例。

在万能铣床上通常使用渐开线齿形的成形铣刀直接铣出齿轮的齿形。加工时的关键是保证齿形准确和分齿均匀。齿形是由铣刀刀刃的形状来保证的，分齿均匀是靠分度头的分度来保证的，每当铣完一齿后，工作台借分度机构转过一个齿的角度，再铣削另一齿槽。

在铣床上铣削螺旋槽时，工件有下列运动：

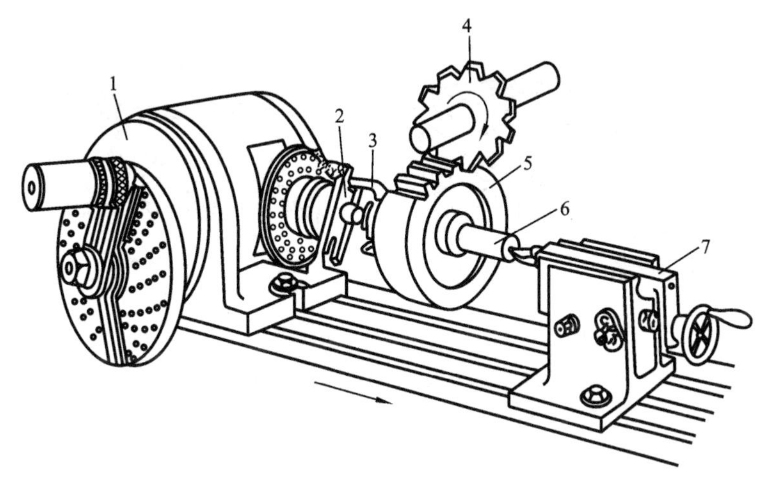

图 9-8 铣齿轮

1—分度头 2—拨块 3—卡箍 4—模数铣刀 5—工件 6—心轴 7—尾架

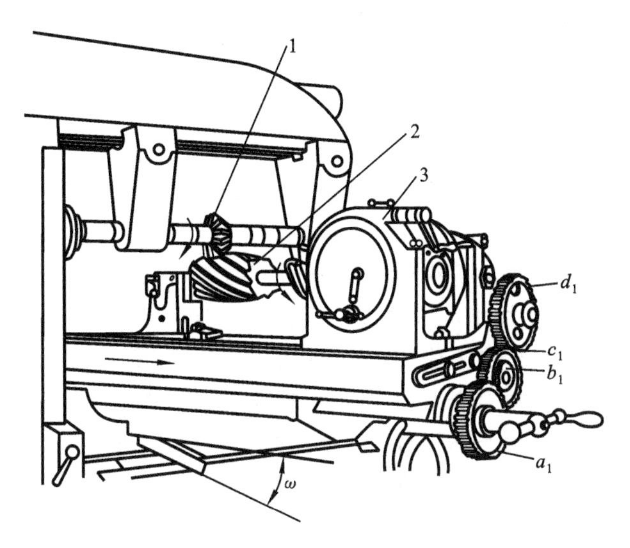

图 9-9 铣螺旋槽

1—铣刀 2—螺旋槽 3—分度头

① 工件绕着自己的轴线作等速转动；

② 依靠工作台纵向进给，作等速直线运动；

③ 使用分度头进行分度运动。

2. 圆形工作台

由圆弧和几段直线连成的曲线轮廓，或圆弧曲线轮廓，可以在圆形工作台上进行加工。圆形工作台是立式铣床上的标准附件，如图 9-10 所示。工作时转动手轮即可使转台作旋转运动。

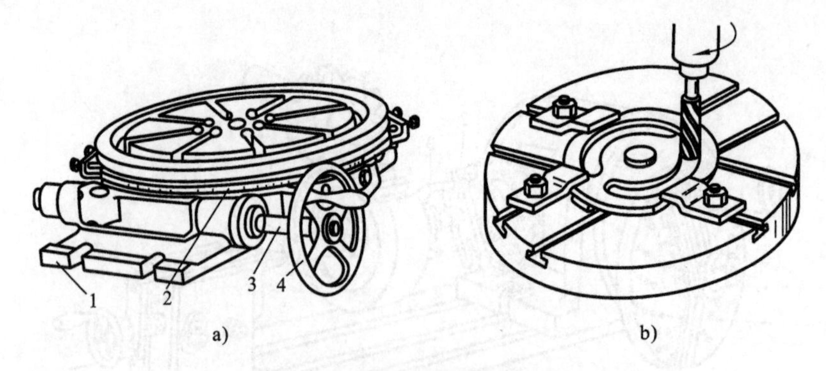

图 9-10　圆形工作台及其工作

a）圆形工作台　b）工件装在圆形工作台上加工的情况

1—台板　2—具有蜗轮的旋转台　3—蜗杆轴　4—通过蜗杆传动转动工作台的手轮

9.4　铣削加工

铣削是平面加工的主要方法之一。铣削时，铣刀的旋转是主运动，工件作直线或曲线的进给运动。

1. 铣平面

根据设备、刀具条件不同，可用圆柱铣刀对工件进行周铣或用端铣刀对工件进行端铣，如图 9-11、图 9-12 所示。前者是利用铣刀的圆周刀齿进行切削，后者是利用铣刀的端部刀齿进行切削。与周铣比较，端铣时同时参加工作的刀齿数目较多，切削厚度变化较小，刀具与工件加工部位的接触面较大，切削过程较平稳，且端铣刀上有修光刀齿可对已加工表面起修光作用，因而其加工质量较好。另外，端铣刀刀杆刚性大，切削部分大多采用硬质合金刀片，可采用较大的切削用量，通常可在一次走刀中加工出整个工件表面，所以生产率较高。但端铣主要用于铣平面，而周铣则可通过选用不同类型的铣刀，进行平面、台阶、沟槽及成形面等的加工，因此，周铣的应用范围较广。

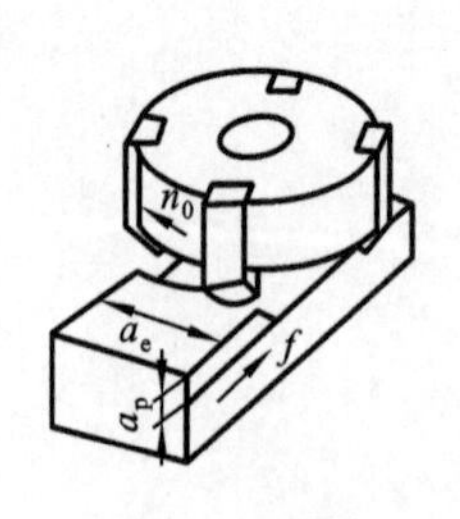

图 9-11　端铣

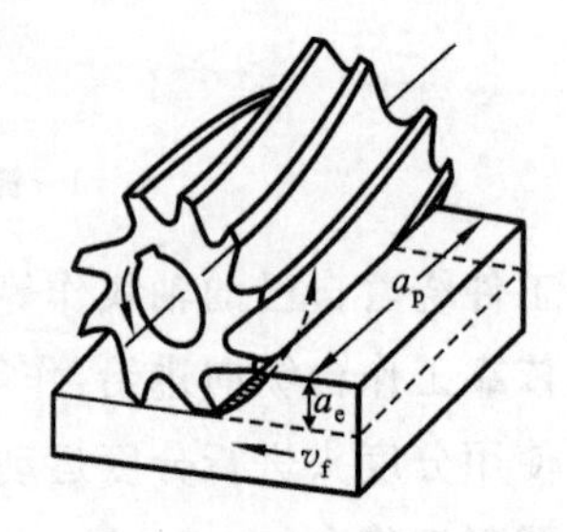

图 9-12　周铣（逆铣）

使用圆柱铣刀铣平面时，根据铣刀旋转方向与工件进给方向不同，有顺铣和逆铣之分。顺铣时，铣刀旋转方向与工件进给方向相同；逆铣时，铣刀旋转方向与工件进给方向相反，如图 9-13 所示。顺铣时，铣刀可能突然切入工件表面而发生深啃（由丝杠与螺母的间隙引起），使传动机构和刀轴受到冲击，甚至折断刀齿或使刀轴弯曲，故通常用逆铣而少用顺铣。但顺铣时切削厚度由大变小，易于切削，刀具耐用度高。此外，顺铣时铣削力将工件压在工作台上，工作平稳。因此，若能消除间隙（例如 X6132 型铣床上设有丝杠螺母间隙调整机构）也可采用顺铣。

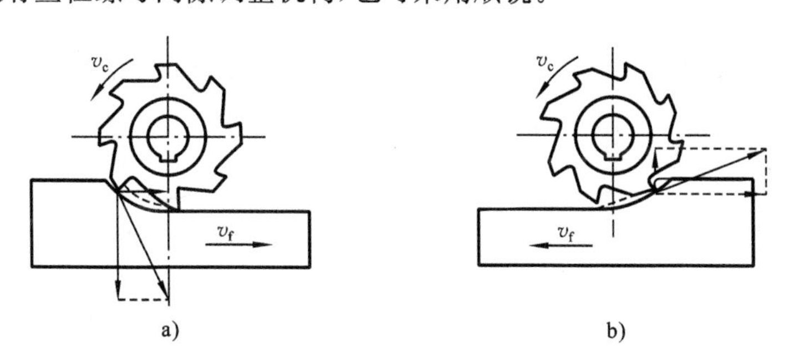

图 9-13 顺铣与逆铣

a）顺铣 b）逆铣

在卧式铣床上用圆柱铣刀铣平面的步骤如下：a)启动机床使铣刀旋转，升高工作台使工件与铣刀轻微接触，停车，将竖直丝杠刻度盘对零（见图 9-14a）；b)纵向退出工件（见图 9-14b）；c)利用刻度盘将工作台升高至规定的铣削深度位置，紧固升降台和横向工作台后，开车启动机床（见图 9-14c）；d)先用手作纵向进给，稍微切入后改变为自动进给（见图 9-14d）；e)铣完一遍后，停车，下降工作台（见图 9-14e）；f)退回工作台，测量工件尺寸，观察表面粗糙度，重复铣削直至合格（见图 9-14f）。

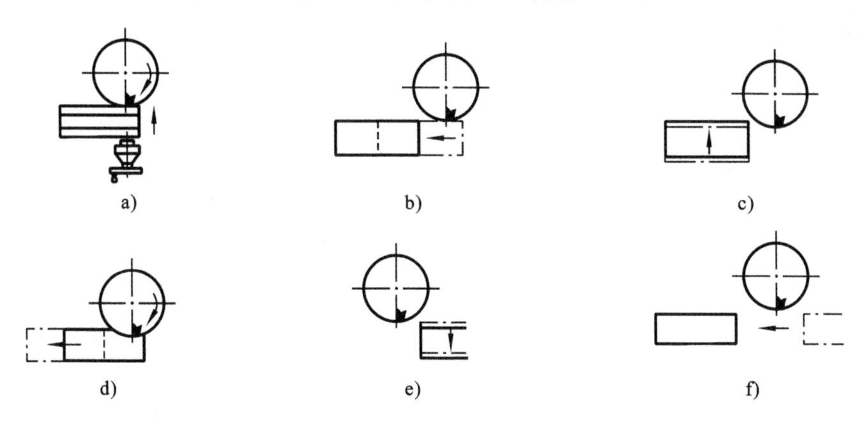

图 9-14 铣平面的步骤

a）刻度盘对零 b）退出工件 c）确定铣削深度，开车

d）进入自动进给 e）铣削一遍后停车 f）检查工件，重复铣削

铣削时应尽量避免中途停车或停止进给，否则将会因为切削力突然变化而影响加工质量。

2. 铣斜面

铣斜面是铣平面的特例，常用的铣斜面方法如图 9-15 所示。此外，在批量较大时，可利用专用夹具进行斜面铣削。

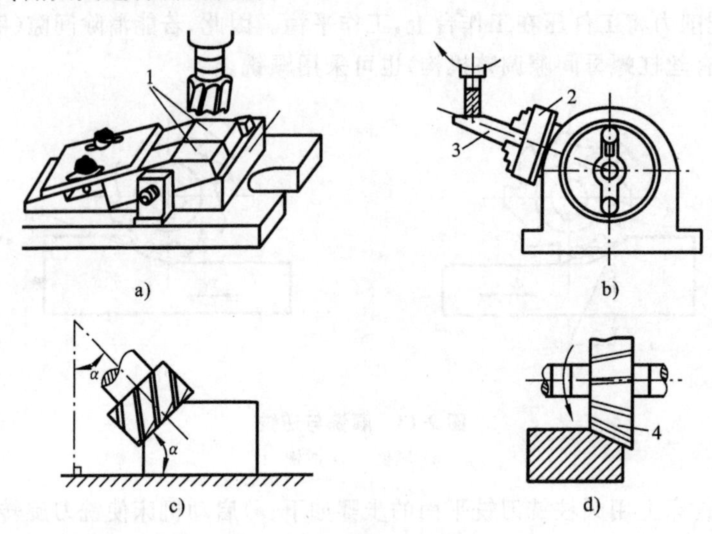

图 9-15 常用铣斜面方法

a) 工件斜压在工作台上 b) 利用分度头 c) 旋转立铣头 d) 用角度铣刀

1,3—工件 2—卡盘 4—铣刀

3. 铣沟槽

在铣床上可加工多种沟槽。因沟槽尺寸的限制，使得铣削时排屑、散热困难，特别是对薄型和深槽工件，铣削时还极易变形。因此，铣沟槽应取较小的进给量，并应注意对好刀，以保证沟槽位置的正确。

9.5 铣削加工的工艺特点和应用

1. 铣削的工艺特点

(1) 生产率较高 铣刀是典型的多刃刀具，铣削时有几个刀刃同时参加工作，总的切削宽度较大。铣削的主运动是铣刀的旋转，有利于采用高速铣削，所以铣削的生产率一般比刨削高。

(2) 容易产生振动 铣刀的刀刃切入和切出时会产生冲击，并引起同时工作的刀刃数的变化；每个刀刃的切削厚度是变化的，这将使切削力发生变化。因此，铣削过程不平稳，容易产生振动。铣削过程的不平稳性，限制了铣削加工质量与生产率的进一步提高。

(3) 散热条件较好 铣削时铣刀刃间歇切削，可以得到一定程度的冷却，因而散热条件较好。但是，切入、切出时热的变化、力的冲击，将加速刀具的磨损，甚至可能引起硬质合金刀片的碎裂。

(4) 加工成本较高 铣床结构比较复杂,铣刀的制造和刃磨比较困难,因此增加了成本。

2. 铣削的应用

铣削的形式很多,铣刀的类型和形状多种多样,再加上分度头、回转工作台及立铣头等附件的应用,使铣削的加工范围更加广泛。图 9-16 所示是在铣床上能完成的主要工作。

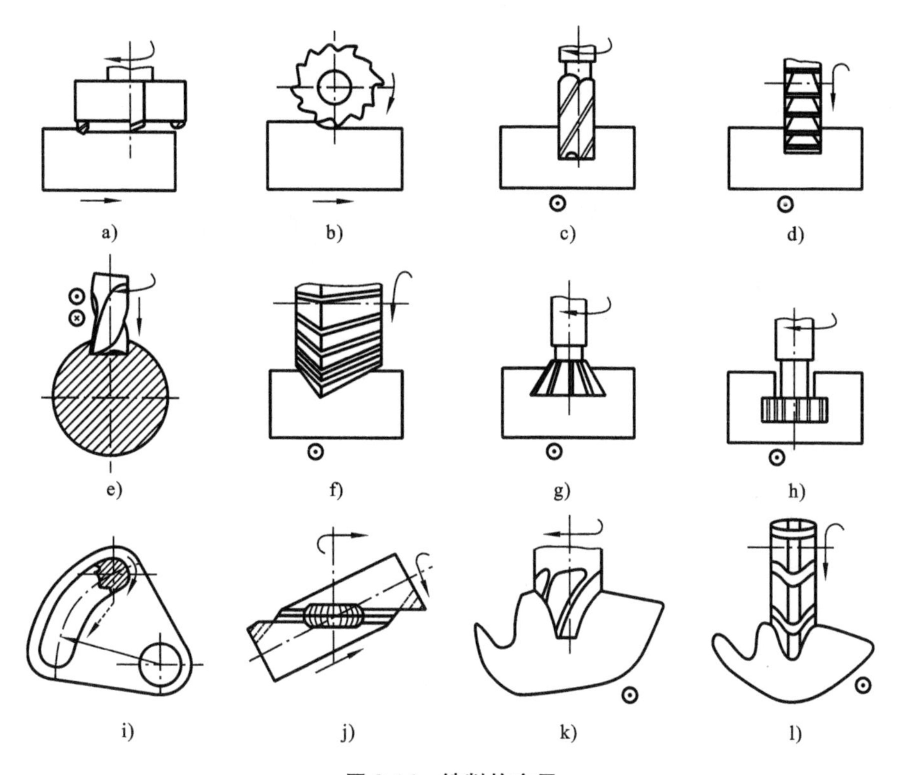

图 9-16 铣削的应用

a) 端铣平面 b) 周铣平面 c) 用立铣刀铣直槽 d) 用三面刃铣刀铣直槽 e) 用键槽铣刀铣键槽 f) 铣角度槽 g) 铣燕尾槽 h) 铣 T 形槽 i) 在圆形工作台上用立铣刀铣圆弧槽 j) 铣螺旋槽 k) 用指状铣刀铣成形面 l) 用盘状铣刀铣成形面

9.6 铣削加工示例

图 9-17 所示的零件为单件生产,工件材料为 45 钢,其加工步骤如表 9-1 所示。

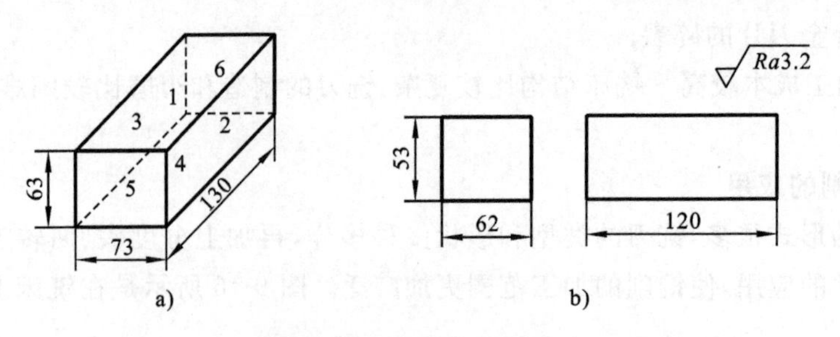

图 9-17　毛坯及工件尺寸

a) 毛坯尺寸　b) 工件尺寸

表 9-1　工件铣削的加工步骤

步骤	加工内容	加工简图	刀具
1	(1)选面积最大、最不平整的面作为 1 面； (2)用虎钳装夹； (3)注意尺寸 63－4.5＝58.5	1	
2	(1)铣 2、3 两面； (2)用虎钳装夹； (3)在活动钳口上加圆棒，以保证 1 面紧贴固定钳口； (4)保证尺寸 73－9＝64	2 1 3	
3	(1)铣 4 面； (2)用虎钳装夹； (3)已加工的 1、3 面应与垫铁和固定钳口贴合； (4)保证尺寸 58.5－4.5＝54	4 3 2 1	硬质合金端铣刀 ϕ85，刀片材料为 YT15
4	(1)铣 5、6 两面； (2)用虎钳装夹； (3)铣 5 面时应校正垂直度； (4)保证尺寸 130－9＝121	5 1 4 6	
5	半精铣： (1)按粗铣顺序依次加工； (2)保证各部分尺寸达到图样要求； (3)保证表面粗糙度值 *Ra* 达 3.2 μm		

复习思考题

1. 试述铣削的工艺特点。
2. 铣平面时，为什么端铣比周铣优越？
3. 比较卧式铣床和立式铣床的结构特点和应用范围。
4. 试述分度头的工作原理。
5. 试述铣削的应用。

第10章 磨削加工

本章重点 磨削加工的基础知识，磨床的运动、结构和工作特点，工件的装夹和定位、砂轮的结构和性能与加工质量的基本概念，砂轮和机床附件的选用。

学习方法 先进行集中讲课，然后进行现场教学，最后按照要求，让学生进行磨削平面及内、外圆面的操作训练；也可讲课与训练穿插进行，并让学生按教材中的要求将现场教学和操作中的内容填写入相应的表格，回答相应的问题。

在磨床上用砂轮作为刀具对工件表面进行加工的过程称为磨削加工。磨削加工是零件精加工的主要方法之一。

如图10-1所示，磨外圆时，砂轮的旋转为主运动，同时砂轮又作横向进给运动；工件的旋转为圆周进给运动，同时工件又作纵向进给运动。

磨削用量包括磨削速度 v_c、圆周进给量 f_w、轴向进给量 f_x、背吃刀量 a_p。

① 磨削速度 v_c　它是磨削过程中砂轮外圆的线速度 v_c，一般取30～50 m/s。

② 圆周进给量 f_w　圆周进给量一般用工件外圆的线速度 v_w 来表述和度量。一般粗磨外圆时，v_w 取0.5～1 m/s；精磨外圆时，v_w 取0.05～0.1 m/s。

③ 轴向进给量 f_x　轴向进给量是工件每转一圈时沿本身轴线方向移动的距离，其值比砂轮宽度 B 小，一般 $f_x=(0.2\sim0.8)B$，单位为mm/r。

④ 背吃刀量 a_p　磨削过程中的背吃刀量是工作台每行程内砂轮相对工件横向移动的距离，也称径向进给量(f_y)，单位为mm/str。一般 a_p 取0.005～0.05 mm/str。

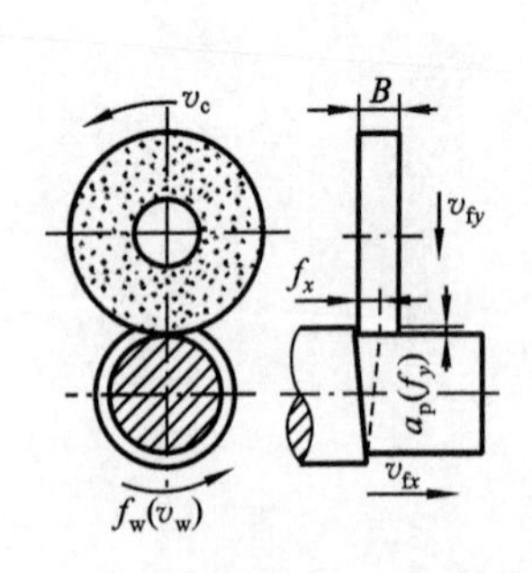

图10-1　磨外圆时的运动和磨削用量

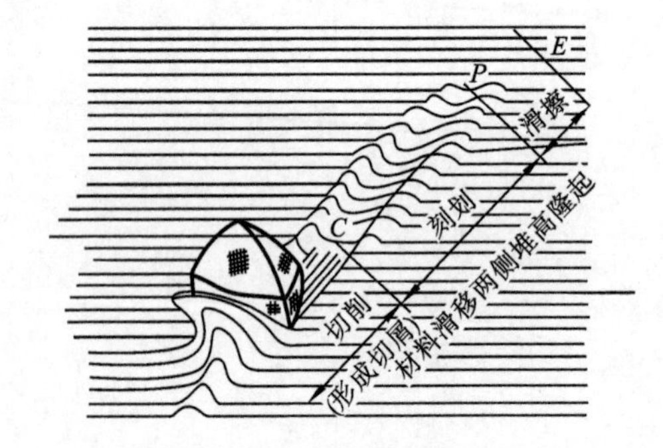

图10-2　磨粒切削过程

从本质上讲，磨削是一种切削，砂轮表面上的各个磨粒，可以近似地看成一个个微小刀齿；突出的磨粒尖棱，可以认为是微小的切削刃。其切削过程大致可分为三个阶段,如图10-2所示。第一阶段,磨粒从工件表面滑擦而过,只有弹性变形而无切屑。第二阶段,磨粒切入工件表层,刻划出沟痕并形成隆起。第三阶段,切削厚度增大至某一临界值,切下切屑。

由此可知,磨削加工实质上是利用磨粒微刃对工件进行切削、刻划和滑擦三种作用的综合加工。

10.1　磨床

以砂轮作磨具的机床称为磨床。磨床的种类很多,常用的有万能外圆磨床、普通外圆磨床、内圆磨床、平面磨床等几种。下面以常用的M1432A型万能外圆磨床和M7120A型卧轴矩台平面磨床为例进行介绍。

1. M1432A型万能外圆磨床

(1) M1432A型万能外圆磨床的型号　按《金属切削机床型号编制方法》(GB/T 15375—2008)规定,型号“M1432A”的含义如下:

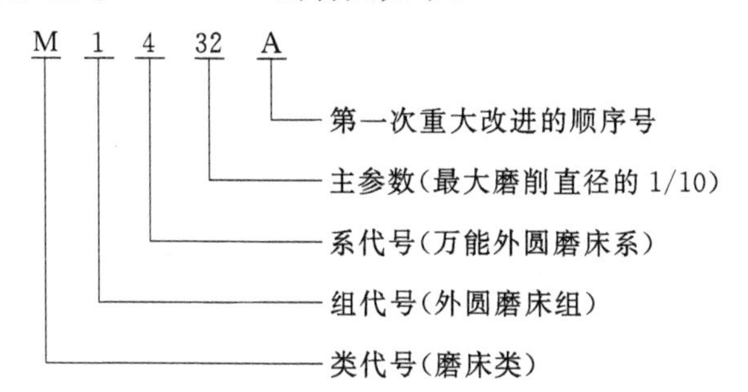

(2) M1432A型万能外圆磨床的组成及其作用　M1432A型万能外圆磨床如图10-3所示。它的主要组成部分的名称和作用如下。

① 床身　床身用于支承和连接各部件。其上部装有工作台和砂轮架,内部装有液压传动系统。床身上的纵向导轨供工作台移动用,横向导轨供砂轮架移动用。

② 工作台　工作台由液压系统驱动,沿床身的纵向导轨作直线往复运动,使工件实现纵向进给。在工作台前侧面的T形槽内,装有两个换向挡块,用于控制工作台自动换向;工作台也可手动。工作台分为上、下两层,上层可在水平面内偏转一个较小的角度(±8°),以便磨削圆锥面。

③ 头架　头架上有主轴,主轴端部可以安装顶尖、拨盘或卡盘,以便装夹工件。主轴由单独的电动机通过传动带变速机构带动,使工件可获得不同的转动速度。头架可在水平面内偏转一定的角度。

④ 砂轮架　砂轮架用来安装砂轮,由单独的电动机通过传动带带动砂轮高速旋转。砂轮架可在床身后部的导轨上作横向移动。移动方式有自动间歇进给、手动进给、快速趋近工件和退出。砂轮架可绕垂直轴旋转某一角度。

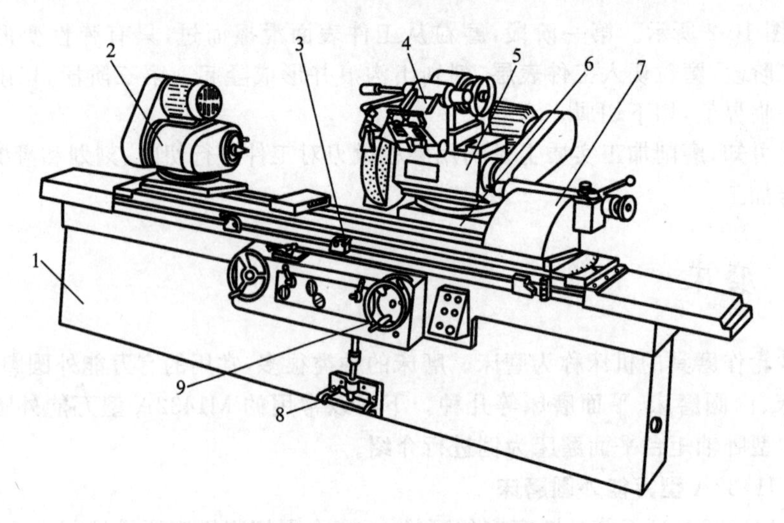

图 10-3　M1432A 型万能外圆磨床

1—床身　2—头架　3—工作台　4—内圆磨具　5—砂轮架

6—滑鞍　7—尾座　8—脚踏操纵板　9—横向进给手轮

⑤ 内圆磨头　内圆磨头是磨削内圆表面用的，在它的主轴上可装上内圆磨削砂轮，由另一个电动机带动。内圆磨头绕支架旋转，使用时翻下，不用时则翻向砂轮架上方。

⑥ 尾座　尾座的套筒内有顶尖，用来支承工件的另一端。尾座在工作台上的位置可根据工件长度的不同进行调整。尾座可在工作台上纵向移动。扳动尾座上的杠杆，顶尖套筒可伸出或缩进，以便装卸工件。

磨床工作台的往复运动采用无级变速液压传动。这是因为液压传动与机械传动、电气传动相比具有以下优点：a)能进行无级调速、调速方便且调速范围较大，而且传动平稳，反应快，冲击小，便于实现频繁换向和自动防止过载；b)便于采用电液联合控制，实现自动化；c)因在油中工作，润滑条件好，寿命长。液压传动的这些特性满足了磨床要求精度高、刚性好、热变形小、振动小、传动平稳的需要。

2. M7120A 型卧轴矩台平面磨床的组成及其作用

平面磨床主要用于磨削工件上的平面。图 10-4 所示为 M7120A 型卧轴矩台平面磨床。它由床身、工作台、立柱、磨头及砂轮修整器等部件组成。长方形工作台装在床身的导轨上，由液压驱动作往复直线运动，可用工作台手轮对其进行调整。工作台上装有电磁吸盘或其他夹具，用于装夹工件。磨头可沿拖板的水平导轨作横向进给运动，它可由液压驱动或横向进给手轮操纵。拖板也可沿立柱的导轨垂直移动，以调整磨头的高低位置并完成垂直进给运动（这一运动也可通过转动垂直进给手轮来实现）。砂轮由装在磨头壳体内的电动机直接驱动。

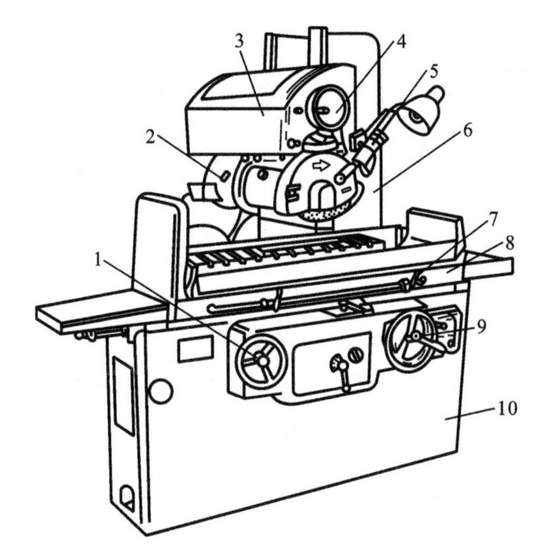

图 10-4 M7120A 型卧轴矩台平面磨床

1—工作台手轮 2—磨头 3—拖板 4—横向进给手轮 5—砂轮修整器
6—立柱 7—行程挡块 8—工作台 9—垂直进给手轮 10—床身

10.2 砂轮

砂轮是磨削的主要工具。它是由砂粒(磨料)用结合剂黏结在一起经焙烧而成的疏松多孔体,如图 10-5 所示。

磨料直接担负切削工作,必须锋利和坚韧。常用的磨料有两类:刚玉(Al_2O_3)类和碳化硅(SiC)类。刚玉类适用于磨削钢料及一般刀具,碳化硅类适用于磨削铸铁、青铜等脆性材料及硬质合金刀具。

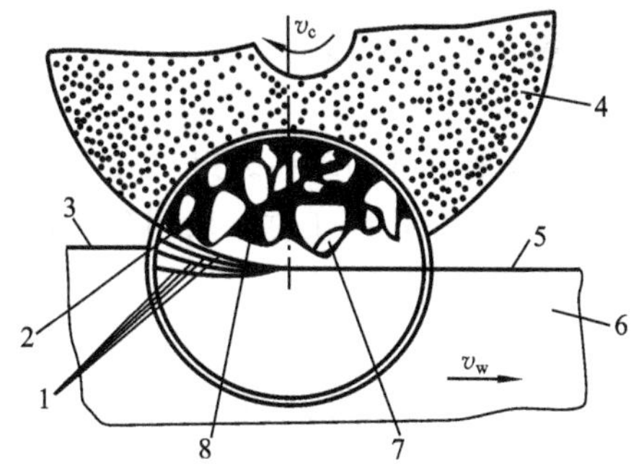

图 10-5 砂轮的组成

1—加工表面 2—空隙 3—待加工表面
4—砂轮 5—已加工表面 6—工件
7—磨粒 8—结合剂

磨料颗粒的尺寸大小用粒度表示。粒度分磨粒与微粉两种。对于筛分法,用粒度号来表示。其粒度号数是指筛网上每英寸(25.4 mm)长度内能通过该种颗粒的孔眼数。例如 60 号粒度的磨粒,说明能通过 25.4 mm 长度内 60 个孔眼的筛网,而 25.4 mm 长度内 70 个孔眼的筛网就不能通过。粒度号数愈大,颗粒愈小。粗颗粒用于粗加工及磨软料,细颗粒则用于精加工。

磨料用结合剂可以黏结成各种形状和尺寸的砂轮,如图 10-6 所示,以适用于不同表面形状和尺寸的加工。工厂中常用的结合剂为陶瓷。磨料黏结得愈牢,则砂轮的硬度就愈高。

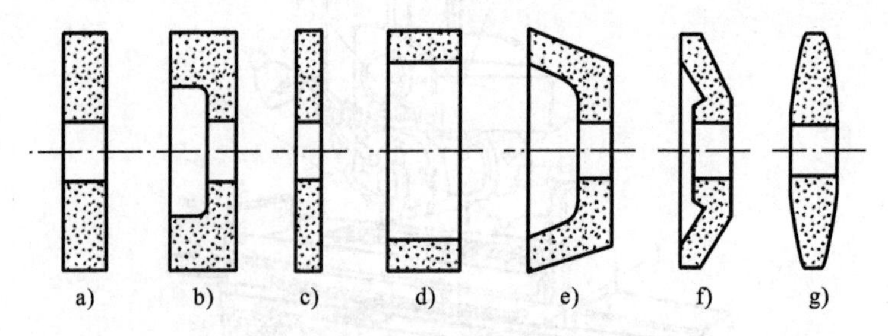

图 10-6 砂轮的形状

a) 平形 b) 单面凹形 c) 薄形 d) 筒形 e) 碗形 f) 碟形 g) 双斜边形

砂轮的特性、尺寸用代号标注在砂轮的端面上，如下所示：

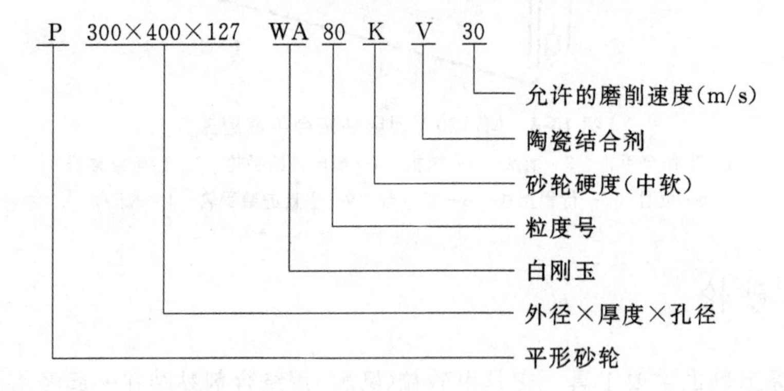

10.3 磨床的装夹方式和磨床附件

1. 外圆磨削的工件装夹

在外圆磨床上，工件一般用前、后顶尖装夹，也可用三爪自定心卡盘、四爪单动卡盘、心轴装夹。

(1) 顶尖装夹　如图 10-7 所示，其安装方法与车削中的所用方法基本相同，但磨床所用顶尖都是死顶尖，不随工件一起转动，并且尾座顶尖是靠弹簧推紧力顶紧工件的，这样可以减小安装误差，提高磨削精度。

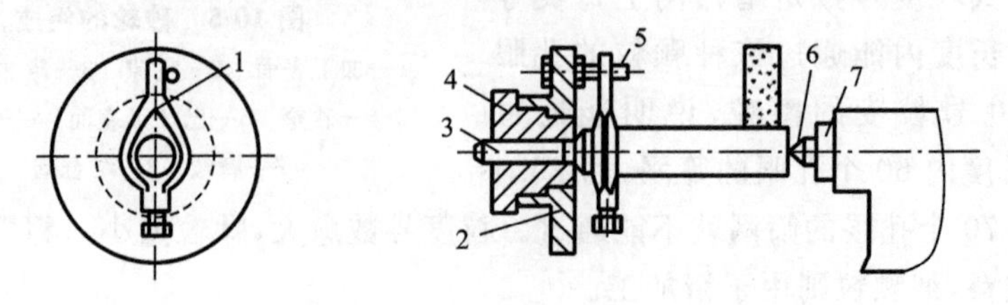

图 10-7 用顶尖安装工件

1—夹头 2—拨盘 3—前顶尖 4—头架主轴 5—拨杆 6—后顶尖 7—尾座套筒

磨削前，要对工件的中心孔进行研磨，以提高其几何形状精度，降低其表面粗糙度。一般采用四棱硬质合金顶尖在车床或钻床上进行，研亮即可。当中心孔较大，修研精度较高时，必须选用油石顶尖，而用一般顶尖作后顶尖。研磨时，头架旋转，工件不旋转（用手握住），研好一端后再调头研磨另一端。

（2）卡盘装夹　端面上没有中心孔的短工件可用三爪或四爪卡盘装夹，装夹方法与车削装夹方法基本相同。

（3）心轴装夹　盘套类工件常以内圆定位磨削外圆。此时必须采用心轴来装夹工件，心轴可安装在两顶尖间，有时也可以直接安装在头架主轴的锥孔里。

2. 平面磨削的工件装夹

一般使用平面磨床磨平面。平面磨床工作台上装有电磁吸盘，电磁吸盘用于装夹各种导磁材料制成的工件，导磁性工件如钢、铸铁件等可直接安装在工作台上。电磁吸盘由吸盘体、线圈、盖板、心体、绝磁层等几部分组成，如图 10-8 所示。

当线圈中接通直流电源时，盖板与吸盘体形成磁极而产生磁通，此时将工件放在盖板上，一端紧靠定位面，使磁通成封闭回路，将工件吸住。工件加工完毕后，只要将电磁吸盘激磁线圈的电源切断，即可卸下工件。

铜、铝等非导磁性工件通过精密平口钳等其他安装方法装夹。

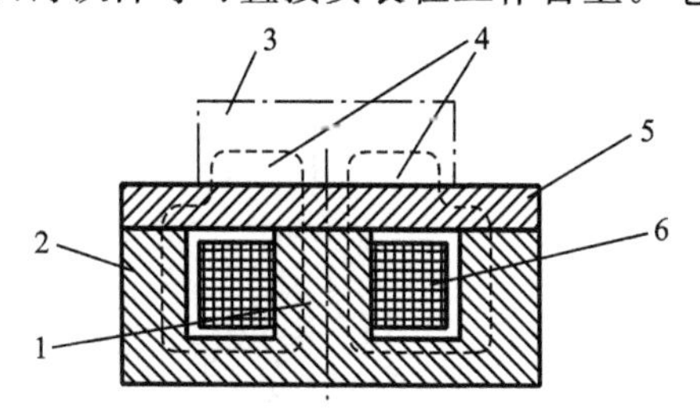

图 10-8　电磁吸盘

1—心体　2—吸盘体　3—工件　4—绝磁层　5—盖板　6—线圈

10.4　磨削加工

1. 磨削外圆

工件的外圆一般在普通外圆磨床或万能外圆磨床上磨削。外圆磨削一般有纵磨、横磨和深磨三种方式，如图 10-9 所示。

（1）纵磨　纵磨是指工件随工作台纵向往复运动，即纵向进给，每个行程终了时砂轮作横向进给一次，磨到尺寸后，进行无横向进给的光磨行程，直至火花消失为止，如图 10-9a 所示。纵磨法适合于磨削较大的单件、小批生产的工件，也可用于精磨。

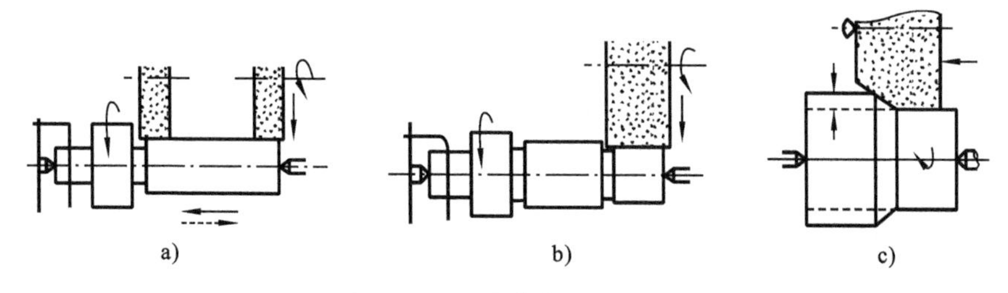

图 10-9　外圆磨削工艺方法

a）纵磨　b）横磨　c）深磨

采用此法时，可用同一砂轮磨削长度不同的各种工件，磨削质量好，但磨削效率低。

(2) 横磨　横磨是指工件不作纵向进给，砂轮以缓慢的速度连续或断续地向工件作横向进给，直至加工完毕为止，如图 10-9b 所示。此方法常用于刚性较好且待磨表面较短的工件，或阶梯轴的轴颈及精磨等。它的特点是：充分发挥了砂轮的切削能力，磨削效率高，但因工件与砂轮的接触面积大，工件易发生变形和烧伤，砂轮形状误差直接影响工件几何形状精度，故磨削精度较低，表面粗糙度值较高。

(3) 深磨　深磨是指利用砂轮斜面完成粗磨和半精磨，以最大外圆完成精磨和修光，全部磨削余量一次完成，如图 10-9c 所示。深磨法适用于刚性好的短轴的大批量生产。在万能外圆磨床上除磨外圆外，深磨法还可用于磨外圆锥面、内圆、内圆锥面、端面等。

2. 磨削平面

平面磨削方法可分为卧轴周磨和立轴端磨两种，如图 10-10 所示。

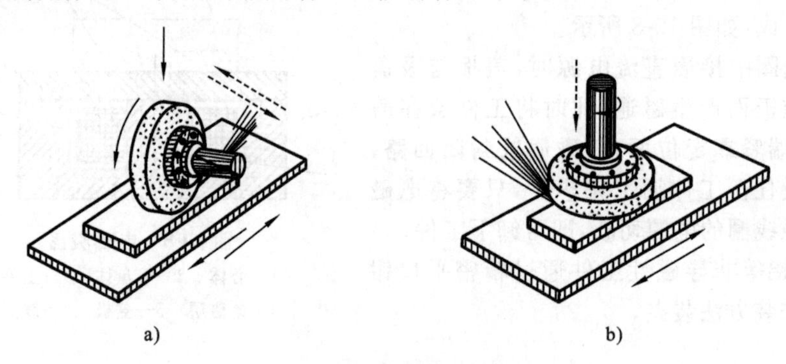

图 10-10　平面磨削方法

a) 卧轴周磨法　b) 立轴端磨法

(1) 卧轴周磨　卧轴周磨是用砂轮的圆周面磨削平面，如图 10-10a 所示。周磨平面时，砂轮与工件的接触面积很小，排屑和冷却条件均较好，所以工件不易产生热变形，而且因砂轮圆周表面的磨粒磨损均匀，故加工质量较高，适用于精磨。

(2) 立轴端磨　立轴端磨是用砂轮的端面磨削工件平面，如图 10-10b 所示。端磨平面时，砂轮与工件接触面积大，切削液不易注入磨削区内，所以工件热变形大，而且因砂轮端面各点的圆周速度不同，端面磨损不均匀，所以加工精度较低。但其磨削效率高，适用于粗磨。

10.5　磨削加工的工艺特点和应用

1. 磨削的工艺特点

(1) 切削速度高　在磨削时，砂轮的转速很高，普通磨削可达 30～35 m/s，高速磨削可达 45～60 m/s，甚至更高。

(2) 切削深度小　磨粒的切削厚度极薄，均在微米级，是切削加工切削厚度的几十分之一，甚至百分之几，因此，加工余量比其他切削加工要小得多。粗磨时，a_p = 0.01～0.04 m/次；精磨时，a_p = 0.005～0.025 m/次。

(3) 切削温度高　砂轮线速度可达 2 000～3 000 m/min，为其他切削加工方法的 10～20 倍，同时砂轮与工件接触面积又很大，所以在磨削区会因摩擦而产生大量的热，导致磨削区的温度很高，可高达 800～1 000 ℃，且 80%以上的热量将传给工件，极易烧伤工件表面。因此，在磨削时要充分供给切削液，将热量带走，以保证良好的冷却。

(4) 加工精度高及表面粗糙度值 Ra 小　一般外圆磨削加工可获得的尺寸公差等级为 IT8～IT7，表面粗糙度值 Ra 为 1.6～0.8 μm。精磨时尺寸公差可达 IT6～IT5，表面粗糙度值 Ra 达 0.4～0.2 μm，若采用精密磨削、超精磨削及镜面磨削，则所获得的表面粗糙度值 Ra 可达 0.1～0.006 μm。

(5) 磨削时的背向分力较大　磨削时，磨具与工件在吃刀方向的接触面积比较大，因此背向分力比采用其他切削方法时的背向分力大。

2. 磨削的应用

磨削加工主要适用于精度和表面质量要求较高的工件的加工（一般用于工件的半精加工和精加工）和高硬度、难加工材料零件的加工。

利用不同类型的磨床可分别磨削外圆、内孔、平面、沟槽、成形面（如齿形、螺纹等），如图 10-11 所示。此外，还可用于各种刀具的刃磨，以及毛坯的预加工和清理等粗加工

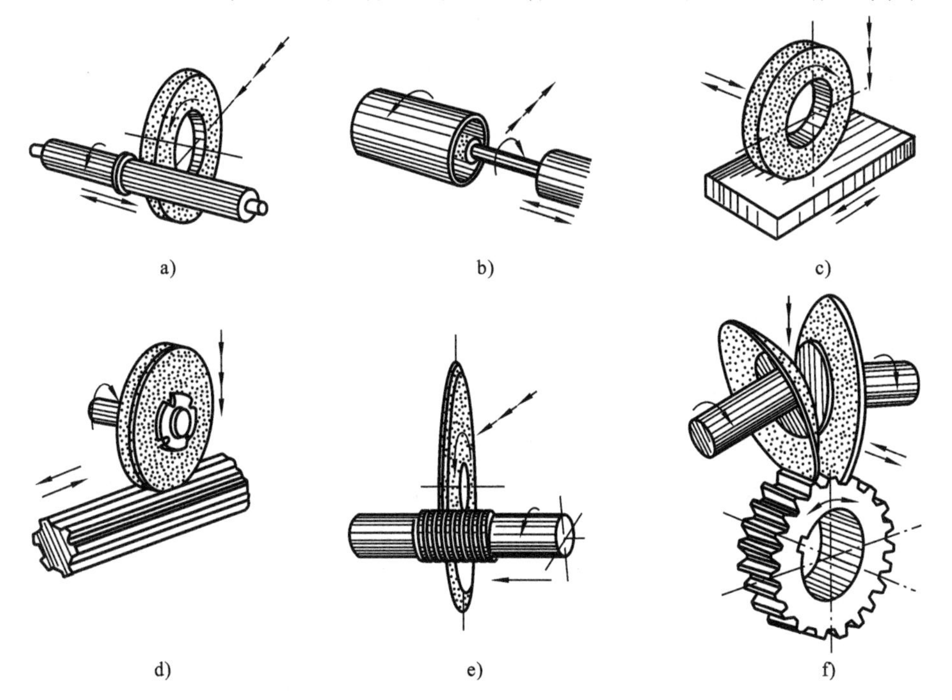

图 10-11　常见的磨削加工形式

a) 外圆磨削　b) 内圆磨削　c) 平面磨削　d) 花键磨削　e) 螺纹磨削　f) 齿形磨削

工作。磨削的加工余量可以很小，对于用精密铸造、模锻、精密冷轧等先进的毛坯制造工艺制造出的加工余量较小的毛坯，可不经车削、铣削等粗加工，而直接进行磨削加工。

磨削可以加工的工件材料范围很广，既可以加工铸铁、碳钢、合金钢等一般材料，也能够加工高硬度的淬硬钢、硬质合金、陶瓷和玻璃等难切削的材料。但是，不宜磨削加工塑性较大的有色金属工件。现在成形磨削和仿形磨削得到了越来越广泛的应用。

近年来，随着微型计算机在工业中的广泛应用，人们已注意发展自适应控制磨削，对通用型磨床也逐渐在进行功能柔性化的研究。

10.6　零件磨削加工示例

图 10-12 所示为一套类零件，材料为 45 钢，已经过车削加工和淬火热处理，除外圆 $\phi45_{-0.016}^{\ 0}$（单位为 mm，下同），内孔 $\phi25_{\ 0}^{+0.021}$ 外，其他尺寸均已加工好，淬火硬度为 42 HRC。外圆 $\phi45_{-0.016}^{\ 0}$ 留有 0.35～0.45 的磨削余量，内孔 $\phi25_{\ 0}^{+0.021}$ 和 $\phi40_{\ 0}^{+0.025}$ 均留有 0.30～0.45 的磨削余量，表面粗糙度值 *Ra* 均已达 6.3 μm。现需磨削外圆 $\phi45_{-0.016}^{\ 0}$、内孔 $\phi25_{\ 0}^{+0.021}$ 和 $\phi40_{\ 0}^{+0.025}$ 达到图样要求。

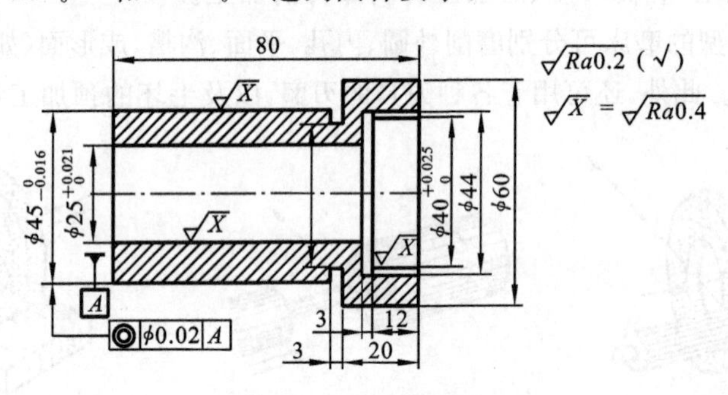

图 10-12　套类零件

这类零件的特点，是要求内、外圆柱同轴，孔的轴线与端面互相垂直。确定加工步骤时，应尽量采用一次安装法加工，以保证同轴度和垂直度要求。如果不能在一次安装中加工完全部表面，则应先将孔加工好，而后以孔定位，用心轴安装加工外圆表面。在磨削 $\phi40_{\ 0}^{+0.025}$ 内孔时，有可能会影响 $\phi25_{\ 0}^{+0.021}$ 内孔的精度，故对 $\phi25_{\ 0}^{+0.021}$ 内孔常安排有粗、精磨两个步骤。图 10-12 所示套类零件的磨削加工步骤如表 10-1 所示。

表 10-1　套类零件的磨削加工步骤

序号	加工内容	加工简图	刀　　具
1	以 $\phi45_{-0.016}^{\ 0}$ 外圆定位，将工件夹持在三爪自定心卡盘中，用百分表找正，粗磨 $\phi25$ 内孔，留精磨余量为 0.04～0.06	$\phi25$	用磨内孔砂轮，尺寸为 12×6×4

续表

序号	加工内容	加工简图	刀具
2	更换砂轮，粗、精磨 $\phi 40^{+0.025}_{0}$ 内孔		用磨内孔砂轮，尺寸为 25×10×6
3	更换砂轮，精磨 $\phi 25^{+0.021}_{0}$ 内孔		用磨内孔砂轮，尺寸为 12×6×4
4	以 $\phi 25^{+0.021}_{0}$ 内孔定位，用心轴安装，粗、精磨 $\phi 45^{0}_{-0.016}$ 外圆至规定尺寸		用磨外圆砂轮，尺寸为 300×40×127

复习思考题

1. 试述磨削加工的工艺特点和应用范围。
2. 砂轮一般分为哪几大类？如何选用？
3. 平面磨床一般由哪几部分组成？各部分的作用是什么？
4. 磨削过程的实质是什么？

第11章　钳　　工

本章重点　钳工加工的基础知识，钻床的运动、结构和工作特点，工件装夹和定位、钳工工具和操作与加工质量的基本概念，加工各种型面的钳工工具的选用。

学习方法　先进行集中讲课，然后进行现场教学，最后按照要求，让学生进行划线、锯、锉、钻孔、攻螺纹的操作训练。也可以讲课与训练穿插进行，并按教材中的要求将现场教学和操作中的内容填入相应的表格，回答相应的问题。

钳工是手持工具对工件进行切削加工的工作。由于钳工工具简单，操作灵活方便，还可以完成机械加工所不能完成的某些工作，因此，尽管钳工操作生产率低，劳动强度大，但在机械制造和修配中仍被广泛应用，是切削加工不可缺少的一个组成部分。

钳工的基本操作包括：划线、錾削、锯割、锉削、钻孔、铰孔、攻螺纹、套螺纹和刮削、研磨、装配和修理等。

钳工操作主要在钳台和台虎钳上进行。钳台是木制的坚实的桌子，桌面一般用铁皮包裹。台虎钳固定在钳台上，用来夹持工件。钳工工作台、台虎钳如图11-1、图11-2所示。

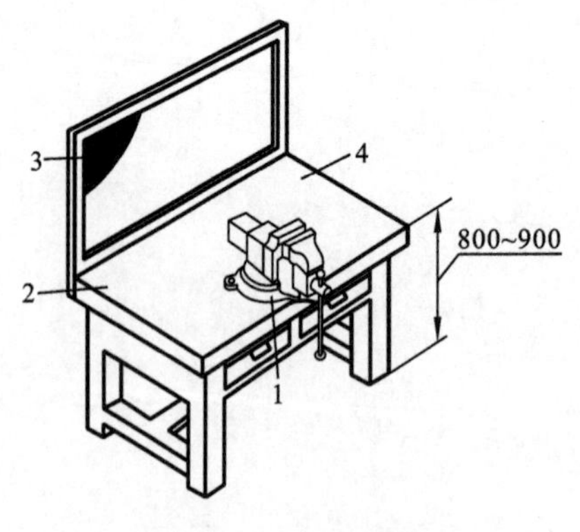

图11-1　钳工工作台

1—台虎钳　2—放量具位置

3—防护网　4—放工具位置

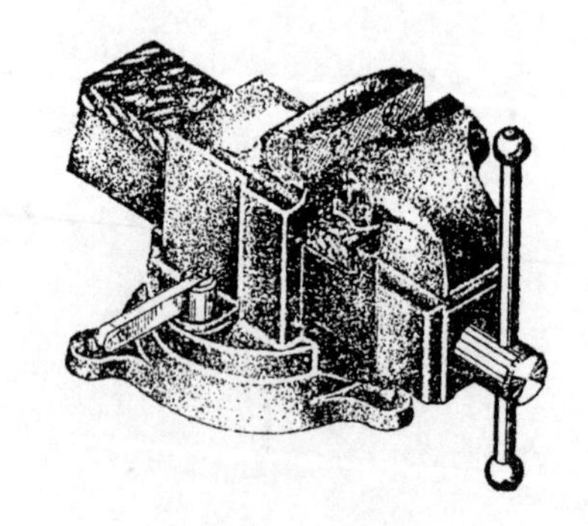

图11-2　台虎钳

11.1　划线

在毛坯或半成品上，根据图样要求，刻划出加工图形或加工界线的操作称为划线。划线的作用是：划出清晰的界限，作为工件安装或加工依据；检查毛坯形状尺寸，剔除不合格的毛坯；合理分配各加工表面的加工余量和确定孔的位置。

1. 划线前的准备

为了使工件表面划出的线条正确、清晰，划线前要将工件表面清理干净，如锻件、铸件表面的氧化皮、黏砂都要去掉；半成品要去除毛刺，洗净油污；工件上的孔有的还要用木块或铅块塞住，以便定心划圆。然后，在划线表面上涂色，锻铸件一般涂石灰水，小件可涂粉笔，半成品涂蓝油或硫酸铜溶液。涂色要均匀。

2. 划线工具及使用

（1）划线平板　划线平板是一块经过精刨或刮削加工的铸铁平板。它是划线工作的基准工具。平板安放要平稳牢靠，并保持水平。划线平板要均匀使用，以免局部地方磨凹。要经常注意保持清洁，不得撞击，不允许在平板上锤击工件。用毕要擦油防锈。若长期不用，则应用木板护盖。

（2）划针及划线盘　划针是用来在工件表面上刻划线条的工具。划线盘除了用于立体划线以外，还可以用来找正工件位置。它们的结构和使用方法如图 11-3 所示。

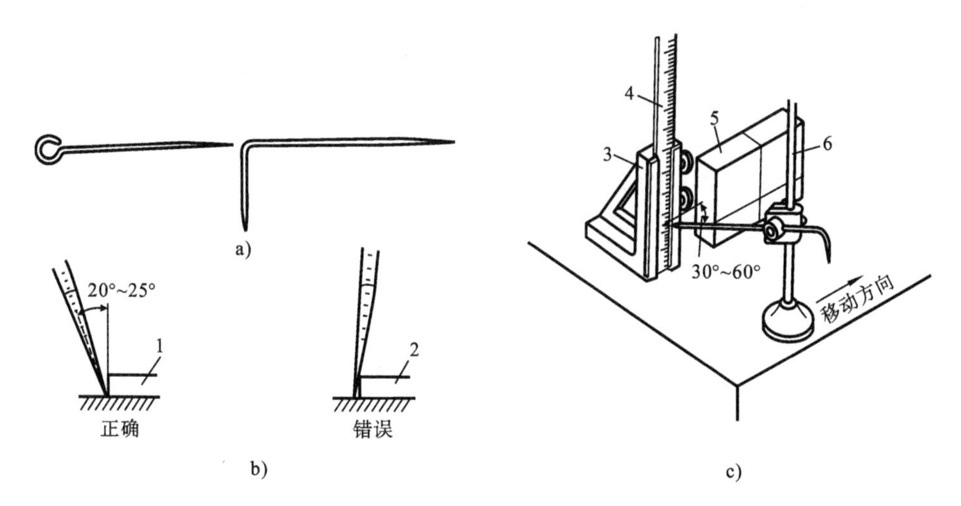

图 11-3　划针及划线盘的使用

a）划针　b）用划针划线　c）用划线盘划线

1，2，4—钢直尺　3—高度尺尺座　5—工件　6—划线盘

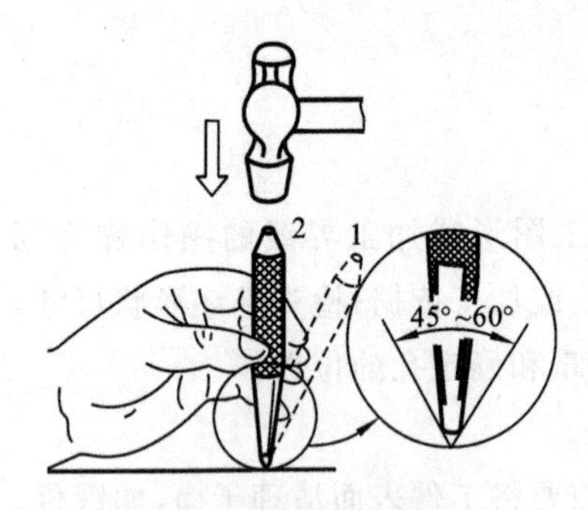

图 11-4　样冲的方法

1—对准位置　2—冲眼

（3）样冲　为了避免划出的线条被擦掉，要在划好的线条上用样冲打出均匀的样冲眼。在圆心上也要打样冲眼，便于钻孔时钻头的对准。图 11-4 所示的是样冲的方法。

（4）圆规　圆规是用来画圆、量取尺寸和等分线段的工具。单脚规（划卡）用来确定轴及孔的中心位置。

（5）千斤顶和 V 形铁　千斤顶和 V 形铁都是用来支承工件的工具。工件平面用千斤顶支承，圆柱面则用 V 形铁支承，如图 11-5 所示。

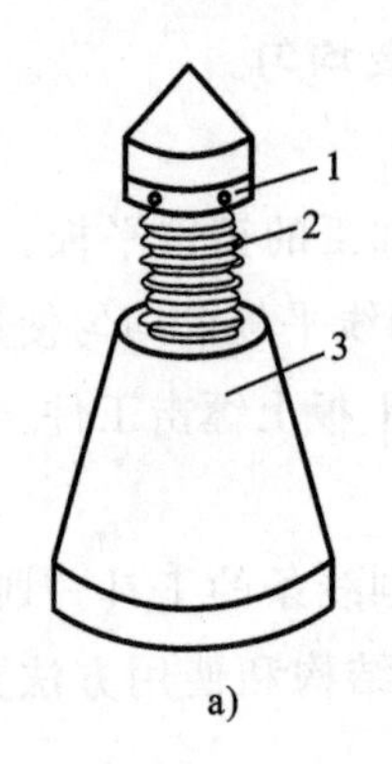

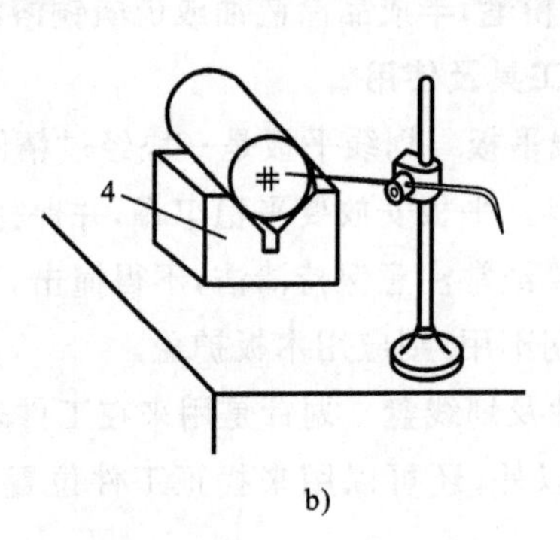

图 11-5　支承工具

a）千斤顶　b）用 V 形铁支承工件

1—扳手孔　2—丝杠　3—千斤顶座　4—V 形铁

3. 划线方法

划线有平面划线和立体划线两种。平面划线是在工件的一个表面上划线；立体划线则是在工件的几个不同表面上划线。平面划线和画工程图相似，所不同的是它用钢直尺、90°角尺、划针和圆规等工具在金属工件上作图。在小批生产中，为了提高效率，也常用划线样板来划线。

立体划线的方法以轴承座划线为例来说明，如图 11-6 所示，步骤如下：a）根据孔中心及顶面调节千斤顶，使轴承座底面保持水平（见图 11-6a）；b）划底面加工线和大孔的水平中心线（见图 11-6b）；c）将轴承座翻转 90°，用 90°角尺找正，划大孔的垂直中心线和螺孔中心线（见图 11-6c）；d）将轴承座再翻转 90°，用 90°角尺在两个方向上找正，划螺钉孔和大端面加工线（见图 11-6d）；e）打样冲眼（见图 11-6e）。在划线操作时，应注意工件支承平稳，各平行线应在一次支承中划全，避免再次调节支承补划，否则容易产生误差。

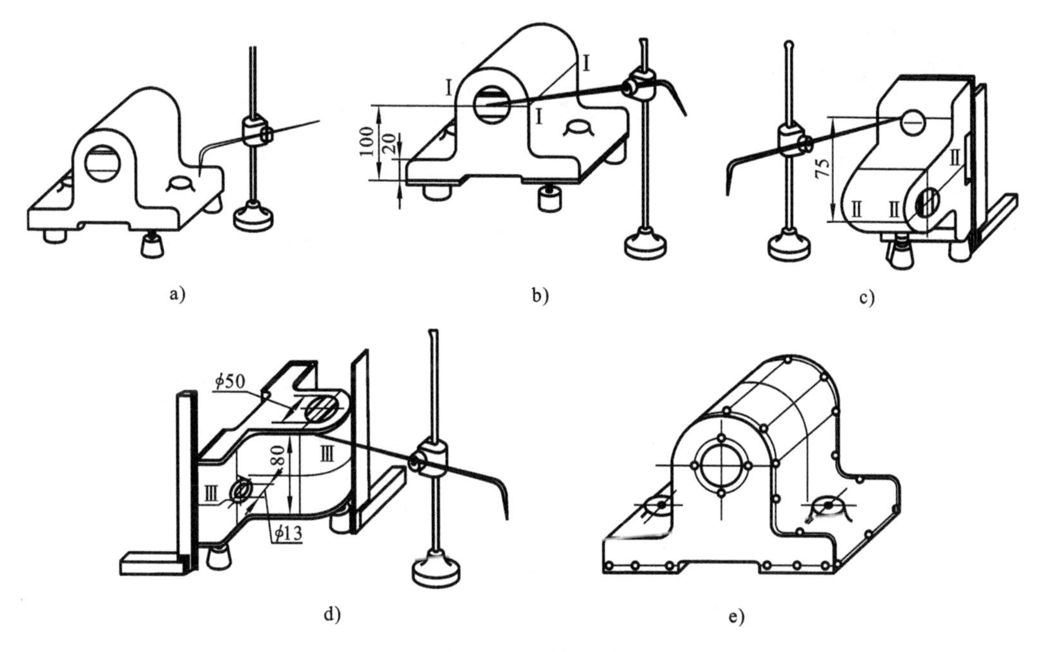

图 11-6 划线实例

a) 调节千斤顶，使轴承座水平 b) 划底面和大孔水平线 c) 划大孔垂直中心线和螺孔中心线 d) 划螺钉孔另一方向中心线和大端面加工线 e) 打样冲眼

11.2 錾削

用锤子锤击錾子对金属进行切削加工的操作称为錾削。錾削用来加工平面、沟槽和切断金属等。

1. 錾子和锤子

錾子一般用碳素工具钢锻造，经淬火处理后制成，具有一定的硬度和韧度。常用的錾子有平錾（扁錾）和窄錾两种，如图 11-7 所示。

平錾刃宽为 10～15 mm，用于錾削平面和錾断材料。窄錾刃宽为 5～8 mm，用于錾削沟槽。錾子全长为 125～175 mm。錾子的横截面以扁圆形较好。錾刃楔角

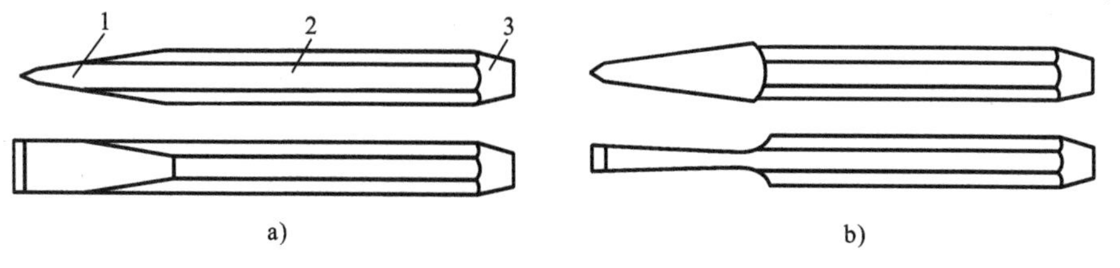

图 11-7 錾子

a) 平錾（扁錾） b) 窄錾

1—錾刃 2—錾身 3—錾头

根据不同的加工材料有所不同。錾削一般钢材时为 50°～60°，錾削硬钢材时为 60°～70°，錾削铜、铝等非铁金属时为 30°～50°。

锤子也是由碳素工具钢制成的，其规格以锤头的质量表示，常用的有 0.25 kg、0.5 kg、0.75 kg 的等几种。锤子全长约 300 mm，锤柄用硬质木料制成。

錾子和锤子的正确握法如图 11-8 所示。錾子要松紧自如地用左手中指、无名指及小指握持，拇指和食指自然地接触，头部伸出的长度为 20～25 mm。锤子用右手拇指和食指握持，其余各指当锤击时才收紧，锤柄端头伸出的长度为 15～30 mm。

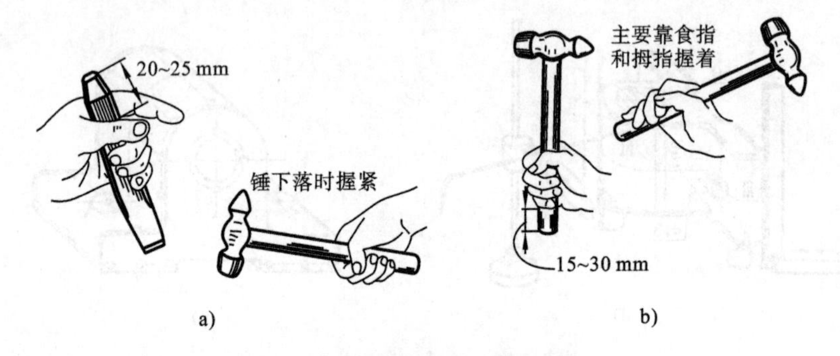

图 11-8　錾子和锤子的正确握法

a）錾子的握法　b）手锤的握法

錾削劳动量较大，操作时要注意所站的位置和姿势，尽可能使全身不易疲劳，又能全身用力。锤击时，眼睛要看着工件受力的部位，以保证錾削顺利进行。不要在举锤时眼睛看着錾刃而击锤时眼睛又转去看錾子头部，这样容易分散注意力，工件表面不易錾得平整，而且锤子容易打到手上。

2. 錾削方法

錾削过程可分为起錾、錾削和錾出三个阶段，如图 11-9 所示。起錾时，錾子要握平，以便切入。

錾削时，要保持錾子的正确位置和前进方向。粗錾时，α 角可大些，但若过大会使錾子深深地啃入工件，錾削表面粗糙。若太小，錾子切入工件太浅，容易滑出。细錾时，由于切削深度较小，锤击数次以后，将錾子退出一下，以便观察加工情况，并利于錾子刃口散热。

当将要錾完时，应调头錾去余下部分，以免工件边缘崩裂。錾削脆性金属时，尤其要注意。

錾削中，因切屑容易飞溅伤人，更要注意安全。工件要夹紧，锤柄不得松动，錾子头部的毛边应及时磨掉。

錾削平面和切断板料的方法分别如图 11-10、图 11-11 所示。

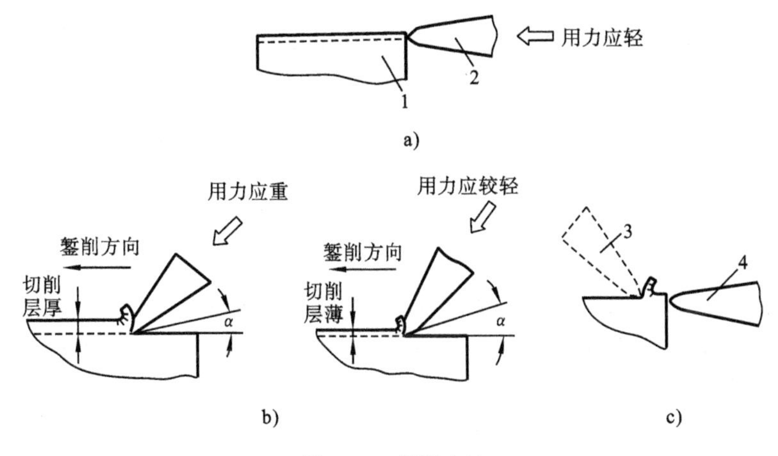

图 11-9 錾削方法

a) 起錾 b) 粗錾和细錾 c) 錾出

1—工件 2—起錾位置 3—终止位置 4—调头錾完

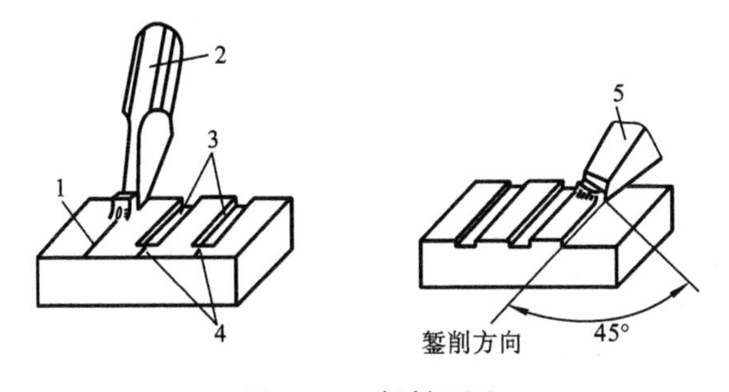

图 11-10 錾削平面

1—錾前划的线 2—窄錾 3—已錾出的沟槽

4—剩余部分，待工件调头后錾去 5—平錾

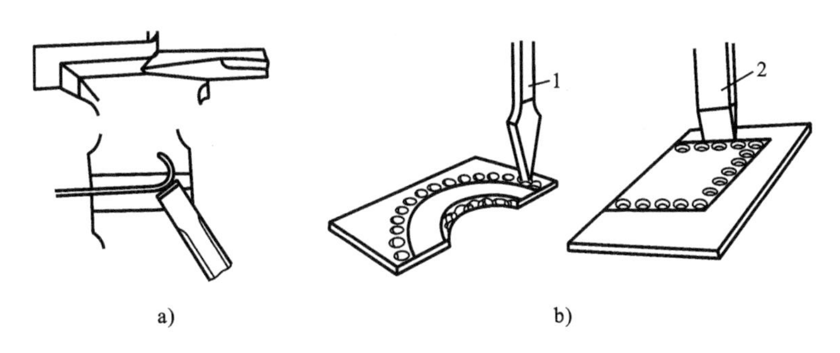

图 11-11 切断板料

a) 薄板切断 b)厚板切断

1—窄錾 2—平錾

11.3 锯割

用手锯切断材料或在工件上切槽的操作称为锯割。一般锯割的加工精度较低，锯割后需要进一步加工。

1. 手锯

手锯由锯弓和锯条两部分组成。锯条安装要使锯齿向前，松紧适当，一般可用两个手指的力旋紧，最后还要检查是否歪斜，若歪斜则要校正。

锯条是由碳素工具钢制成的，经淬火处理后硬度较高，齿锋利，但性脆易断。常用的锯条长约 300 mm，宽 13 mm，厚 0.6 mm。

锯条按齿距大小分为粗齿、中齿、细齿的三种。齿距 1.6 mm 的为粗齿锯条，用来锯割低碳钢，铜、铝等非铁金属，塑料以及截面厚实的材料。齿距 0.8 mm 的为细齿锯条，用来锯割硬材料和薄壁管子等。加工普通钢材、铸铁及中等厚度的工件，多用齿距为 1.2 mm 的中齿锯条。

为了提高生产率，总是希望选用大齿距的粗齿锯条来加工，一般锯条上同时工作的齿数应为二至四个。图 11-12 所示为粗、细锯齿的选用方法。

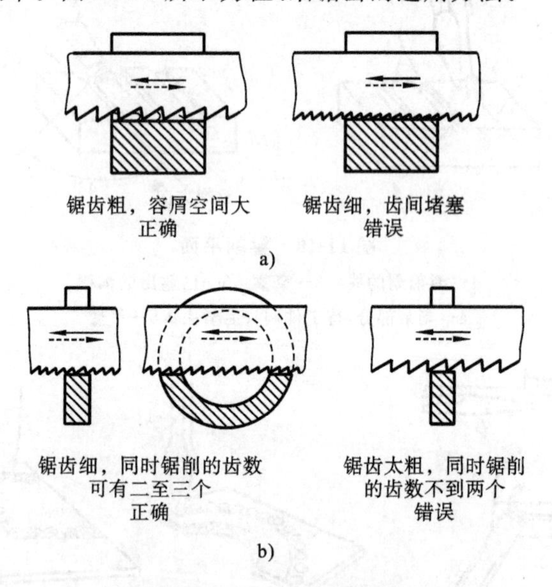

图 11-12　粗、细锯齿的选用

a）厚工件要用粗齿锯条　b）薄工件要用细齿锯条

2. 锯割方法

被锯割的工件应夹牢在台虎钳左边，锯缝尽量靠近钳口。起锯时，为了防止锯条滑动，可用左手拇指指甲靠稳锯条，起锯角应小于 15°。若起锯角过大，则锯齿容易崩碎。锯割时，锯弓作直线往复运动，右手推进、左手施压。前进时加压，用力要均匀。返回时锯条从加工面上轻轻滑过。锯割的开始和终了压力都要小。锯割速度不宜太快,对硬材料锯割速度更要慢些。锯缝歪斜时,不可强扭,应将工件转 180°后重新再锯。锯条要用全长工作,以免中间部分被迅速磨钝。锯割方法如图 11-13 所示。

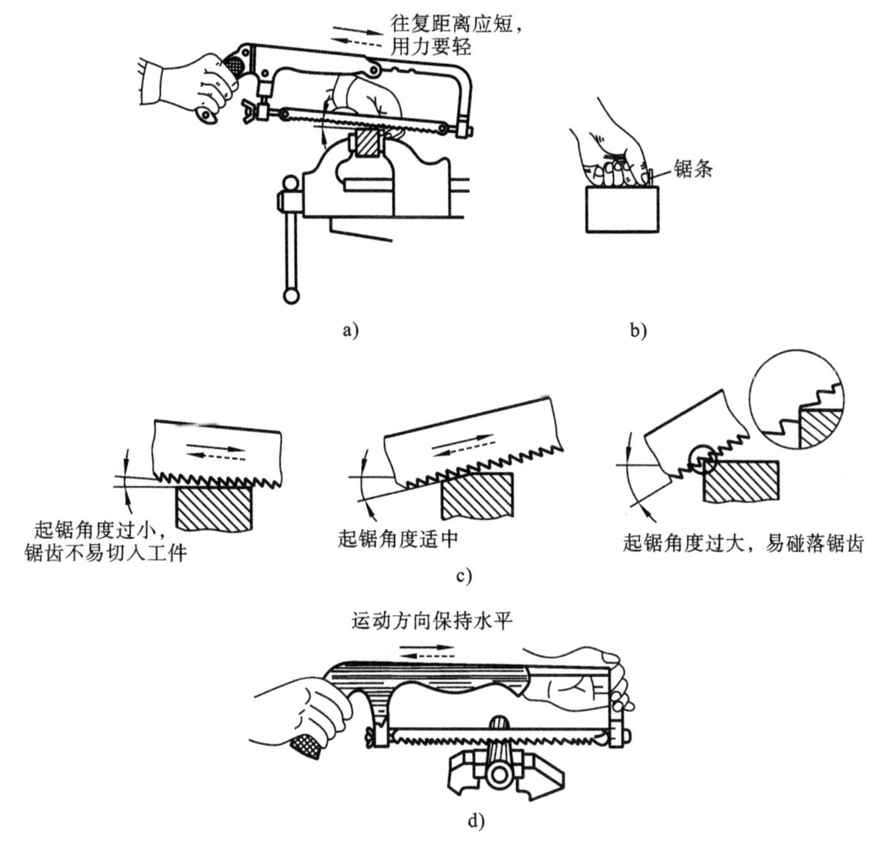

图 11-13 锯割方法

a) 起锯姿势 b) 用拇指指甲引导锯条切入 c) 起锯角小于 15° d) 锯割姿势

11.4 锉削

用锉刀对工件进行切削加工的操作称为锉削。锉削是钳工的主要操作之一,常安排在錾削和锯割之后。锉削可用于加工平面,曲面,内、外圆弧面及其他复杂表面。锉削加工尺寸公差等级可达 IT8~IT7,表面粗糙度值 Ra 可达 1.6 μm。在部件装配或机器装配时还用于修整工件。

1. 锉刀

锉刀一般用碳素工具钢制造。锉刀刀齿一般是用剁齿机剁成并经热处理淬硬。齿纹交叉排列,形成许多小齿,容易断屑和排屑,锉削时较为省力。

按 10 mm 长度范围内齿纹条数的多少,可将锉刀分为粗锉、中锉、细锉和油光锉等四类。粗锉刀用于锉削加工余量大的工件或锉软金属。中锉刀用于粗锉后的加工。细锉刀用于加工余量小、对表面粗糙度要求高的工件。油光锉用于精加工。

锉刀的大小以工作部分的长度表示,有 100 mm、150 mm、200 mm、250 mm、300 mm 等规格。

常用的锉刀分为钳工锉和整形锉(什锦锉)两类。

钳工锉刀有长方形、方形、圆形、半圆形以及三角形等各种截面形状,分别应用在不同场合,如图 11-14 所示。整形锉很小,形状也很多,通常是 10 把一组,用于修整精密细小的零件。

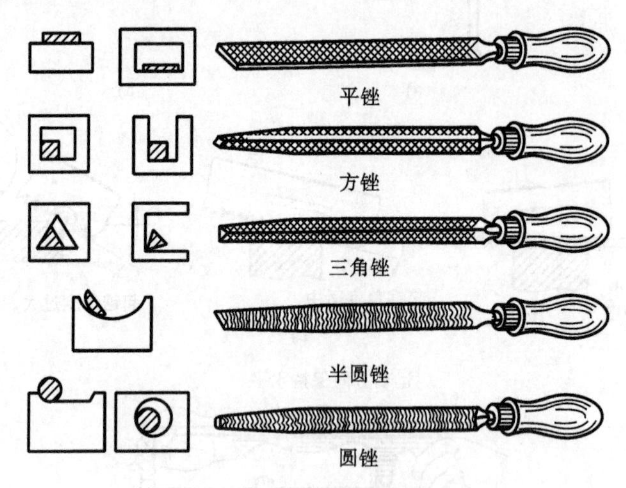

图 11-14　钳工锉的种类和应用

2. 锉削方法

锉削时,必须正确掌握锉刀的握法和施力的方法。一般是右手握锉柄,左手压锉刀。根据锉刀大小和使用场合,有不同的姿势。图 11-15 所示的是较大锉刀的握法,

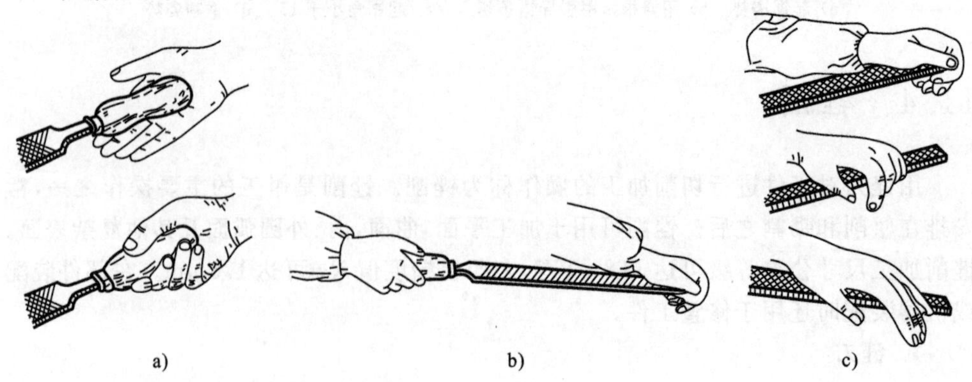

图 11-15　大锉刀的握法

a) 右手握法　b) 两手握锉姿势　c) 左手握法

图 11-16 所示的为中、小型锉刀的握法。

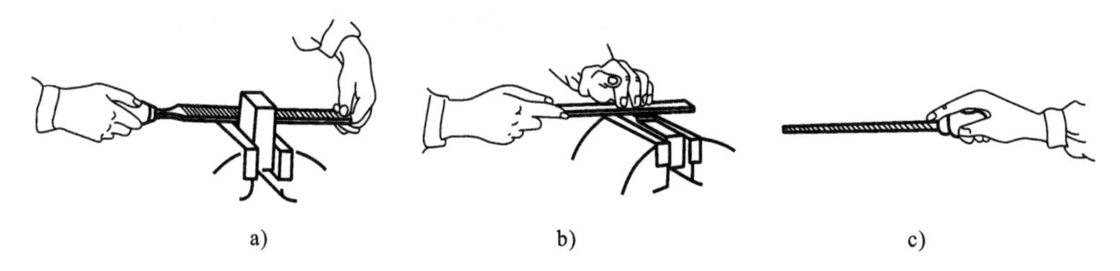

图 11-16 中、小型锉刀的握法

a) 中型锉刀握法 b) 小型锉刀握法 c) 最小型锉刀握法

锉刀推进时，应保持在水平面内运动，两手施力的变化如图 11-17 所示。返回时，不加压力，以减少齿面磨损。如两手施力不变，则开始时刀柄会下偏，而在锉削终了时前端又会下垂，结果会锉成两端低、中间凸的鼓形表面。

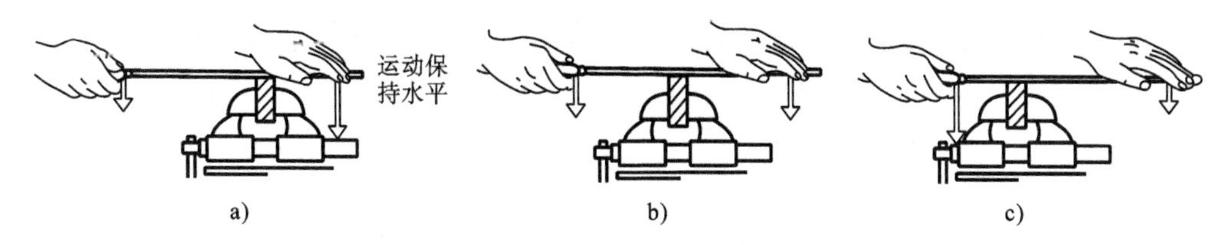

图 11-17 锉削施力的变化

a) 开始位置 b) 中间位置 c) 终了位置

锉削的基本方法有顺向锉、交叉锉和推锉三种，如图 11-18 所示。

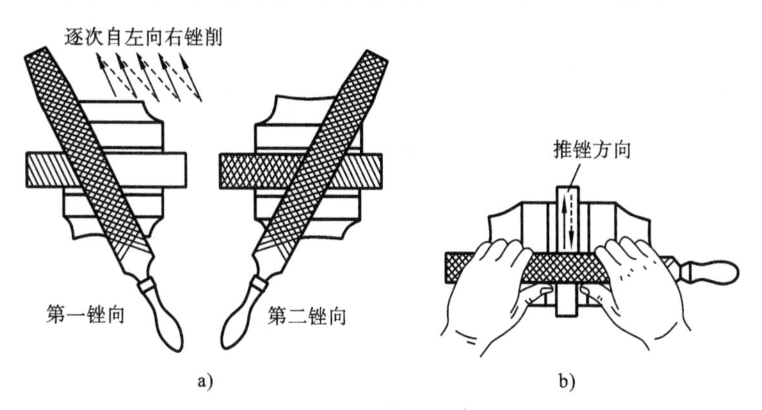

图 11-18 交叉锉和推锉

a) 交叉锉 b) 推锉

顺向锉是锉刀始终沿其长度方向锉削，一般用于最后的锉平或锉光。交叉锉是先沿一个方向锉一层，然后再转 90°锉平。交叉锉切削效率较高，锉刀也容易稳定掌握。加工余量较大时，最好先用交叉锉法锉削。推锉时锉刀的运动方向与其长度方向相垂直。当工件表面基本锉平、余量很小时，为了降低工件表面粗糙度和修正尺寸，用推锉法较好。推锉法尤其适用于锉削较窄的表面。

工件锉平后可用各种量具检查尺寸和形状精度，如图 11-19 所示的是用 90°角尺检查的情况。

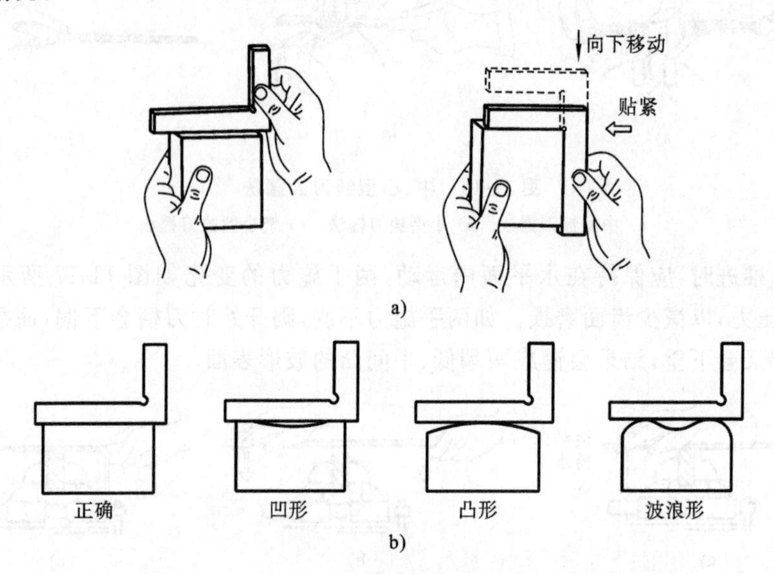

图 11-19　用 90°角尺检查不直度、不平度和直角

a）检查方法　b）检查结果

锉削是钳工操作的精加工工序，操作时须仔细认真。合理装夹工件，正确选择锉刀，都有利于保证和提高工件的加工质量。锉削时，必须注意安全操作，如锉刀必须装柄才能使用，不用手摸工件表面和锉刀刀面，锻件、铸件表面的氧化皮和黏砂不得用锉刀敲打，锉刀刀齿堵塞时应用钢丝刷顺着齿纹方向刷除等。

11.5　钻孔

用麻花钻在实心材料上加工孔的操作称为钻孔。钳工中的钻孔多用于装配和修理，也是攻螺纹前的准备工作。

1. 麻花钻

麻花钻是钻孔的主要工具，其外形如图 11-20 所示。直径 D 小于 12 mm 的一般是直柄钻头，大于 12 mm 的为锥柄钻头。

麻花钻的工作部分包括导向和切削两部分。切削部分上的两条切削刃担负着切削工作。为了保证孔的加工精度，两切削刃的长度及其与轴线的交角应相等，图 11-21所示的为两切削刃刃磨不正确时钻孔的情况。若两切削刃角度不等，则一边刃切得多，另一边刃切得少，因而孔钻得过大；若两切削刃角度相等但长度不等，则同样是孔钻得过大，甚至折断钻头。

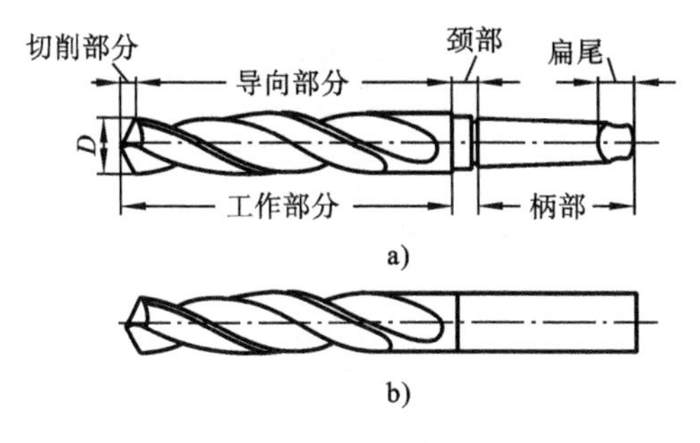

图11-20　麻花钻

a) 锥柄　b) 直柄

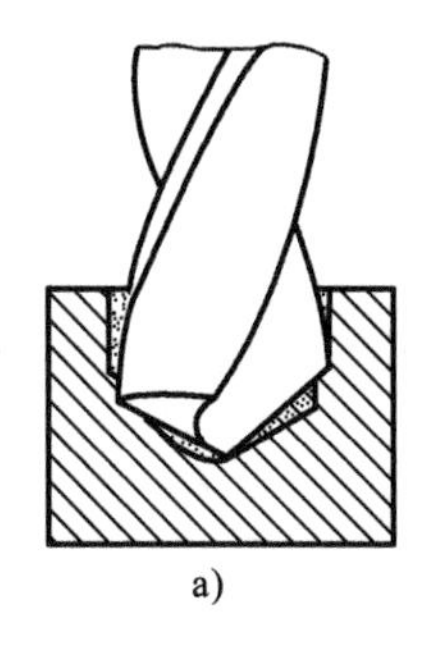
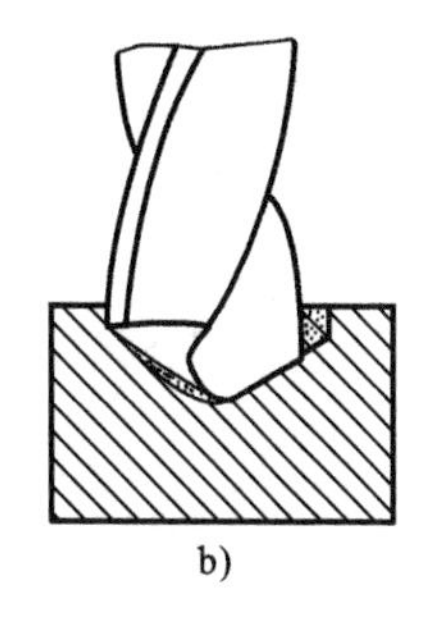

图11-21　切削刃刃磨不正确时钻孔的情况

a) 两切削刃角度不等　b) 角度相等，但长度不等

2. 钻床

钳工钻孔一般在台式钻床或立式钻床上进行，当工件笨重或钻孔部位受到限制时，也常使用手电钻钻孔。台式钻床（简称台钻）如图11-22所示。它由主轴架、主轴、立柱和底座等部分组成。

台钻各部分的功用如下。

① 主轴架前端装主轴，后端安装电动机。主轴和电动机之间用V带传动。

② 主轴是钻床的主要部件。主轴下端有锥孔，用于安装钻夹头。钻夹头是装夹直柄钻头的工具。主轴转速可以通过改变V带在带轮上的位置来调节。扳转进给手柄，能使主轴向下移动，实现进给运动。

③ 立柱用于支持主轴架，松开锁紧手柄，可根据工件高低，调节主轴的上下位置。

④ 底座用于支承台钻所有部件，也是装夹工件的支承台。

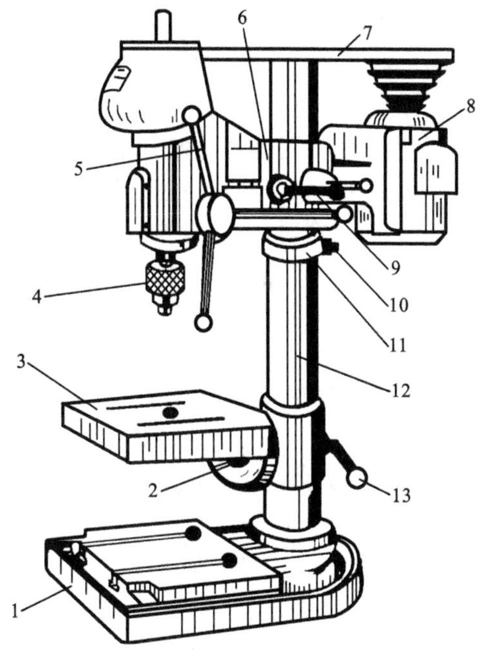

图11-22　台式钻床

1—底座　2,10—锁紧螺钉　3—工作台　4—钻头夹　5—钻头进给手柄　6—主轴架　7—V带　8—电动机　9,13—锁紧手柄　11—定位环　12—立柱

3. 钻孔方法

钻孔前，工件要划线定心。在工件孔的位置划出孔径圆和检查圆，并在孔径圆周上和中心处冲出小坑，如图11-23所示。

根据工件孔径大小选择合适的钻头。检查钻头主切削刃是否锋利和对称，如不合要求，则应认真修磨。装夹时，先轻轻夹住，开车检查是否偏摆，若有摆动，则停车纠正，最后用力夹紧。

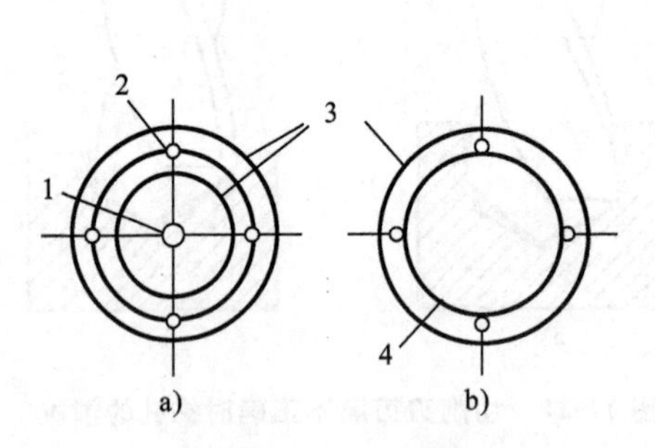

图 11-23　钻孔前准备

a) 钻孔前　b) 钻孔后

1—中心样冲眼　2—检查样冲眼

3—检查圆　4—钻出的孔

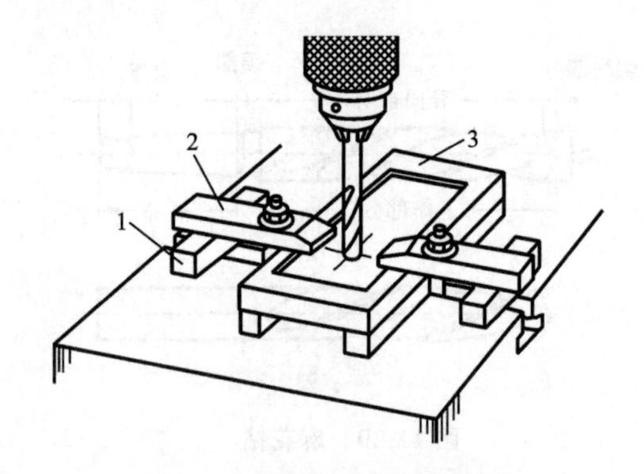

图 11-24　钻孔时工件的装夹

1—垫块　2—压板　3—工件

对于大小不同的工件,可用不同的装夹方式。一般可用手虎钳、平口钳、台虎钳装夹。在圆柱面上钻孔时,应放在 V 形铁上进行。较大工件可用压板螺钉直接装夹在机床工作台上。钻孔时工件的装夹方式示例如图 11-24 所示。

钻孔时,先对准样冲眼试钻一浅坑,如有偏位,可用样冲重新冲孔矫正,也可以用錾子錾出几条槽来加以矫正。钻深孔时,钻头必须经常退出排屑和冷却。进给速度要均匀,将钻穿时,进给量要减小。钻韧性材料时要加切削液。

为了操作安全,钻孔时身体不要贴近主轴,不得戴手套,手中也不允许拿棉纱。切屑要用毛刷清理,不能用手抹或嘴吹。钻通孔时,工件下面要垫上垫块或把钻头对准工作台空槽。工件要注意夹牢。更换钻头时,必须等主轴停止转动后才能进行。松紧夹头要用专用扳手,不能用锤敲打。

11.6　攻螺纹和套螺纹

用丝锥加工内螺纹的方法称为攻螺纹,用板牙加工外螺纹的方法称为套螺纹。

1. 丝锥和铰杠

丝锥的结构如图 11-25 所示,它的表面实际上是一段开槽的外螺纹。丝锥的工作部分包括切削部分和校准部分。

切削部分磨成圆锥形,切削负荷分配在几个刀齿上。校准部分具有完整的齿形,用于校准、修光已切出的螺纹,并引导丝锥沿轴向运动。丝锥有三至四条容屑槽,用于排出切屑。丝锥的柄部是方头结构,攻螺纹时用于传递力矩。

手用丝锥一般由两支组成一套,分头锥和二锥。两支丝锥的外径、中径和内径是相等的,只是切削部分的长短和锥角不同。头锥长些,锥角小些,约有六个不完整的牙齿,以便起切。二锥短些,锥角大些,约有两个不完整牙齿。切不通孔时,用两支丝锥交替使用,以便攻螺纹到根部。切通孔时,用头锥能一次完成。螺距大于 2.5 mm

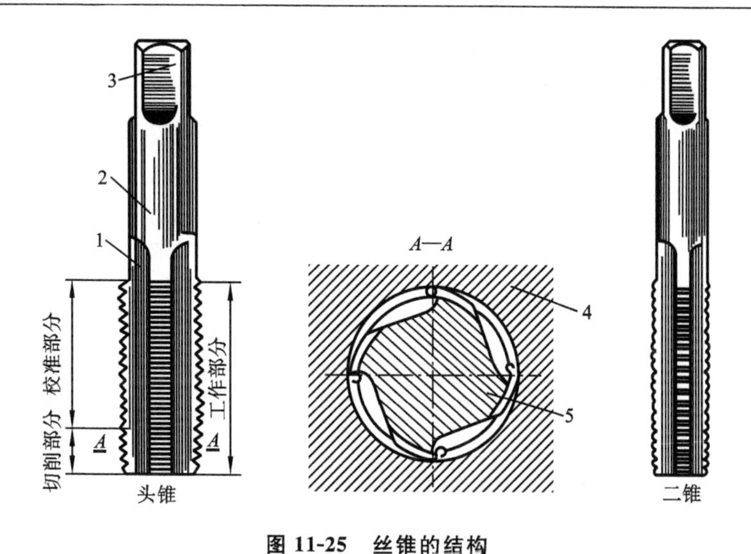

图 11-25　丝锥的结构

1—槽　2—柄　3—方头　4—工件　5—丝锥

的丝锥常制成三支一套。

铰杠是扳转丝锥的工具，如图 11-26 所示。常用的是可调节式，转动右边手柄或调节螺钉，即可调节方孔大小，以便夹持各种不同尺寸的丝锥。铰杠的规格要与丝锥大小相适应。小丝锥不宜用大铰杠，否则丝锥容易折断。

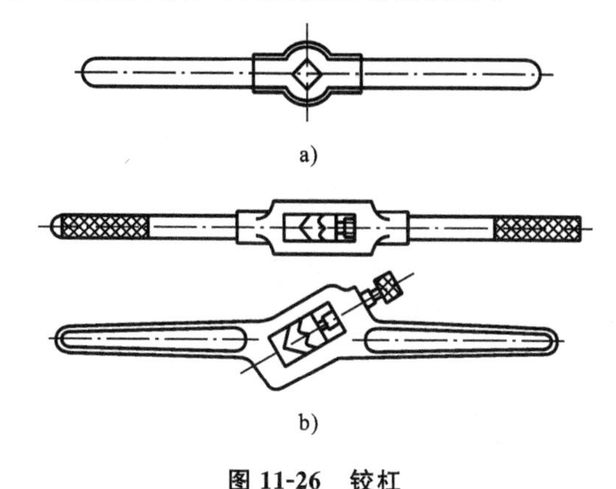

图 11-26　铰杠

a) 固定式铰杠　b) 可调式铰杠

2. 攻螺纹的方法

攻螺纹前必须钻孔。由于丝锥工作时除了切削金属以外，还有挤压作用，因此钻孔的孔径应稍大于螺纹的内径。钻孔用的钻头可按经验公式计算选取。

螺纹螺距 $t \leqslant 1.5$ mm 时，钻头直径 $d_z = d - t$；

螺纹螺距 $t > 1.5$ mm 时，钻头直径 $d_z = d - (1.04 \sim 1.08)t$。

其中 d 为螺纹直径。

攻部分普通螺纹前钻孔用的钻头直径如表 11-1 所示。

表 11-1 钻普通螺纹底孔的钻头直径 (单位:mm)

螺纹直径	螺距	钻头直径
2	0.4	1.6
3	0.5	2.5
4	0.7	3.3
5	0.8	4.2
8	1.25	6.7
10	1.5	8.5
12	1.75	10.2
14	2	11.9
16	2	13.9
20	2.5	17.4
24	3	20

钻不通螺纹孔时,由于丝锥不能切到底,所以钻孔深度要大于螺纹长度,其大小按下式计算:

$$孔的深度=要求的螺纹长度+0.7d_0$$

式中 d_0——螺纹外径。

攻螺纹时,将丝锥头部垂直放入孔内,左手握住手柄,右手握住铰杠中间,适当加压,食指和中指夹住丝锥,并沿顺时针转动,待切入工件 1～2 圈后,用目测或直尺校准垂直度,然后继续转动,直至切削部分全部切入,再用两手平衡转动铰杠,不加压力旋到底。为了避免切屑过长而缠住丝锥,每转 1～1.5 周后要轻轻倒转 1/4 周,以便断屑和排屑。在钢料上攻螺纹时要加浓乳化液或机油,在铸铁件上攻螺纹一般不需加切削液,但若对螺纹表面粗糙度要求较高,可加些煤油。

3. 板牙和板牙架

板牙形状和螺母相似,只是靠近螺纹外径处钻了几个排屑孔,并形成切削刃,如图 11-27a 所示。圆板牙的外圆表面有四个锥坑,两个锥坑用来将板牙夹持在板牙架

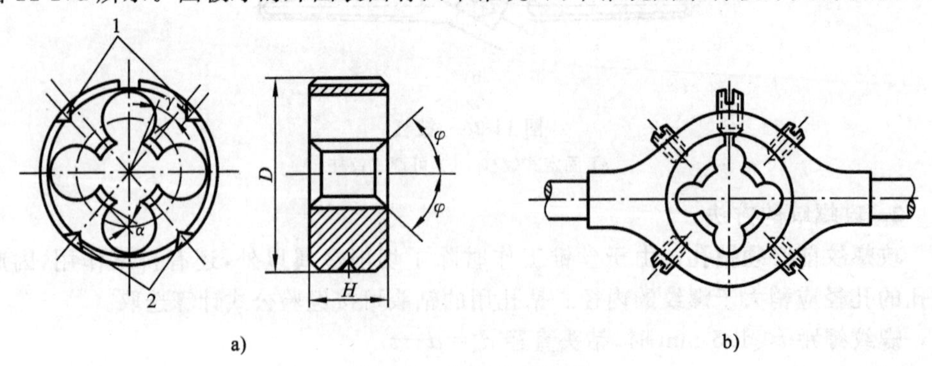

图 11-27 板牙和板牙架

a) 板牙 b) 板牙架

1—调整螺钉的尖坑 2—装卡螺钉的尖坑

内，以传递扭矩，另外两个锥坑相对板牙中心有些偏斜，当板牙磨损后可沿板身V形槽锯开，拧紧铰杠上的调整螺钉，使板牙螺纹孔的尺寸作微量缩小，以补偿尺寸磨损。板牙两端带有2φ锥角的部分是切削部分，中间一段是校准部分。

板牙架的外形结构如图11-27b所示。板牙安装在板牙架的圆孔内，四周有固定螺钉。为了减少板牙架的数目，在一定的螺纹直径范围内，板牙的外径相等。

4. 套螺纹的方法

套螺纹（见图11-28）和攻螺纹一样，套螺纹时工件材料将因受到挤压而凸出，所以圆杆的直径应比螺纹外径小0.2～0.4 mm，也可以由经验公式计算：

$$d_g = d - 0.13t$$

式中 d_g——圆杆直径；

d——螺纹外径；

t——螺纹螺距。

套螺纹前，圆杆端头要倒角。倒角要超过螺纹全深，即圆杆小端直径小于螺纹的内径。套螺纹时，板牙端面要与工件圆柱面垂直。开始转动板牙架时，要稍加压力，当板牙已进入圆杆后，就不再用力，只要均匀旋转就可。为了断屑，需时常倒转。套钢螺纹时要加切削液，以提高工件质量和延长板牙寿命。

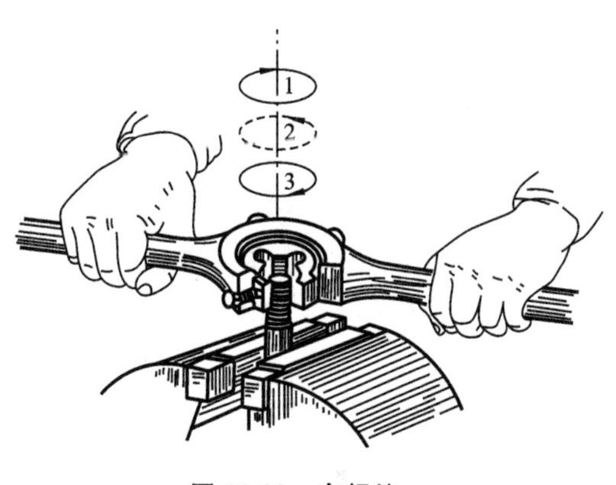

图11-28 套螺纹

11.7 装配

按照规定的技术要求，将零件装成机器的生产过程称为装配。装配是制造机器的重要阶段。装配质量的好坏对机器的性能和使用寿命影响很大。

装配过程一般可分为组件装配、部件装配和总装配等三类：将零件连接组合成为组件的过程称为组件装配；将组件、零件连接组合成独立的机构（部件）的过程称为部件装配；将部件、组件和零件连接组合成为整台机器的过程称为总装配。

1. 典型零件装配

(1) 紧固零件装配 紧固连接分为可拆连接与不可拆连接两类。可拆连接有螺栓连接、键连接、销连接等，不可拆连接有铆接、焊接、胶接、过盈配合连接等。

用螺栓、螺母连接零件时，要求各贴合表面平整光洁，须将其清洗干净，然后选用合适尺寸的旋具或扳手旋紧。松紧程度必须合适。如果用力太大，则会出现螺栓被拉长或断裂、螺纹面被拉坏或滑牙等状况，使机件变形；如果用力太小，则不能保证机器工作时的稳定性和可靠性。如果要旋紧四个以上成组螺母，则必须按照一定的顺序进行，如图11-29所示为正确的旋紧顺序。每个螺母旋紧一遍后，再进一步依次旋紧，使每个螺栓受力均匀，而不至于出现个别螺栓过载的情况。

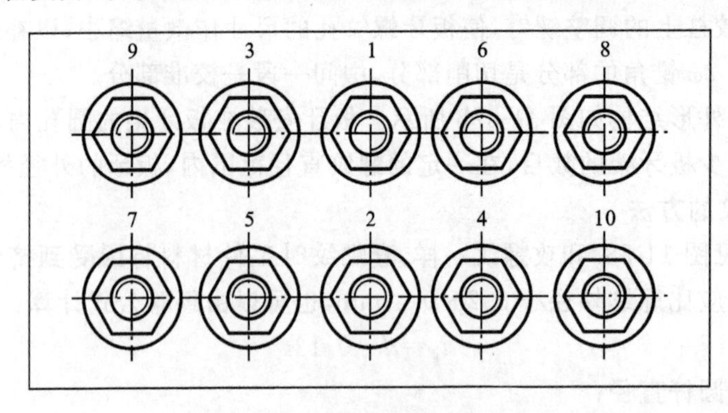

图 11-29　成组螺母旋紧顺序

用平键连接时，键与轴上键槽的两侧面应留一定的过盈量。装配前，先去毛刺、配键，洗净加油，再将键轻轻敲入槽内并与底面接触，然后试装轮子。轮毂上的键槽若与键配合过紧，则可修整键槽，但不能有松动。键的顶面与槽底间应留有间隙。

用铆钉连接零件时，要在被连接的零件上钻孔，插入铆钉，用顶模支持铆钉的一端，另一端用锤子敲打，如图 11-30 所示。

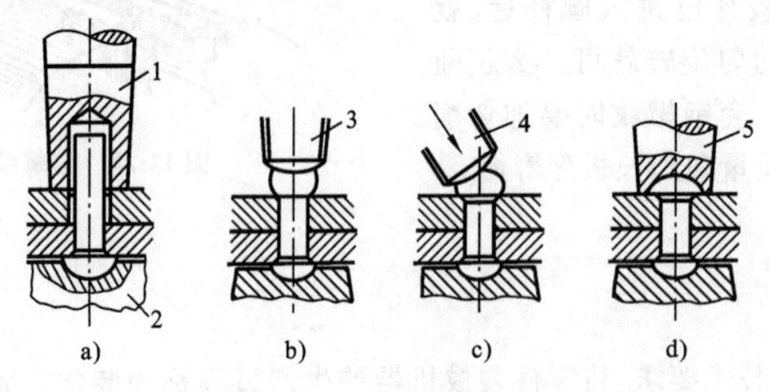

图 11-30　铆接过程

a) 定位　b) 镦粗　c) 修整　d) 模压

1—镦紧工具　2—顶模　3,4—锤子　5—罩模

(2) 滑动轴承装配　滑动轴承分为轴瓦和轴套两种结构。装配前都应修毛刺，清洗加油，并注意轴承加油孔的工作位置。

轴瓦是可拆轴承。装配时，在轴瓦的对合面上垫以木块，然后用手锤轻轻敲打，使它的外表面与轴承座和盖紧密贴合。

轴套是整体轴承。装配时，根据轴套的尺寸和工作位置，可用锤子或压力机将其压入轴承座内，如图 11-31 所示。其中，图 11-31a 所示的是用垫板和手锤将轴套直接敲入的方法，图 11-31b 所示的是用导向套引导的方法，图 11-31c 所示的是用心轴导向的方法。

(3) 滚珠轴承装配　滚珠轴承也是用手锤或压力机压装的。但轴承结构不同，

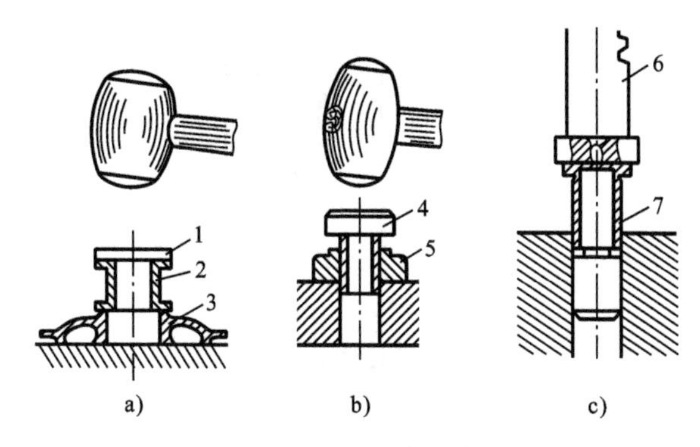

图 11-31 滑动轴承装配

a）直接压入 b）用导向套压入 c）用心轴压入

1,4—垫板 2—轴套 3—机体 5—导向套 6—压力机构冲压杆 7—心轴

其安装方法也有所区别。若将轴承装在轴上，要加力于内圈端面，如图 11-32a 所示；若要压到基座孔中，则所加力要作用在外圈端面，如图 11-32b 所示；若要同时压到轴上和基座孔中，则所加力应作用在内、外圈端面，如图 11-32c 所示。若要求配合很紧，则可把轴承放在 80～90 ℃的机油中加热，然后套入轴中。热套法装配质量较好，应用较广。

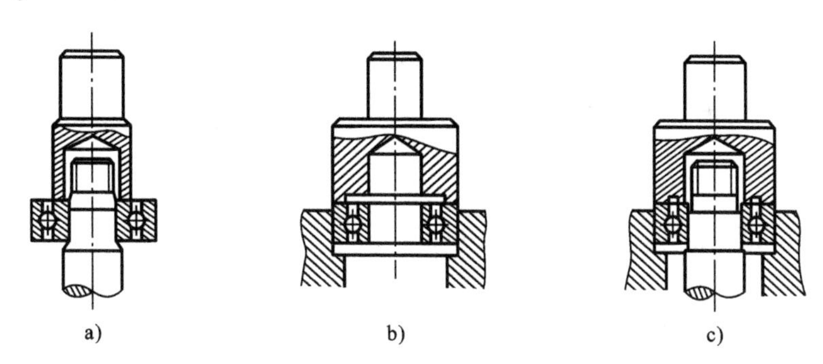

图 11-32 滚珠轴承装配

a）内圈受装配力 b）外圈受装配力 c）内、外圈都受装配力

2. 部件装配举例

如图 11-33 所示的是拉紧轮部件，它的装配顺序如下：

① 在轴端压入滚珠轴承；

② 将推力套筒压在轴承上；

③ 在拉紧轮的油封槽中放进油封毡；

④ 将带有轴承和推力套筒的轴装入拉紧的轮毂中；

⑤ 用螺栓和螺母及弹簧垫圈将轴承盖连接在拉紧轮上，并将轴承外圈压紧；

⑥ 在轴尾部套上垫圈、角铁，并用螺母固紧。

装配过程中要注意零件安装是否正确，有无遗漏。装配后要进行检验。

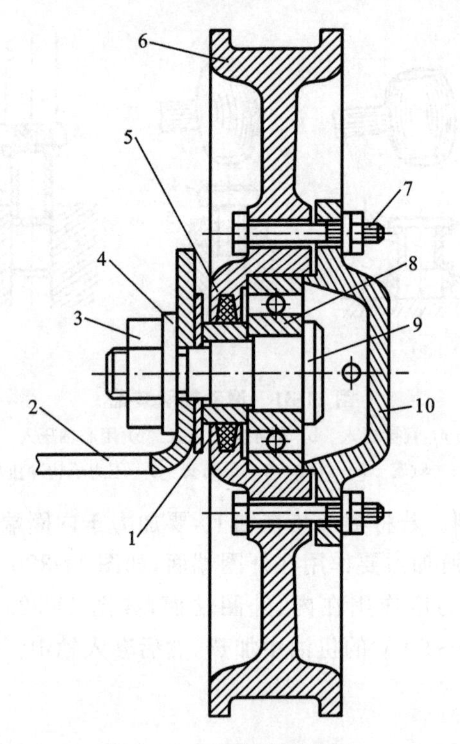

图 11-33　拉紧轮的装配

1—推力套筒　2—角铁　3—螺母　4—垫圈　5—油封
6—拉紧轮　7—螺栓　8—轴承　9—轴　10—轴承盖

11.8　加工实训:锤子的加工

图 11-34 所示为锤子,其加工步骤如下。

① 下料　用 T8 钢(或 45 钢)ϕ32 mm 的棒料,锯下长度约为 118 mm 一段,如图 11-35 所示。

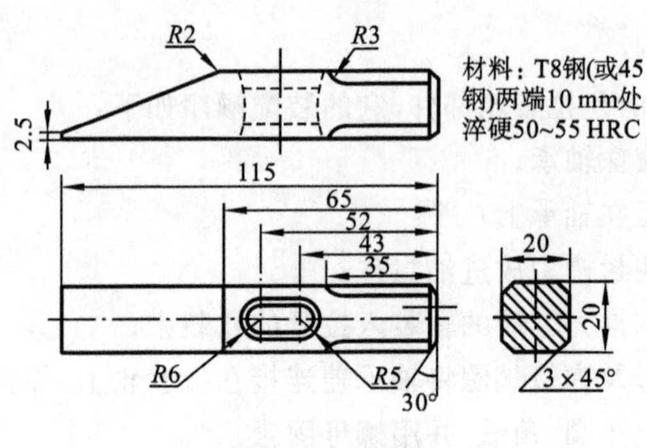

图 11-34　锤子

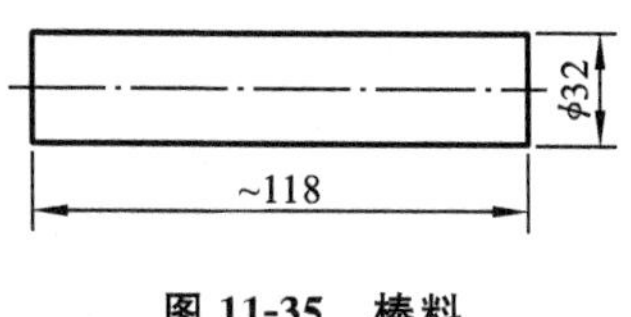

图 11-35　棒料

② 锻四面　锻造四方 20 mm×20 mm，四面要求平直，相互垂直，截面成正方形，如图 11-36 所示。用刀口尺和 90°角尺检查。

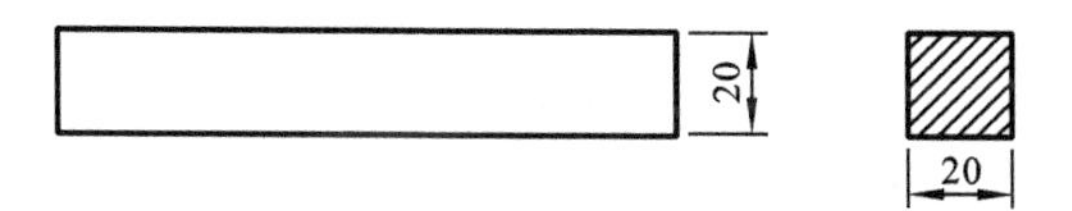

图 11-36　锻造后的正方形截面工件

③ 锉平端面并划线　将一个端面锉平，工件以纵向平面和锉平的端面定位，按图 11-37 所示尺寸划线。为防止所划的线被擦掉或模糊，在划出的线上打上样冲眼。

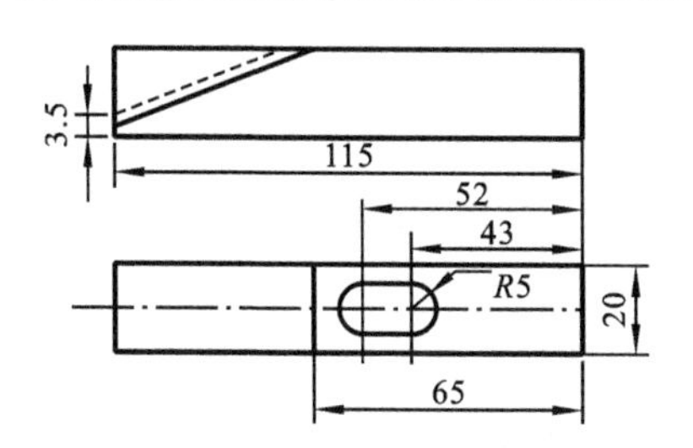

图 11-37　锉平端面并划线后的工件

④ 锯斜面　将工件夹在虎钳上，按所划的斜面线，留 1 mm 左右的锉削余量，锯下多余部分。

⑤ 锉斜面　锉平斜面，在斜面与平面交接处用 $R2$ 圆锉锉出过渡圆弧，把斜面端部锉至总长为 115 mm，如图 11-38 所示。

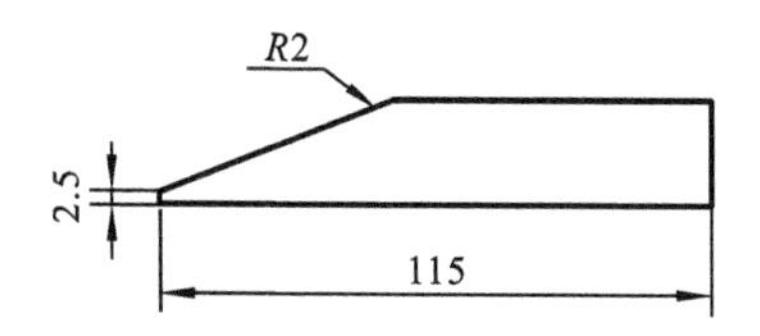

图 11-38　锉平斜面后的工件

⑥ 钻孔　按划线在 $R5$ 中心孔处钻两个 ϕ10 mm 的孔，如图 11-39 所示。

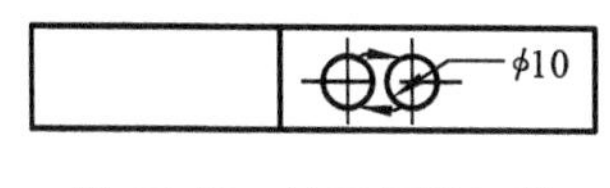

图 11-39　钻孔后的工件

⑦ 锉长形孔和倒角　用小圆锉及整形锉锉长形孔和 $R6$ 倒角，如图 11-40 所示。

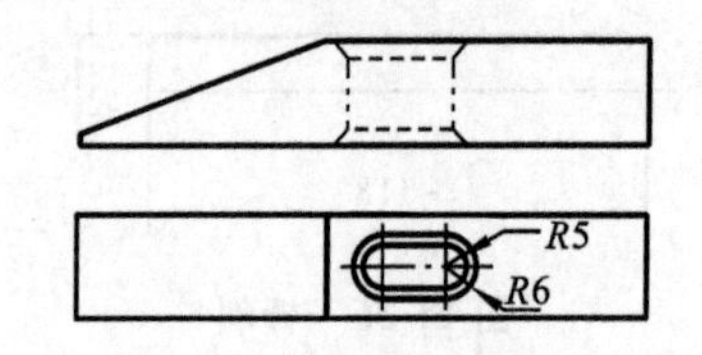

图 11-40　锉孔及倒角后的工件

⑧ 锉 30°和 3×45°倒角　倒角交接处用 $R3$ 圆锉锉出圆弧过渡，如图 11-41 所示。

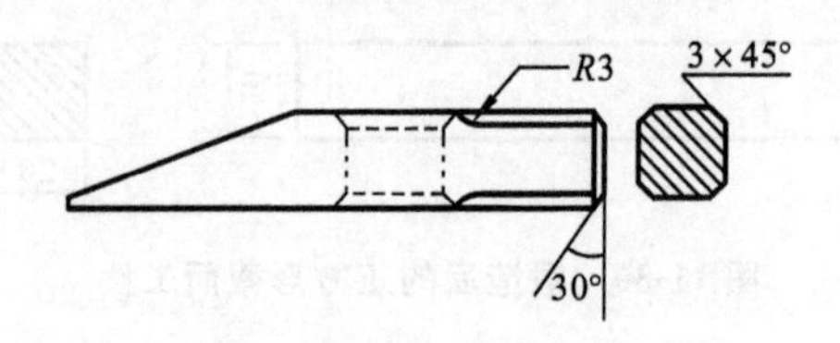

图 11-41　锉倒角和过渡圆弧后的工件

⑨ 修光　用圆锉和砂纸修光各面。

⑩ 淬火　两端面局部淬火。

复习思考题

1. 怎样选择锯条？锯齿崩落和锯条折断的原因有哪些？
2. 怎样选择锉刀？锉平面时产生凸面的原因是什么？如何避免产生凸面？
3. 用大小不同的钻头钻孔时，钻头的转速和进给量有何不同？为什么？
4. 怎样操作才能使攻出的螺纹孔垂直和光洁？
5. 套螺纹前圆杆直径如何确定？为什么要倒角？

第12章　数控加工

本章重点　数控加工的基础知识，数控机床的运动、结构和工作特点，工件装夹和定位、刀具结构与加工质量的基本概念，采用数控编程加工简单型面的方法。

学习方法　先进行集中讲课，然后进行现场教学，最后按照要求，让学生进行数控加工平面、外圆面和成形面的操作训练。也可以讲课与训练穿插进行，并让学生按教材中的要求将现场教学和操作中的内容填写入相应的表格，并回答相应的问题。

12.1　数控机床

采用代码化的数字将刀具移动轨迹的信息记录在介质上，然后送入数控装置，经过译码、运算控制机床的刀具与工件的相对运动，加工出所需要的工件的一类机床称为数控机床。

数控机床是为了解决单件、小批、特别是具有复杂型腔和表面的零件的自动化加工并保证质量要求而产生的。1952年，美国PARSONS公司与麻省理工学院(MIT)合作研制了第一台三坐标数控铣床。从该铣床诞生到现在的半个多世纪中，数控技术的发展非常迅速，几乎所有种类的机床都实现了数控化。数控机床的应用领域已从航空工业部门逐步扩大到汽车、造船、机床、建筑等民用机械制造行业中。此外，数控技术也在绘图机械、坐标测量机、激光与火焰切割机等机械设备中得到了广泛的应用。数控机床已经成为组成现代机械制造生产系统，实现设计(CAD)、制造(CAM)、检验(CAT)与生产管理等全部生产过程自动化的基本设备。发展数控机床的生产已成为目前机床行业的目标。

1. 数控机床的特点

① 数控机床可以提高零件的加工精度，稳定产品的质量。因为数控机床是按照预定的加工程序自动进行加工的，加工过程中消除了人为的操作误差，所以零件加工的一致性好，而且对加工误差还可以利用软件来进行校正及补偿，因此，可以获得比机床本身精度还要高的加工精度及重复精度。

② 数控机床可以完成普通机床难以完成或根本不能完成的复杂曲面零件的加工，因此数控机床在宇航、造船、模具等加工业中得到了广泛应用。

③ 与普通机床相比，数控机床的生产效率可以提高三至四倍，尤其在对某些复杂零件的加工上，生产效率可提高十几倍甚至几十倍。

④ 可以实现一机多用。一些数控机床可将几种普通机床的功能(如钻、镗、铣)合在一起,加上具有由刀具自动交换系统构成的加工中心,如果能配置数控转台或分度转台,则可以实现一次安装、多面加工,这时一台数控机床可代替五至七台普通机床,并节省了厂房面积。

⑤ 采用数控机床有利于向计算机控制与管理方面发展,为实现生产过程自动化创造了条件。

2. 数控机床的工作原理

在数控机床上加工零件时,首先应编制零件的加工程序,程序是数控机床的工作指令。其工作原理是:将加工程序输入数控装置,再由数控装置控制机床主运动的变速、启停,控制进给运动的方向、速度和位移以及刀具选择交换、工件夹紧松开和切削液的开或关等动作,使刀具与工件及其他辅助装置严格地按照加工程序规定的顺序、轨迹和参数进行工作,从而加工出符合要求的零件。

3. 数控机床的组成

根据上述工作原理,数控机床的组成如图 12-1 所示。

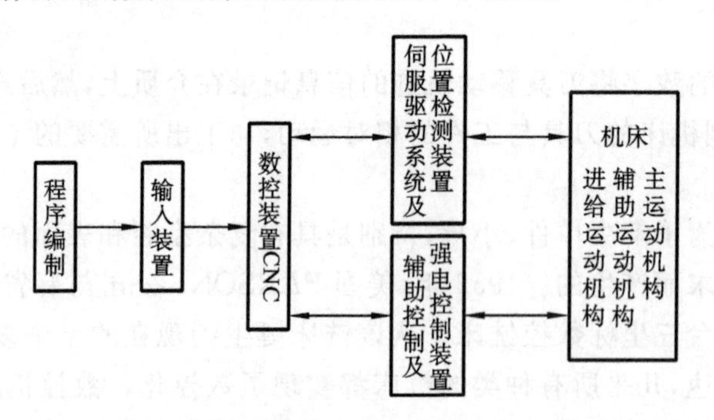

图 12-1　数控机床的组成

(1) 程序编制及程序载体　数控程序是数控机床自动加工零件的工作指令,它记载着各种加工信息(如零件加工的工艺过程、工艺参数,有关位移数据等),以控制机床的运动,实现零件的机械加工。编制程序的工作可由人工进行,或者在数控机床以外用自动编程计算机系统来完成,比较先进的数控机床,可以在它的数控装置上直接编程。

编好的数控程序存放在一种存储载体上,它可以是纸带、磁盘等,采用哪一种存储载体,取决于数控装置的设计类型。

(2) 输入装置　输入装置的作用是将程序载体上的数控代码变成相应的电脉冲信号,传送并存入数控装置内。根据程序存储介质的不同,输入装置可以是光电阅读机、录音机或软盘驱动器等。有些数控机床不用任何程序存储载体,而是将数控程序的内容通过数控装置上的键盘,用手工方式(MDI 方式)输入,或者由编程计算机用通信方式将数控程序传送到数控装置上。

(3) 数控装置及强电控制装置　数控装置是数控机床的核心。它的功能是接收插入装置输入的加工信息,经过数控装置的系统软件或逻辑电路进行译码、运算和逻辑处理后,发出相应的脉冲并送给伺服系统,使控制机床的各个运动部件按规定要求动作。

强电控制装置是介于数控装置和机床机械、液压部件之间的控制系统。其主要作用是接收数控装置输出的主运动变速、刀具选择交换、辅助装置动作等指令信号,经过必要的编译、逻辑判断、功率放大后直接驱动相应的电器、液压、气动和机械部件,以完成指令所规定的动作。此外,还有开关信号经它送到数控装置中进行处理。

(4) 伺服驱动系统及其位置检测装置　伺服系统由伺服驱动电动机和伺服驱动装置组成,它是数控系统的执行部分。机床上的执行部件和机械传动部件组成数控机床的进给系统,该系统根据数控装置发来的速度和位移指令控制执行部件的进给速度、方向和位移量。每个进给运动的执行部件都配有一套伺服系统。伺服系统有开环、闭环和半闭环之分,在闭环和半闭环伺服系统中,还需配备位置测量装置,用于直接或间接测量执行部件的实际位移量。

(5) 机床本休及机械部件　数控机床的本体及机械部件包括主运动部件,进给运动执行部件,如工作台、刀架及其传动部件等,以及床身、立柱等支承部件,此外还有冷却、润滑、转位和夹紧等辅助装置。对于加工中心类的数控机床,还有存放刀具的刀库,交换刀具的机械手等部件。数控机床的本体和机械部件的设计方法基本与普通机床相同,只是在精度、刚度、抗震性等方面要求更高,尤其是要求相对运动表面的摩擦因数更小,传动部件之间的间隙更小,传动结构要求更为简单,而且其传动和变速系统要便于实现自动化控制。

12.2　数控编程的概念及种类

1. 数控编程的概念

把零件的加工工艺路线、工艺参数、刀具的运动轨迹、位移量、切削参数(主轴转数、进给量、背吃刀量等)以及辅助功能(换刀,主轴正转、反转,切削液开、关等),按照数控机床规定的指令代码及程序格式编写成加工程序单,再把这一程序单中的内容记录在控制介质上(如穿孔纸带、磁带、磁盘、磁泡存储器),然后输入数控机床的数控装置中,从而指挥机床加工零件。这种从零件图的分析到编制零件加工程序和制作控制介质的全部过程称为数控编程。

2. 数控编程的步骤

数控编程的步骤一般如图 12-2 所示。

(1) 分析图样,确定加工工艺过程　在确定加工工艺过程时,编程人员要根据图样对工件的形状、尺寸、技术要求进行分析,然后选择加工方案、确定加工顺序、加工路线、装卡方式、刀具及切削参数,同时还要考虑所用数控机床的指令功能,充分发挥机床的效能。加工路线要短,要正确选择对刀点、换刀点,减少换刀次数。

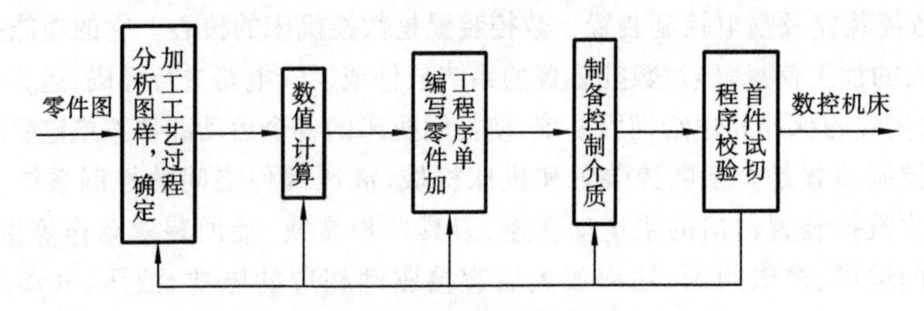

图 12-2　数控编程的步骤

(2) 数值计算　根据零件固有的几何尺寸、确定的工艺路线及设定的坐标系，计算零件粗、精加工各运动轨迹，获得刀位数据。对于点定位控制的数控机床(如数控冲床)，一般不需要计算，只是当零件图样坐标系与编程坐标系不一致时，才需要对坐标进行换算。对于形状比较简单的零件(如直线和圆弧组成的零件)的轮廓加工，需要计算出几何元素的起点、终点、圆弧的圆心、两几何元素的交点或切点的坐标值，有的还要计算刀具中心的运动轨迹坐标值。对于形状比较复杂的零件(如非圆曲线、曲面组成的零件)，需要用直线段或圆弧段逼近，根据要求的精度计算出其节点坐标值，一般要用计算机来完成数值计算的工作。

(3) 编写零件加工程序单　根据确定的加工路线、切削用量、刀具号码、刀具补偿、辅助动作及刀具运动轨迹，按照机床数控系统使用的指令代码及程序段格式，编写零件加工程序单，并需校核，检查上述两个步骤的正误。

(4) 制备控制介质　制备控制介质，即把编制好的程序的内容记录在控制介质上，作为数控装置的输入信息。若程序较简单，则可直接通过键盘输入。

(5) 程序校验与首件试切　程序单和制备好的控制介质必须经过校验和试切才能正式使用。通常的方法是将控制介质上的内容输入到数控装置中进行机床的空运转检查。对于平面轮廓工件，可在机床上用笔代替刀具、用坐标纸代替工件进行空运行绘图。对于空间曲面零件，可用木料或塑料工件进行试切，以此检查机床运动轨迹与动作的正确性。在有 CRT 图形显示屏的数控机床上，用模拟刀具与工件切削过程的方法进行检验更为方便，但这些方法只能检验运动是否正确，而不能查出被加工零件的加工精度，因此有必要进行零件的首件试切。利用首件试切方法不仅可查出程序和控制介质是否有错，还可知道加工精度是否符合要求。当发现错误时，应分析错误的性质，或修改程序，或调整刀具补偿尺寸，直到符合图样规定的精度要求为止。

从以上内容来看，作为一名编程人员，不但要熟悉数控机床的结构、数控系统的功能及标准，而且还必须是一名好的工艺人员，要熟悉零件的加工工艺、装夹方法、刀具、切削用量的选择等方面的知识。

3. 数控编程的种类

(1) 手工编程　手工编程就是上面讲到的编程的步骤，即由分析图样、确定工艺过程、数值计算、编写零件加工程序、制备控制介质到程序校验都是由人工完成的。

加工形状简单的零件时，计算比较简单，程序不多，采用手工编程较容易完成，而且经济、及时，因此在点定位加工及由直线与圆弧组成的轮廓加工中，手工编程仍应用广泛。但对于形状复杂的零件，特别是具有非圆曲线、列表曲线及曲面的零件，用手工编程就有一定的困难，出错的概率较大，有的甚至无法编出程序，因此必须用自动编程的方法编制程序。

(2) 自动编程　自动编程即用计算机编制数控加工程序的过程。编程人员只需根据图样的要求，使用数控语言编写出零件加工源程序并送入计算机，由计算机自动地进行数值计算、后置处理，编写出零件加工程序，直至自动穿出数控加工纸带；或将加工程序通过直接通信的方式送入数控机床，指挥机床工作。自动编程的出现使得一些计算烦琐、手工编程困难或无法编程的工序能够实现。

12.3 数控编程的基础知识

12.3.1 数控编程中有关的标准及代码

为了满足设计、制造、维修和普及的需要，在输入代码、坐标系统、加工指令、辅助功能及程序格式等方面，国际上已经形成了两种通用的标准，即国际标准化组织(ISO)标准和美国电子工业学会(EIA)标准。我国机械工业部根据ISO标准制定了《数字控制机床用七单位编码字符》(JB 3050—1982)、《数控机床　穿孔带程序段格式中的准备功能G和辅助功能M的代码》(JB/T 3208—1999)。但是由于各个数控机床生产厂家所用的标准尚未完全统一，其所用的代码、指令及其含义不完全相同，因此，在编制程序时必须按所用数控机床编程手册中的规定进行。

12.3.2 程序的结构与格式

每种数控系统，根据系统本身的特点及编程的需要，都有一定的程序格式。对于不同的机床，其程序的格式也不同。因此编程人员必须严格按照机床说明书的规定格式进行编程。

1. 程序的结构

一个完整的程序由程序号、程序内容和程序结束代码三部分组成。

例如 O 0001

```
N01 G92 X40 Y30;
N02 G90 G00 X28 T01 S800 M03;
N03 G01 X-8 Y8 F200;
N04 X0 Y0;
N05 X28 Y30;
```

N06 G00 X40；

N07 M02；

(1) 程序号　程序号 O 0001 是程序的开始部分，为了区别存储器中的程序，每个程序都要有程序编号，在编号前采用程序编号地址码。如在 FANUC6 系统中，一般采用英文字母“O”作为程序编号地址，而其他系统有的采用“P”、“%”以及“：”等。

(2) 程序内容　程序内容 N02 至 N07 部分是整个程序的核心，它由许多程序段组成，每个程序段由一个或多个指令构成，它表示数控机床要完成的全部动作。

(3) 程序结束代码　程序结束指令 M02 或 M30 作为程序结束代码，用来结束整个程序。

2. 程序段格式

零件的加工程序是由程序段组成的，每个程序段由若干个数据字组成，每个字是系统的具体指令，它是由表示地址的英语字母、特殊文字和数字集合组成的。

程序段格式是指一个程序段中的字、字符、数据的书写规则，通常有以下三种格式。

(1) 字-地址程序段格式　字-地址程序段格式是由语句号字、数据字和程序段结束字组成的。各字前有地址，各字的排列顺序要求不严格，数据的位数可多可少，不需要的字以及与上一程序段相同的续效字可以不写。该格式的优点是程序简短、直观且容易检验、修改，故该格式在目前被广泛使用。

字-地址程序段格式如下：

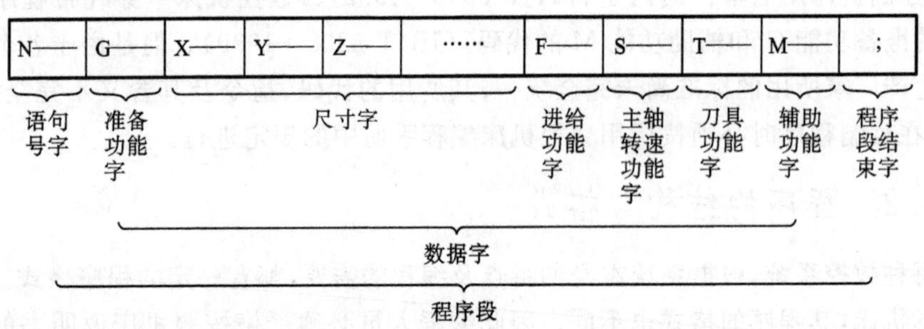

例如：　N20　G01　X25　Y－36　F100　S300　T02　M03；

程序段内各字的说明如下。

① 语句号字　它用以识别程序段的编号，N20 表示该语句的语句号为 20。

② 准备功能字(G 功能字)　它是使数控机床做某种操作的指令，用地址 G 和两位数字来表示。

③ 尺寸字　它由地址码、“＋”、“－”号及绝对值(或增量)的数值构成。尺寸字的地址码有 X、Y、Z、U、V、W、P、Q、R、A、B、C、I、J、K、D、H 等。

例如：　X20 Y－40

尺寸字的“＋”可省略。

表示地址码的英文字母的含义如表12-1所示。

表12-1　地址码中英文字母的含义

地址码	意义
O、P	程序号、子程序号
N	程序段号
X、Y、Z	*X*、*Y*、*Z*方向的主运动
U、V、W	平行于*X*、*Y*、*Z*坐标的第二坐标
P、Q、R	平行于*X*、*Y*、*Z*坐标的第三坐标
A、B、C	绕*X*、*Y*、*Z*坐标的转动
I、J、K	圆弧中心坐标
D、H	补偿号指定

④ 进给功能字　它表示刀具中心运动时的进给速度。它由地址码F和后面若干位数字构成。这个数字的单位取决于每个数控系统所采用的进给速度的指定方法。例如，F100表示进给速度为100 mm/min，有的也以F * * 表示，其后两位既可以是代码也可以是进给量的数值。具体内容见所用数控机床编程说明书。

⑤ 主轴转速功能字　它由地址码S和在其后面的若干位数字组成，例如，S800表示主轴转速为800 r/min。

⑥ 刀具功能字　它由地址码T和若干位数字组成。刀具功能字的数字是指定的刀号。数字的位数由所用系统决定。例如，T08表示第八号刀。

⑦ 辅助功能字(M功能)　它表示一些机床辅助动作的指令，用地址码M和后面两位数字表示，从M00～M99共100种。

⑧ 程序段结束字　程序段结束字写在每一程序段之后，表示程序结束。当用EIA标准代码时，结束符为“CR”，用ISO标准代码时为“NL”或“LF”，也有的用符号“;”或“ * ”表示。

(2) 使用分隔符的程序段格式　这种格式预先规定了输入时可能出现的字的顺序，在每个字前写一个分隔符“HT”。这样就可以不使用地址符，只要按规定的顺序把相应的数字跟在分隔符后面就可以了。

使用分隔符的程序段与字-地址程序段的区别在于用分隔符代替了地址符。在这种格式中，重复的可以不写，但分隔符不能省略。若程序中出现连在一起的分隔符，表明中间略去一个数据字。

使用分隔符的程序格式一般用于功能不多且较固定的数控系统，但程序不直观，容易出错。

(3) 固定程序段格式　这种程序段既无地址码也无分隔符，各字的顺序及位数是固定的。重复的字不能省略，所以每个程序段的长度都是一样的。这种格式的程序段长且不直观，目前很少使用。

12.3.3 机床坐标系和运动方向

规定数控机床坐标轴及运动方向，是为了准确地描述机床的运动，简化程序的编制方法，并使所编程序有互换性。目前国际标准化组织已经统一了标准坐标系。我国机械工业部也颁布了标准《数控机床坐标和运动方向的命名》(JB 3051—1999)，对数控机床的坐标和运动方向作了明文规定。

1. 坐标和运动方向命名的原则

为了使编程人员能在不知道机床在加工零件时是刀具移向工件，还是工件移向刀具的情况下，可以根据图样确定机床的加工过程，特规定："永远假定刀具相对于静止的工件坐标系而运动。"

2. 标准坐标系的规定

在数控机床上加工零件时，机床的动作是由数控系统发出的指令来控制的。为了确定机床的运动方向、移动的距离，就要在机床上建立一个坐标系。这个坐标系称为标准坐标系，也称为机床坐标系。在编制程序时，可以以该坐标系来规定运动方向和相对距离。

数控机床上的坐标系采用右手直角笛卡儿坐标系，如图 12-3 所示。在图中，拇指的方向为 X 轴的正方向，食指为 Y 轴的正方向，中指为 Z 轴的正方向。

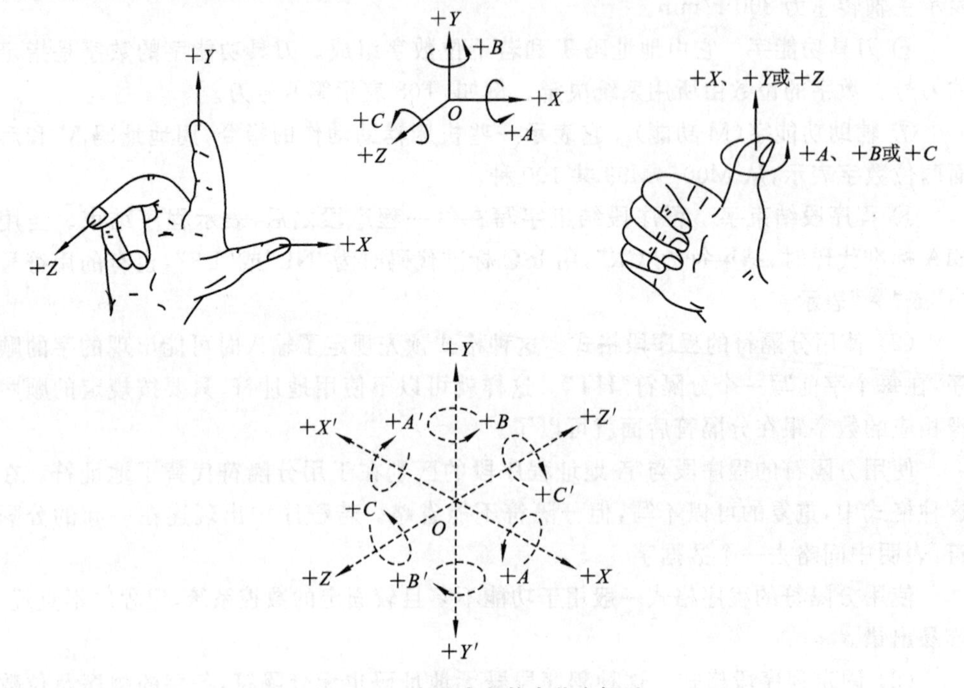

图 12-3 右手直角笛卡儿坐标系

3. 运动方向的确定

JB/T 3051—1999 中规定:"机床某一部件运动的正方向,是增大工件和刀具之间距离的方向。"

(1) Z 坐标轴的运动　Z 坐标轴的运动是由传递切削力的主轴所决定的,与主轴轴线平行的坐标轴即为 Z 坐标轴。车床、磨床等用主轴带动工件旋转,铣床、钻床等用主轴带着刀具旋转,那么与主轴平行的坐标轴即为 Z 坐标轴,如图 12-4、图 12-5 所示,如果机床没有主轴(如牛头刨床),则 Z 坐标轴垂直于工件装卡面。

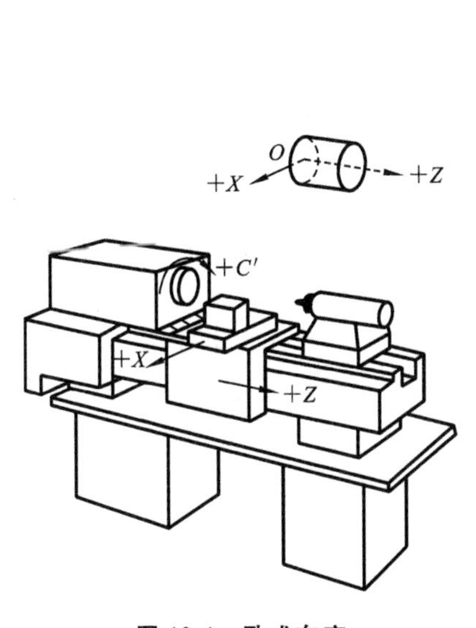

图 12-4　卧式车床

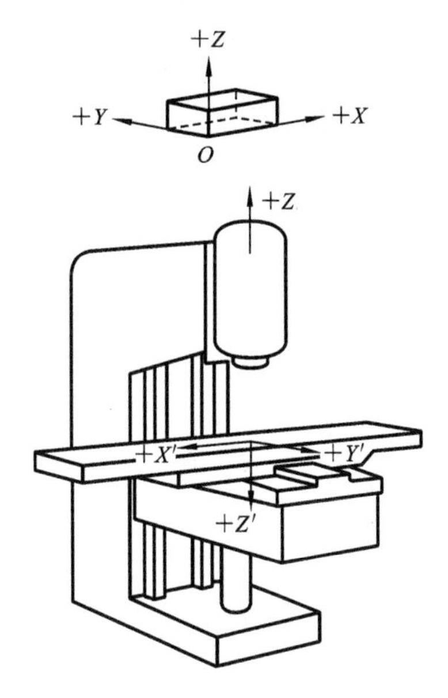

图 12-5　立式升降台铣床

Z 坐标轴的正方向为增大工件与刀具之间距离的方向。如在钻削加工中,钻入工件的方向为 Z 坐标轴的负方向,而退出的方向为正方向。

(2) X 坐标轴的运动　X 坐标轴是水平的,它平行于工件的装卡面。这是在刀具或工件定位平面内运动的主要坐标轴。对于工件旋转的机床(如车床、磨床等),X 坐标轴的方向是工件的径向,且平行于横滑座。刀具离开工件旋转中心的方向为 X 坐标轴正方向,如图 12-4 所示。对于刀具旋转的机床(如铣床、镗床、钻床等),如果 Z 轴是垂直的,则当从刀具主轴向立柱看时,X 坐标轴运动的正方向指向右方,如图 12-5 所示;如果 Z 坐标轴(主轴)是水平的,则当从主轴向工件方向看时,X 坐标轴运动的正方向指向右方,如图 12-6 所示。

(3) Y 坐标轴的运动　Y 坐标轴垂直于 X、Z 坐标轴。Y 坐标轴运动的正方向根据 X 和 Z 坐标轴的正方向,按照右手直角笛卡儿坐标系来判断。

(4) 旋转运动 A、B 和 C　A、B 和 C 相应地表示其轴线平行于 X、Y 和 Z 坐标轴的旋转运动。A、B 和 C 的正方向,相应地表示在 X、Y 和 Z 坐标轴正方向上按照右

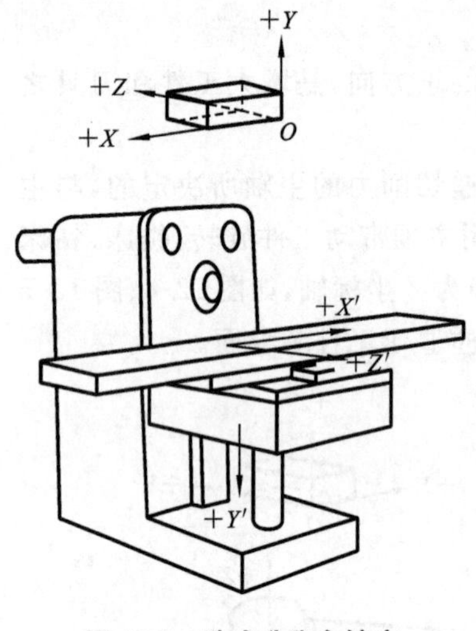

图 12-6　卧式升降台铣床

旋螺纹前进的方向，如图 12-3 所示。

(5) 附加坐标轴　如果在 X、Y、Z 主要坐标轴以外，还有平行于它们的坐标轴，可分别指定为 U、V、W 轴。如还有第三组运动，则分别指定其坐标轴为 P、Q 和 R 轴。

(6) 与工件运动相反的方向　对于工件运动而不是刀具运动的机床，必须作出与前述为刀具运动所作规定相反的规定。用带“′”的字母，如 $+X'$ 表示工件相对于刀具正向运动的指令。而不带“′”的字母，如 $+X$ 则表示刀具相对于工件的正向运动指令。二者表示的运动方向正好相反，如图 12-5、图 12-6 所示。对于编程人员、工艺人员，只考虑不带“′”的运动方向。

(7) 主轴旋转运动的方向　主轴的顺时针旋转运动方向（正转），是按照右旋螺纹旋入工件的方向。

(8) 机床坐标系与机床原点　机床坐标系是机床上固有的坐标系，并设有固定的坐标原点。机床上有一些固定的基准线（如主轴中心线）、固定的基准面（如工作台面、主轴端面、工作台侧面和 T 形槽侧面等）。当机床的坐标轴由手动返回各自的原点（又称零点）以后，用各坐标轴部件上的基准线和基准面之间的距离来决定机床原点的位置，该点在数控机床的使用说明书上均有说明。如立式数控铣床的机床原点可由 X、Y 轴返回原点后，在主轴中心线与工作台面的交点处，主轴中心线至工作台的两个侧面的给定距离来测定。

(9) 工件坐标系和工件原点　工件坐标系是编程人员在编程时使用的，由编程人员以工件图样上的某一固定点为原点（也称工件原点）所建立的坐标系，编程尺寸都按工件坐标系中的尺寸确定。在加工时，工件由夹具安装在机床上后，测量工件原点与机床原点间的距离（通过测量某些基准面、线之间的距离来确定），这个距离称为工件原点偏置，如图 12-7 所示。该偏置值需预存到数控系统中，在加工时，工件原点偏置值能自动加到工件坐标系上，使数控系统可按机床坐标系确定加工时的坐标值。因此，编程人员可以不考虑工件在机床上的安装位置和安装精度，而利用数控系统的原点偏置功能，通过工件原点偏置值，来补偿工件在工作台上的装夹位置误差，使用起来十分方便，现在大多数数控机床均有这种功能。

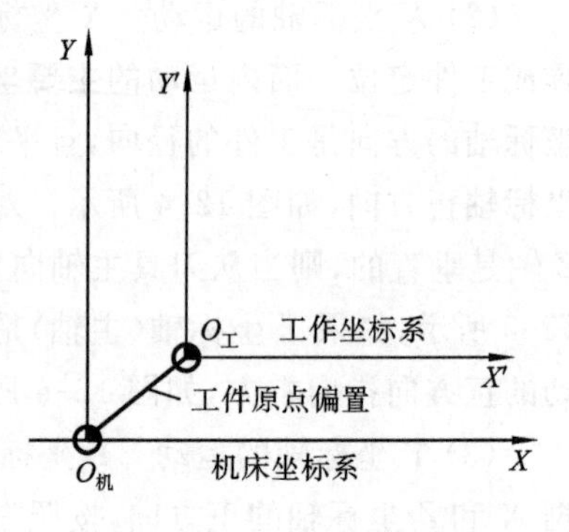

图 12-7　工件原点偏置

12.3.4 绝对坐标系与增量(相对)坐标系

1. 绝对坐标系

刀具(或机床)运动轨迹的坐标值是以相对于固定的坐标原点 O 给出的,称为绝对坐标。该坐标系称为绝对坐标系,如图 12-8a 所示,A、B 两点的坐标均以固定的坐标原点 O 计算,其坐标值为:$X_A=10$,$Y_A=20$;$X_B=30$,$Y_B=50$。

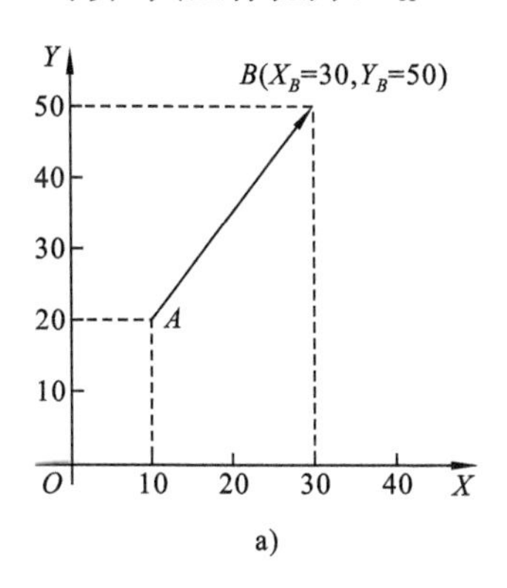

a)

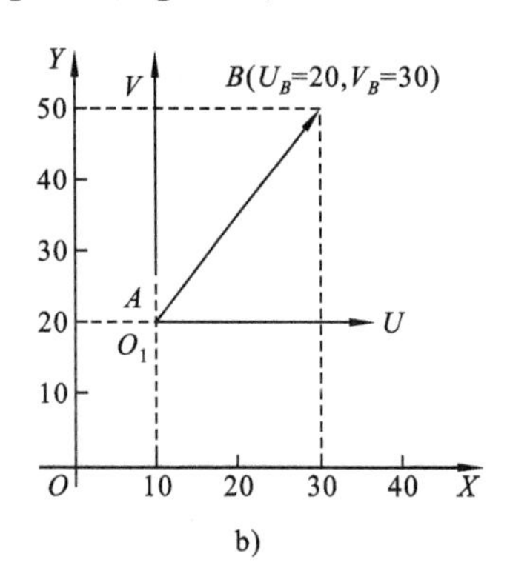

b)

图 12-8 绝对坐标与增量坐标

a) 绝对坐标 b) 增量坐标

2. 增量(相对)坐标系

刀具(或机床)运动轨迹的坐标值是相对于前一位置(或起点)来计算的,该坐标称为增量(或相对)坐标,该坐标系称为增量坐标系。

增量坐标系常用代码表中的 U、V、W 表示。U、V、W 分别表示与 X、Y、Z 平行且同向的坐标轴。如图 12-8b 所示,点 B 相对于点 A 的坐标(即点 B 的坐标)为 $U_B=20$,$V_B=30$。U-V 坐标系称为增量坐标系。

12.3.5 数控系统的准备功能和辅助功能

准备功能和辅助功能是程序段的基本组成部分,是程序编制过程中的核心问题。目前国际上广泛应用是 ISO 标准,我国根据 ISO 标准,制订了标准《数控机床 穿孔带程序段格式中的准备功能 G 和辅助功能 M 的代码》(JB/T 3208—1999)。

1. 准备功能

准备功能也称 G 功能,它是使机床为数控系统建立起某种加工方式的功能。G 代码由内地址 G 和后面的两位数字组成,从 G00～G99 共 100 种。表 12-2 所示的为 JB/T 3208—1999 标准中规定的 G 功能。

表 12-2 准备功能的 G 代码及其功能

代码 (1)	功能保持到被取消或取代 (2)	功能仅在出现段内有效 (3)	功能 (4)	代码 (1)	功能保持到被取消或取代 (2)	功能仅在出现段内有效 (3)	功能 (4)
G00	a		点定位	G50	#(d)	#	刀具(沿 *Y* 轴负向)偏置 0/—
G01	a		直线插补	G51	#(d)	#	刀具(沿 *X* 轴正向)偏置+/0
G02	a		顺时针方向圆弧插补	G52	#(d)	#	刀具(沿 *X* 轴负向)偏置—/10
G03	a		逆时针方向圆弧插补	G53	f		注销直线偏移
G04		○	暂停	G54	f		(原点沿 *X* 轴)直线偏移
G05	#	#	不指定	G55	f		(原点沿 *Y* 轴)直线偏移
G06	a		抛物线插补	G56	f		(原点沿 *Z* 轴)直线偏移
G07	#	#	不指定	G57	f		(原点沿 *X*、*Y* 轴)直线偏移
G08		○	加速	G58	f		(原点沿 *X*、*Z* 轴)直线偏移
G09		○	减速	G59	f		(原点沿 *Y*、*Z* 轴)直线偏移
G10～G16	#	#	不指定	G60	h		准确定位 1(精)
G17	c		*X*-*Y* 平面选择	G61	h		准确定位 2(中)
G18	c		*Z*-*X* 平面选择	G62	h		快速定位(粗)
G19	c		*Y*-*Z* 平面选择	G63		#	攻螺纹方式
G20～G32	#	#	不指定	G64～G67	#	#	不指定
G33	a		等螺距的螺纹切削	G68	#(d)	#	刀具偏置,内角
G34	a		增螺距的螺纹切削	G69	#(d)	#	刀具偏置,外角
G35	a		减螺距的螺纹切削	G70～G79	#	#	不指定
G36～G39	#	#	永不指定	G80	e		注销固定循环
G40	d		取消刀具补偿或刀具偏移	G81	e		钻孔循环,划中心
G41	d		刀具补偿——左	G82	e		钻孔循环,扩孔
G42	d		刀具补偿——右	G83	e		深孔钻孔循环
G43	#(d)	#	刀具偏置——正	G84	e		攻螺纹循环
G44	#(d)		刀具偏置——负	G85	e		镗孔循环
G45	#(d)	#	刀具偏置(在第Ⅰ象限)+/+	G86	e		镗孔循环,底部主轴停
G46	#(d)	#	刀具偏置(在第Ⅳ象限)+/—	G87	e		反镗循环,底部主轴停
G47	#(d)	#	刀具偏置(在第Ⅲ象限)—/—	G88	e		镗孔循环,有暂停,主轴停
G48	#(d)	#	刀具偏置(在第Ⅱ象限)—/+	G89	e		镗孔循环,有暂停,进给返回
G49	#(d)	#	刀具(沿 *Y* 轴正向)偏置 0/+	G90	j		绝对尺寸

续表

代码 (1)	功能保持到被取消或取代 (2)	功能仅在出现段内有效 (3)	功能 (4)	代码 (1)	功能保持到被取消或取代 (2)	功能仅在出现段内有效 (3)	功能 (4)
G91	j		增量尺寸	G96	i		主轴恒线速度
G92		○	预置寄存,不运动	G97	i		主轴每分钟转速,注销 G96
G93	k		进给率时间倒数	G98	#	#	不指定
G94	k		每分钟进给	G99	#	#	不指定
G95	k		主轴每转进给				

注:① 指定功能代码中,有小写字母 a、b、c……指令的,为同一类型的代码。程序中,这种功能指令为保持型的,可以为同类字母的指令所代替。

② “不指定”代码,即在将来修订标准时,可能对它规定功能。

③ “永不指定”代码,即在本标准内,将来也不指定。

④ “○”符号表示功能仅在所出现的程序段中有用。

⑤ “#”符号表示若选作特殊用途,必须在程序格式解释中说明。

G 代码分为模态代码(又称续效代码)和非模态代码两种。表中序号(2)一栏中标有字母的表示所对应的 G 代码为模态代码,字母相同的为一组。模态代码表示该代码一经在一个程序段中指定(如 a 组的 G01),直到出现同组(a 组)的另一个 G 代码(如 G02)时才失效。表中序号(2)一栏中没有字母的表示对应的 G 代码为非模态代码,即只在写有该代码的程序段中有效。

2. 辅助功能

辅助功能也称 M 功能,它是控制机床或系统的开-关如开、停冷却泵,主轴正、反转,程序结束等的一种功能。表 12-3 所示的为 JB/T 3208－1999 标准中规定的 M 代码。

由于数控机床的厂家很多,每个厂家使用的 G 功能、M 功能与 ISO 标准也不完全相同,因此对于某一台数控机床,必须根据机床说明书的规定进行编程。

3. 常用的编程指令

在数控编程中,使用 G 指令、M 指令及 F、S、T 指令代码描述数控机床的运动方式、加工种类、主轴的启与停、切削液的开与关、进给速度、主轴转速的设置及刀具的选择等。下面介绍常用的数控指令。

(1) 准备功能指令　准备功能指令的作用主要是指定数控机床运动方式,为数控系统的插补运算作好准备,所以在程序段中 G 指令一般位于坐标字指令的前面。常用的 G 指令有如下几种。

表 12-3　辅助功能 M 代码

代码	功能开始时间		功能保持到被注销或被适当程序指令代替	功能仅在所出现的程序段内有作用	功能	代码	功能开始时间		功能保持到被注销或被适当程序指令代替	功能仅在所出现的程序段内有作用	功能
	与程序段指令运动同时开始	在程序段指令运动完成后开始					与程序段指令运动同时开始	在程序段指令运动完成后开始			
(1)	(2)	(3)	(4)	(5)	(6)	(1)	(2)	(3)	(4)	(5)	(6)
M00		*		*	程序停止	M20～M29	*		*	*	永不指定
M01		*		*	计划停止	M30		*		*	纸带结束
M02		*		*	程序结束	M31	*	*		*	互锁旁路
M03	*		*		主轴顺时针方向	M32～M35	*		*	*	不指定
M04	*		*		主轴逆时针方向	M36	*		*		进给范围 1
M05		*	*		主轴停止	M37	*		*		进给范围 2
M06	*	*		*	换刀	M38	*		*		主轴速度范围 1
M07	*		*		2 号切削液开	M39	*		*		主轴速度范围 2
M08	*		*		1 号切削液开	M40～M45	*	*	*	*	如有需要作为齿轮换挡,此外不指定
M09		*	*		切削液关	M46～M47	*	*	*	*	不指定
M10	*	*	*		夹紧	M48		*	*		注销 M49
M11	*	*	*		松开	M49		*	*		进给率修正旁路
M12	*	*	*	*	不指定	M50	*		*		3 号切削液开
M13	*		*		主轴顺时针方向,切削液开	M51	*		*		4 号切削液开
M14	*		*		主轴逆时针方向,切削液开	M52～M54	*	*	*	*	不指定
M15	*			*	正运动	M55	*		*		刀具直线位移,位置 1
M16	*		*	*	负运动	M56	*		*		刀具直线位移,位置 2
M17～M18	*	*	*	*	不指定	M57～M59	*	*	*	*	不指定
M19		*	*		主轴定向停止	M60		*		*	更换工作

续表

代　码	功能开始时间		功能保持到被注销或被适当程序指令代替	功能仅在所出现的程序段内有作用	功　能	代　码	功能开始时间		功能保持到被注销或被适当程序指令代替	功能仅在所出现的程序段内有作用	功　能
	与程序段指令运动同时开始	在程序段指令运动完成后开始					与程序段指令运动同时开始	在程序段指令运动完成后开始			
(1)	(2)	(3)	(4)	(5)	(6)	(1)	(2)	(3)	(4)	(5)	(6)
M61	*				工件直线位移，位置1	M72	*		*		工件角度位移，位置2
M62	*		*		工件直线位移，位置2	M73～M89	*	*	*	*	不指定
M63～M70	*	*	*	*	不指定	M90～M99	*	*	*	*	永不指定
M71	*		*		工件角度位移，位置1						

注：①“*”符号表示：如选作特殊用途，必须在程序说明中指出。

② M90～M99 指定为特殊用途。

① G01　G01 用于线性插补，可使机床沿各坐标方向运动，或在各坐标平面内执行具有任意斜率的直线运动，或使机床坐标联动，沿任意空间直线运动，也可使机床作四坐标、五坐标线性插补运动。

② G02、G03　G02、G03 用于圆弧插补，使机床在各坐标平面内执行圆弧运动命令，切削出圆弧轮廓。G02 为顺时针圆弧插补指令，G03 为逆时针圆弧插补指令。圆弧的顺、逆方向可按图12-9 给出的方向进行判断。使用圆弧插补指令之前必须应用平面选择指令，指定圆弧插补的平面。

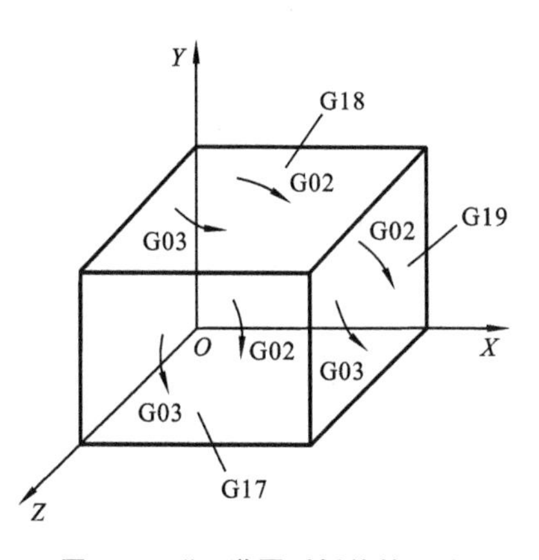

图 12-9　顺、逆圆弧插补的区分

③ G00　G00 用于快速点定位，它命令刀具以点位控制方式从刀具所在点快速移动到下一个目标位置。它只能用于快速定位，不能用于切削加工。

④ G17、G18、G19　G17、G18、G19 用于坐标平面选择，其中 G17 用于指定零件进行 *X*-*Y* 平面上的加工，G18、G19 分别用于指定 *Z*-*X*、*Y*-*Z* 平面上的加工。这些指令在进行圆弧插补、二维刀具半径补偿时必须使用。

⑤ G40、G41、G42　G40、G41、G42 用于刀具半径补偿。数控装置大都具有刀具半径补偿功能，为程序编制提供了方便。当编制零件加工程序时，不需要计算刀具中心运动轨迹，而只需按零件轮廓编程，使用刀具半径补偿指令，并在控制面板上利用刀具拨盘或键盘（CRT/MDI），人工输入刀具半径，数控装置便能自动地计算出刀具中心轨迹，并按刀具中心轨迹运动。

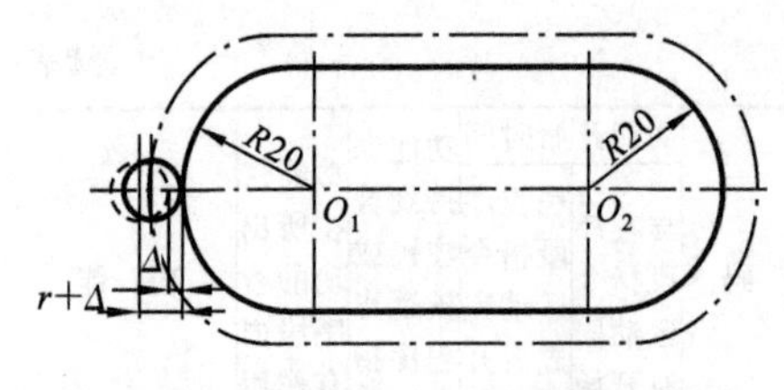

图 12-10　刀具半径补偿功能应用实例

当刀具磨损或刀具重磨后，刀具半径变小，只需手工输入改变后的刀具半径，而不必修改已编好的程序或纸带。在用同一把刀具进行粗、精加工时，设精加工余量为 Δ，则粗加工的补偿量为 $r+\Delta$，而精加工的补偿量为 r（见图 12-10）。

G41 用于刀具半径左补偿。所谓刀具半径左补偿，是指沿着刀具运动方向看（假设工件不动），刀具位于零件左侧时的刀具半径补偿。

G42 用于刀具半径右补偿。所谓刀具半径右补偿，是指沿着刀具运动方向看（假设工件不动），刀具位于零件右侧时的刀具半径补偿。

G40 用于刀具半径补偿撤销，使用该指令后 G41、G42 指令无效。

⑥ G92　G92 用于预置寄存，按照程序规定的尺寸修改或设置坐标位置、不产生运动。通过该指令设定对刀点（即编程原点），从而建立一个坐标系，通常称为工件坐标系。该指令只是设定坐标系，刀具（或机床）并未运动。

⑦ G90、G91　G90、G91 用于绝对尺寸及增量尺寸编程，其中 G90 表示程序段的坐标字按照绝对坐标编程，G91 表示程序段的坐标字按照增量坐标编程。

（2）辅助功能指令　辅助功能指令（M 指令）主要是用于机床加工操作时的工艺性指令。常用的 M 指令有如下几种。

① M00　M00 用于使程序停止，在执行完 M00 指令程序段之后，主轴停转、进给停止、切削液关闭、程序停止。当重新按下控制面板上的循环启动按钮之后，继续执行下一程序段。

② M01　M01 用于实现计划停止功能，该指令的作用与 M00 相似。所不同的是，必须在操作面板上，预先按下“任选停止”按钮，当执行完 M01 指令程序段之后，程序停止；如果不按“任选停止”按钮，则 M01 指令无效。

③ M02　M02 用于使程序结束，该指令用于程序全部结束，命令主轴停转、进给停止及切削液关闭。常用于使机床复位及纸带倒回到“程序开始”字符处。

④ M03、M04、M05　M03、M04、M05 分别用于使主轴顺时针旋转、主轴逆时针旋转及主轴停止。

⑤ M06　M06 用于换刀，实现具有刀库的数控机床（如加工中心）的换刀功能。

⑥ M07　M07 用于使 2 号切削液（雾状切削液）开。

⑦ M08　M08 用于使 1 号切削液（液状切削液）开。

⑧ M09　M09 用于使切削液关，注销 M07、M08、M50 及 M51。

⑨ M10、M11　M10、M11 用于实现机床滑座、工件、夹具、主轴等的夹紧或松开。

⑩ M30　M30 用于使纸带结束，在完成程序段的所有指令后，使主轴停转、进给停止和切削液关闭。常用于使控制系统和（或）机床复位，包括将纸带倒回到程序开

始字符处，或使环形纸带越过接头，或转换到第二台输入机中。

12.3.6 数控加工的工艺分析和数控加工方法

1. 数控加工的工艺分析

进行数控机床加工零件的工艺分析时必须注意以下几点。

(1) 选择合适的对刀点　所谓对刀点，就是刀具相对零件运动的起点，又称起刀点，也就是程序运行的起点。对刀点选定后，便确定了机床坐标系和零件坐标系的关系。

刀具在机床上的位置是由刀位点的位置来表示的。所谓刀位点，对立铣刀、端铣刀和钻头而言，是指它们的底面中心；对球头铣刀而言，是指球头球心；对车刀和镗刀而言，是指它们的刀尖。

选择对刀点的原则如下。

① 为了提高零件的加工精度，刀具的起点应尽量选在零件的设计基准或工艺基准上。如以孔定位的零件，应将孔的中心作为对刀点。

② 对刀点应选在对刀方便的位置，便于观察和检测。

③ 对刀点的选择应便于坐标值的计算，对于建立了绝对坐标系统的数控机床应选在该坐标系的原点上，或者选在已知坐标值的点上。

(2) 确定加工线路　加工线路就是加工过程中刀具相对于工件运动的轨迹。在确定加工线路时应考虑以下几方面的问题。

① 对于点位加工的数控机床，如钻、镗床等，要考虑尽可能缩短走刀路线，以减少空程时间。

② 在车削和铣削零件时，应尽量避免径向切入和切出，而应沿零件的切向切入和切出，如图 12-11a 所示。如果刀具径向切入，则切入后转向轮廓加工时要改变运动方向，此时切削力的大小与方向也将改变，并且在工件表面有停留时间，由于工艺系统的弹性变形，在工件表面将产生刀痕，如图 12-11(b)所示。在沿切向切入和切出时，所得零件的表面粗糙度较好。

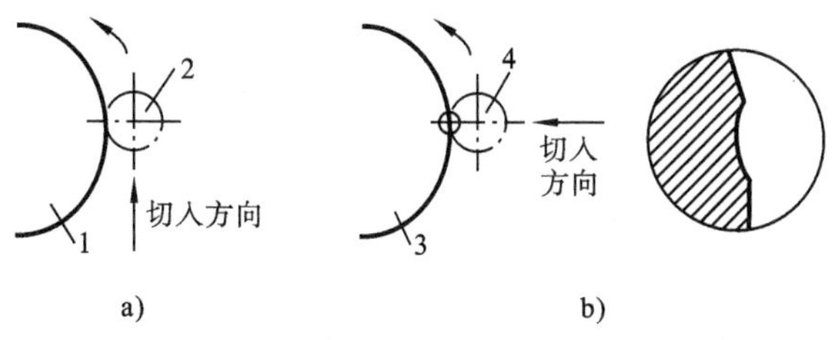

图 12-11　铣削进刀

a) 切向切入　b) 径向切入

1,3—零件　2,4—铣刀

(3) 程序编制中的误差　程序编制的允许误差(简称编程误差)值是计算和检查零件轮廓节点的主要原始数据之一,零件图样所给的公差是数控机床加工零件时必须保证的。数控机床的加工误差,主要由控制系统误差、伺服驱动系统误差、零件的定位误差、对刀误差、刀具和机床系统弹性变形误差以及编程误差等部分所组成。应尽可能减小编程误差,一般误差取工件允差的1/5至1/10。

编程误差S_p由三部分组成,即

$$S_p = f(\Delta a, \Delta b, \Delta c)$$

式中　Δa——用近似计算法逼近零件轮廓时产生的误差(又称一次逼近误差)。

在用圆弧逼近零件轮廓的情况下,当用近似方程式去拟合列表曲线时,方程式所表示的形状与零件原始轮廓之间的差值也是一种误差(或称拟合误差),但是因为零件轮廓原始形状是未知的,所以这个误差往往很难确定。Δb为插补误差,它表示插补加工出的线段(如直线、圆弧等)与理论线段的误差,这项误差与数控系统的插补功能即插补算法及某些参数有关。Δc为圆整误差,它表示在编程中,因数据处理、小数圆整而产生的误差。对这个误差的处理要注意,不然会产生较大的累积误差,从而导致编程误差增大。因此,应采取较为合理的圆整方法,如用“累计进位”法代替传统的四舍五入法。

2. 数控加工方法

(1) 平面孔系零件的加工　这类零件或孔数较多,或孔位置度要求较高,宜用点位直线控制的数控钻床与镗床加工。这样不仅可以减轻工人的劳动强度,提高生产率,而且还易于保证精度。加工这类零件时,对孔系的定位都用有两坐标联动功能的数控机床,可以指令两轴同时运动;如果采用没有联动功能的数控机床,则只能指令两个坐标轴依次运动。此外,在编制加工程序时,应尽可能应用子程序调用的方法来减少程序段的数量,以减小加工程序的长度和提高加工的可靠性。

(2) 旋转体类零件的加工　旋转体零件用数控车床或数控磨床来加工。由于车削零件毛坯多为棒料或锻坯,其加工余量较大且不均匀,因此在编程中,粗车的加工线路往往是要考虑的主要问题。

图12-12所示为手柄加工实例,其轮廓由三个圆弧组成,由于加工余量较大而且又不均匀,因此比较合理的方案是先用直线、斜线程序车掉图中虚线所示的加工余量,再用圆弧程序精加工成形。又如图12-13所示的零件表面形状复杂,毛坯为棒料,加工余量不均匀,其粗加工线路可按图中所示1～4依次分段加工,然后再换精车刀一次成形。这里需要说明的是,图中的粗加工走刀次数应根据每次的切削深度决定。

影响数控加工的其他因素还很多,必须根据具体情况确定合理的工艺方案,才能收到好的效果。

(3) 平面轮廓零件的加工　这类零件的轮廓多由直线和圆弧组成,一般在两坐标联动的铣床上加工。图12-14所示为铣削平面轮廓的实例。工件轮廓由三段直线

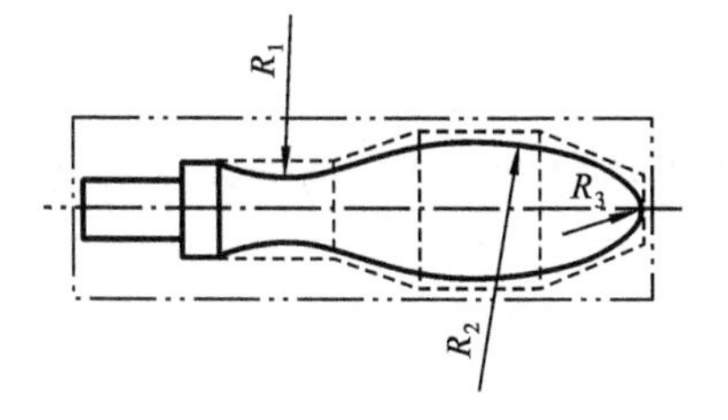

图 12-12 车削手柄

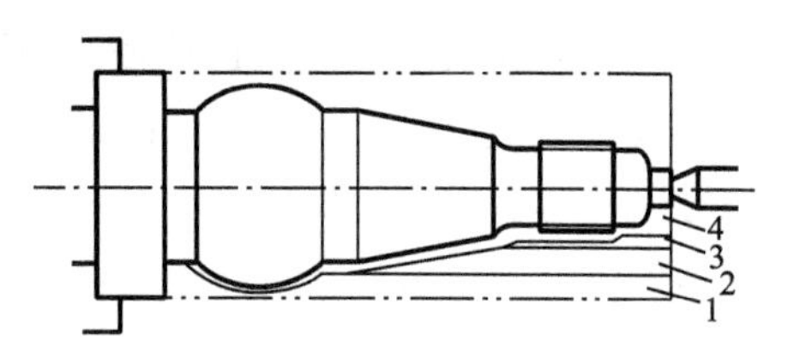

图 12-13 复杂零件加工

和两段圆弧组成，若选用的铣刀半径为 R，则图中点画线所示为刀具中心的运动轨迹。当数控系统具有刀具半径补偿功能时，可按其零件轮廓编程；当数控系统不具备刀具半径补偿功能时，则应按刀具中心轨迹编程。为保证加工平滑，应增加切入和切出程序段。由于一般数控系统都只具有直线和圆弧插补功能，若平面轮廓为非圆曲线，要用圆弧和直线去逼近，有关逼近的计算方法本书不作介绍。

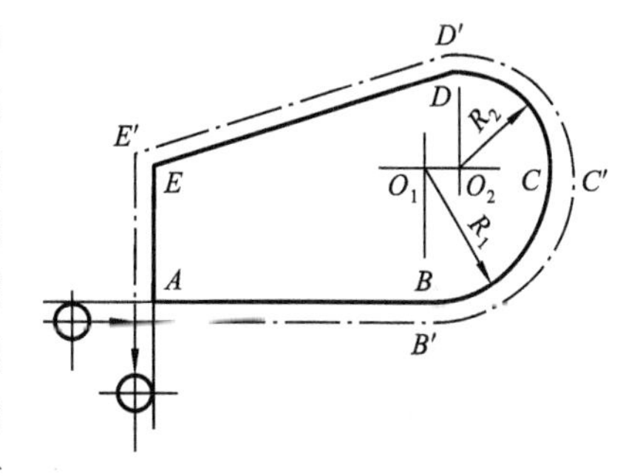

图 12-14 铣削平面轮廓实例

(4) 立体轮廓表面的加工 加工立体曲面时，根据曲面形状、机床功能、刀具形状以及零件的精度要求等可选用不同的加工方法。

12.4 程序编制中的数值计算

12.4.1 数值计算的内容

根据零件图样，按照已确定的加工路线和允许的编程误差，计算数控系统所需输入的数据，称为数控加工的数值计算。手工编程时，在完成工艺分析和确定走刀路线以后，数值计算就成为程序编制中一个关键性的环节。除了点位加工这种简单的情况外，一般需经烦琐、复杂的数值计算。为了提高工效，降低出错率，有效的途径是用计算机辅助完成坐标数据的计算，或直接采用自动编程的方法处理。

12.4.2 基点和节点的计算

一个零件的轮廓往往是由许多不同的几何元素，如直线、圆弧、二次曲线以及阿基米德螺线等所组成的。各几何元素间的联结点称为基点。如两直线间的交点，直线与圆弧或圆弧与圆弧间的交点或切点，圆弧与二次曲线的交点或切点等。显然，相邻基点间只能有一个几何元素。对于由直线与直线或直线与圆弧构成的平面轮廓零件，由于目前一般机床数控系统都具有直线、圆弧插补功能，故数值计算比较简单。此时，主要应计算出基点坐标与圆弧的圆心点坐标。当零件的形状由直线段或圆弧段之外的其他曲线构成，而数控装置又不具备该曲线的插补功能时，其数值计算就比较复杂。将组成零件轮廓的曲线，按数控系统插补功能的要求，在满足允许的编程误差的条件下进行分割，即用若干直线段或圆弧段来逼近给定的曲线。逼近线段的交点或切点称为节点，如图 12-15 所示。图 12-15a 所示为用直线段逼近非圆曲线的情况，图 12-15b 所示为用圆弧段逼近非圆曲线的情况。编写程序时，应按节点划分程序段。逼近线段的近似区间愈大，则节点数目愈少，相应的程序段的数目也会愈少。但逼近线段的误差 δ 应小于或等于编程允许误差 $\delta_{允}$，即 $\delta < \delta_{允}$。考虑到工艺系统及计算误差的影响，δ 一般取零件公差的 1/10～1/5。

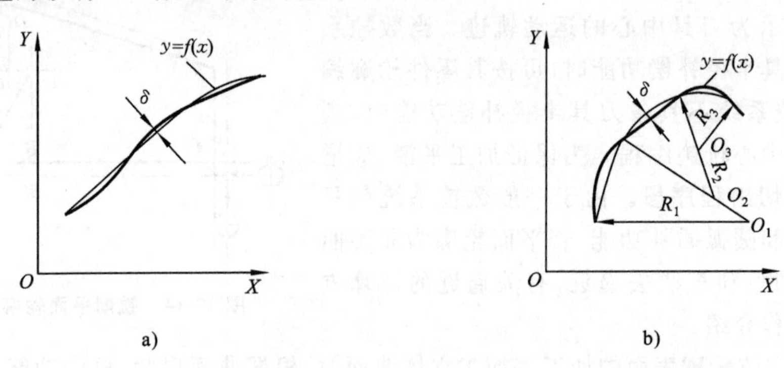

图 12-15　非圆曲线的逼近

a）用直线段逼近　b）用圆弧段逼近

立体形面零件应根据程序编制允差，将曲面分割成不同的加工截面。对于各加工截面上的轮廓曲线，要计算基点和节点。

基点和节点坐标数据的计算，是数值计算中最烦琐、最复杂的。

12.4.3　刀位点轨迹的计算

对刀时，一般通过一定的测量手段使刀位点与对刀点重合。数控系统从对刀点开始控制刀位点运动，并由刀具的切削刃部分加工出要求的零件轮廓。对于平面轮廓的加工，车削加工时可以用车刀的假想刀尖点作为刀位点，也可以用刀尖圆弧半径的圆心作为刀位点；铣削加工时用平底立铣刀的刀底中心作为刀位点。但无论如何，零件的轮廓形状总是由刀具切削刃部分直接参与切削过程而完成的。因此，在大多数情况下，编程轨迹并不与零件轮廓完全重合。对于具有刀具半径补偿功能的机床数控系统，编写程序时只要在程序的适当位置写入建立刀具半径补偿（刀补）的有关指令，就可以保证在加工过程中使刀位点按一定的规则自动偏离编程轨迹，达到正确加工的目的。这时可直接按零件轮廓形状计算各基点和节点坐标，并将计算结果作为编程时的坐标数据。某些简易数控系统，例如简易数控车床，只有长度偏移功能而无半径补偿功能，为了精确地加工出零件轮廓，编程时需要作某些偏置计算。

12.4.4　辅助计算

辅助计算包括增量计算、辅助程序段的数值计算等等。

增量计算是指，当仅就增量坐标的数控系统或绝对坐标系统中某些数据，仍要求以增量方式输入时所进行的，由绝对坐标数据到增量坐标数据的转换。例如，在数值计算过程中，已按绝对坐标值计算出的某运动段的起点坐标及终点坐标，以增量方式表示时，其换算公式为

增量坐标值＝终点坐标值－起点坐标值

计算应在各坐标轴方向上分别进行。

辅助程序段是指开始加工时刀具从对刀点到切入点、或加工完毕时刀具从切出点返回到对刀点而特意安排的程序段。切入点位置应依据零件加工余量的情况来选择，适当离开零件一段距离。为避免刀具在快速返回时发生撞刀，切出点位置也应与零件保持适当的距离。使用刀具补偿功能时，建立刀补的程序段应在加工零件之前写入，加工完成后应取消刀补。加工某些零件时，要求刀具切向切入和切向切出。数值计算时，按照走刀路线的安排，计算出各相关点的坐标，一般比较简单。

12.4.5　由直线和圆弧组成零件轮廓时的基点计算

对于由直线和圆弧组成的零件轮廓，可以归纳为直线与直线相交、直线与圆弧相交或相切、圆弧与圆弧相交或相切、直线与两圆弧相切等几种情况。计算的方法可以是联立方程组求解，也可利用几何元素间的三角函数关系求解。根据目前生产中的零件，将直线和圆弧按定义方式归纳为若干种，并变成标准的计算公式，在手工编程时只需代入相关的已知量就可得到要求的基点坐标。

采用联立方程组求解基点坐标计算，将其计算过程标准化如下。

1. 直线与圆弧相交或相切

如图 12-16 所示，已知直线方程为 $y=kx+b$，求以点(x_0,y_0)为圆心、R 为半径的圆与该直线的交点坐标(x_C,y_C)。将直线方程与圆方程联立，得联立方程组：

$$\begin{cases}(x-x_0)^2+(y-y_0)^2=R^2\\ y=kx+b\end{cases}$$

经推算可以得到如下标准计算公式：

$$A=1+k^2,\quad B=2[k(B-y_0)-x_0]$$

$$C=x_0+(b-y_0)^2-R^2$$

$$x_C=-B\pm(B^2-4AC)^{1/2}\quad (\text{求 } x_C \text{ 较大值时取“+”})$$

$$y_C=kx_C+b$$

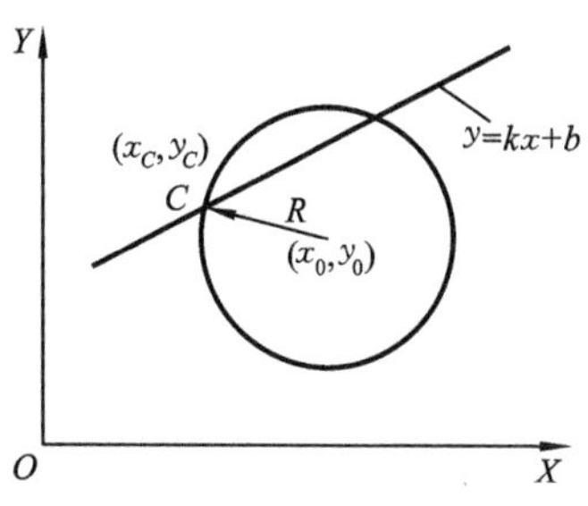

图 12-16　直线和圆弧相交

上式也可用于求解直线与圆相切时的切点坐标。当直线与圆相切时，取 $B^2-4AC=0$，此时 $x_C=-B/(2A)$，其余计算公式不变。

2. 圆弧与圆弧相交或相切

如图 12-17 所示,已知两相交的圆心坐标及半径分别为(x_1,y_1)、R_1,(x_2,y_2)、R_2,求其交点坐标(x_C,y_C)。

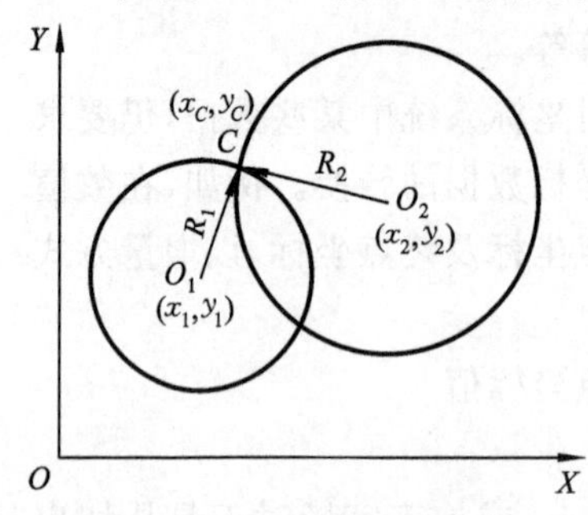

图 12-17　圆弧和圆弧相交

联立两圆方程:

$$\begin{cases}(x-x_1)^2+(y-y_1)^2=R_1{}^2\\(x-x_2)^2+(y-y_2)^2=R_2{}^2\end{cases}$$

经推算可以得到如下标准计算公式:

$$\Delta x = x_2 - x_1,\quad \Delta y = y_2 - y_1$$

$$D=[(x_2{}^2+y_2{}^2-R_2{}^2)^2-(x_1{}^2+y_1{}^2-R_1{}^2)^2]/2$$

$$A = 1+(\Delta x/\Delta y)^2$$

$$B = 2[(y_1 - D/\Delta y)\,\Delta x\,/\Delta y - x_1]$$

$$C = (y_1 - D/\Delta y)2 + x_1{}^2 - R_1{}^2$$

$$x_C = - B \pm (B^2 - 4AC)^{1/2}/2A \quad (\text{求 } x_C \text{ 较大值时取“+”})$$

$$y_C = (D - x_C\Delta x)/\,\Delta y$$

当两圆相切时,$B^2-4AC=0$,因此,上式也可用于求两相切圆的切点坐标。

对于由非圆曲线组成的零件轮廓的节点计算,由于一般数控装置只具备直线插补和圆弧插补功能,所以当加工非圆曲线时,要采用直线或圆弧去逼近,然后才能求出每条逼近线段或圆弧与非圆曲线的交点坐标(即节点坐标)。其计算过程一般比较复杂,这里只给出其数值计算过程。

① 选择插补方式,即决定是采用直线段逼近非圆曲线,还是采用圆弧段逼近非圆曲线。

② 确定编程允许误差,即 $\delta<\delta_{允}$。

③ 选择数学模型,确定计算方法。

④ 根据算法,画出计算机处理流程图,编写程序,获取节点坐标数据。

12.5　手工程序编制

12.5.1　数控车削加工及编程实例

编程实例 1　加工如图 12-18 所示的零件,坯料为直径 72 mm、长 130 mm 的优质碳素钢棒。根据零件的外形要求,选择如下刀具:T04——端面车刀,T01——粗车外圆刀,T02——精车外圆刀,T03——螺纹刀,T05——切断刀。以 01 号刀为对刀基准,测得其他刀具的位置偏差,并输入相应的存储器中。

加工程序为:

N10　G50　X150　Z60;　　　　建立工件坐标系

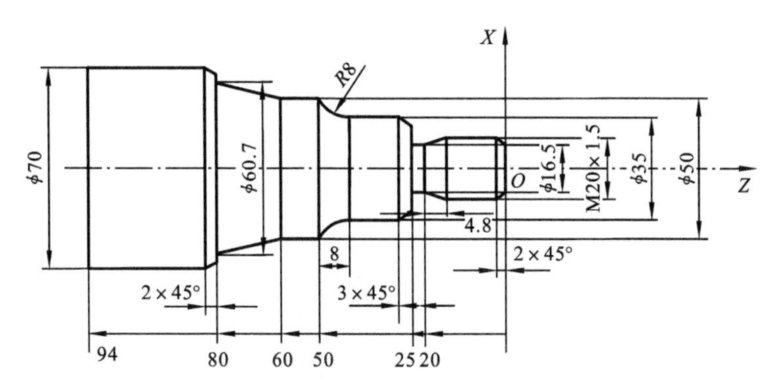

图 12-18 车削零件图

```
N20  M03  S300  T0404;                    主轴正转,转速为 300 r/min,调用 4 号刀
N30  G00  X74  Z0  M08;                   快进至工件表面,开切削液
N40  G01  X-1  F0.25;                     车端面,进给量为 0.25 mm/r
N50  G00  X80  Z5;                        快速退刀
N60  X150  Z60;                           快速回换刀点
N70  M01;                                 主轴停
N80  T0100  M03;                          换 1 号刀,主轴正转
N90  G96  S150;                           主轴恒线速度 150 m/min
N100  G00  X74  Z5;                       快进至粗车循环起点
N110  G71  U2  R1;                        粗车循环
N120  G71  P130  Q280  U0.5  W0.1  F0.3;
N130  G42  G00  X15  Z0.5;                刀尖圆弧半径右补偿,快进至加工起点
N140  G01  X20  Z-2.5  F0.15;             车第一个倒角
N150  Z-15.2;                             车螺纹外径
N160  X18  Z-20;                          车退刀槽斜面
N170  Z-25;                               车退刀槽
N180  X29;                                车台阶面
N190  X35  Z-28;                          车第二个倒角
N200  Z-42;                               车 ϕ35 外圆
N210  G02  X50  Z-50  R8;                 车过渡圆弧
N220  G01  Z-60;                          车 ϕ50 外圆
N230  X60.7  Z-80;                        车锥面
N240  X66;                                车台阶面
N250  X70  Z-82;                          车第三个倒角
N260  Z-94;                               车 ϕ70 外圆
```

N270　X74；	退刀
N280　G40；	取消刀补
N290　G00　X150　Z60；	回换刀点
N300　M01；	主轴停
N310　T0202　M03；	换 2 号刀，主轴正转
N320　G96　S200；	主轴恒线速 200 m/min
N330　G70　P130　Q280；	精车循环
N340　G00　X150　Z60；	回换刀点
N350　M01；	主轴停
N360　G97　T0303　M03　S600；	换 3 号刀，主轴正转
N370　G00　X20　Z5；	快速引进
N380　G92　X19.2　Z－4.5　F1.5；	车螺纹循环，第一刀
N390　X18.6；	车螺纹循环，第二刀
N400　X18.2；	车螺纹循环，第三刀
N410　X18.052；	车螺纹循环，第四刀
N420　G00　X150　Z60；	回换刀点
N430　M01；	主轴停
N440　T0505　M03　S600；	换 5 号刀，主轴转速 600 r/min
N450　G00　X74　Z－94　M08；	快速引进，开切削液
N460　G01　X0　F0.1；	切下
N470　G00　X150　Z60　M09；	回换刀点，关切削液
N480　M30；	程序结束

编程实例 2　如图 12-19 所示的零件，需进行精加工，其中 $\phi 85$ 的外圆不加工。

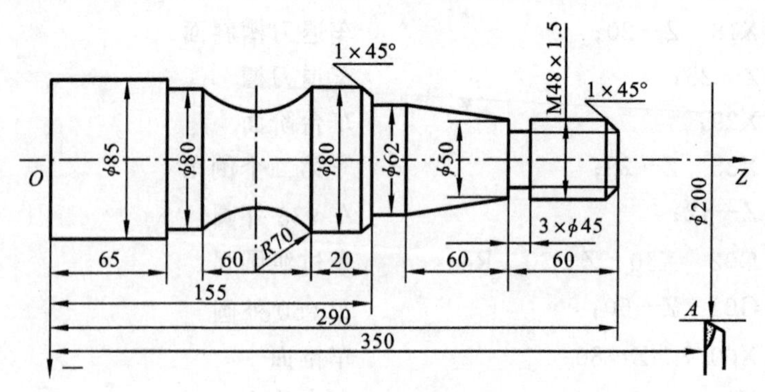

图 12-19　车削零件图

选用具有直线、圆弧插补功能的数控车床加工该零件，编制精加工程序。

步骤 1　根据图样要求，确定工艺方案及工艺路线。

① 先切削外轮廓面。先倒角→切削螺纹的实际外圆 ϕ47.8→切削锥度部分→车削 ϕ62 外圆→倒角→车削 ϕ80 外圆→切削圆弧部分→车削 ϕ85 外圆。

② 切槽。

③ 车螺纹。

步骤 2 选择刀具及画出刀具布置图。根据加工的要求，选用三把刀具。Ⅰ号刀车外圆，Ⅱ号刀切槽，Ⅲ号刀车螺纹。刀具布置如图 12-20 所示。采用对刀仪对刀，螺纹刀尖相对于Ⅰ号刀尖在 Z 向偏置 15 mm。

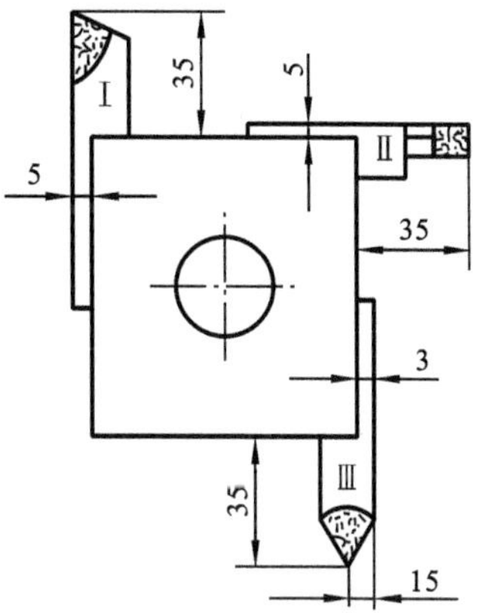

在绘制刀具布置图时，应正确地选择换刀点，以便在换刀过程中，刀具与工件、机床和夹具不会碰撞。本例中，换刀点为 A(见图 12-19)。

图 12-20 刀具布置图

步骤 3 确定切削用量。车外圆时，主轴转速确定为 S630，进给速度选为 F150。切槽时，主轴转速为 S315，进给速度选为 F10。切削螺纹时，主轴转速为 S200，进给速度选为 F150。

步骤 4 编写程序单。确定 O 为工件坐标系的原点(见图 12-19)，并将点 A(换刀点)作为对刀点，即程序的起点。该零件的加工程序单及程序说明如下：

程序	说明
00001；	程序号
N10 G92 X200 Z350；	建立工件坐标系
N20 G00 X41.8 Z292 S630 M03 T1 M08；	刀具快速接近工件，启动主轴，开切削液
N30 G01 X47.8 Z289 F150；	倒角
N40 U0 W－59；	车 ϕ47.8 外圆，增量坐标编程
N50 X50 W0；	退刀，绝对坐标与增量坐标混合编程
N60 X62 W－60；	车锥度，绝对坐标与增量坐标混合编程
N70 U0 Z155；	车 ϕ62 外圆，绝对坐标与增量坐标混合编程
N80 X78 W0；	退刀，绝对坐标与增量坐标混合编程
N90 X80 W－1；	倒角，绝对坐标与增量坐标混合编程
N100 U0 W－19；	车 ϕ80 外圆，绝对坐标与增量坐标混合编程
N110 G02 U0 W－60 I6.25 K－30；	车圆弧，I、K 表示圆心相对于圆弧起点的坐标
N120 G01 U0 Z65；	车 ϕ85 外圆

N130 X90 W0; 退刀

N140 G00 X200 Z350 M05 M09; 快速退回到起始点，主轴停，关切削液

N150 X51 Z230 S315 M03 T2 M08; 换2 号刀具，快速接近工件，启动主轴，开切削液

N160 G01 X45 W0 F10; 切槽

N170 G04 U50; 延时 50 ms，G04 为延时指令

N180 G00 X51; 退刀

N190 X200 Z350 M05 M09; 快速退回到起始点，主轴停，关切削液

M200 G00 X52 Z296 S200 M03 T3 M08; 换3 号刀具，快速接近工件，启动主轴，开切削液

N210 G76 X47.2 Z231.5 F150; G67 车螺纹切至深度 0.3=(47.8−47.2)/2

N220 I−60 K0; 车螺纹，切至深度 0.6=0.3+0.6/2

N230 I−50; 车螺纹，切至深度 0.85=0.6+0.5/2

N240 I−30; 车螺纹，切至深度 1.0=0.85+0.3/2

N250 G00 X200 Z350 M02; 快速退回到起始点，程序结束

数控车床的编程特点是：数控车床以径向为 *X* 轴方向，纵向为 *Z* 轴方向。尾架位置是 +*Z* 方向，而指向主轴箱的位置为 −*Z* 方向，操作者的位置为 +*X* 方向。所以按右手法则规定，*Y* 轴的正方向指向地面。*X* 和 *Z* 坐标指令，在按绝对坐标编程时使用代码 *X* 和 *Z*，按增量坐标编程时使用代码 *U* 和 *W*。切削圆弧时，使用 *I* 和 *K* 表示圆弧的起点相对其圆心的坐标值，*I* 对应于 *X* 轴，*K* 对应于 *Z* 轴。在一个零件的程序中或一个程序段中，可以按绝对坐标值编程，或按增量坐标值编程，也可用绝对坐标值与增量坐标值混合编程。

12.5.2 数控铣削加工及编程实例

编程实例 3 如图 12-21 所示的零件，*Q* 为加工起点，其加工程序如下。

N10 G92 X−50 Y100 Z30; 设定坐标系

N20 M03; 主轴启动

N30 G90 G00 Y0 Z15 M08; 至初始平面，开切削液

N40 G42 X−10 H01; 建立刀补

N50 G01 Z0 F200; 进刀

N60 X100; 直线插补

N70 X150 Y50; 直线插补

N80 G03 X100 Y100 R50; 逆圆插补

N90 G01 X50; 直线插补

N100 G02 X0 Y50 R50; 顺圆插补

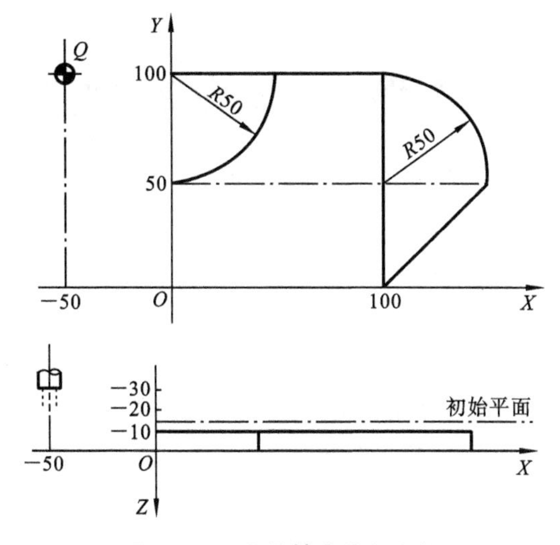

图 12-21 数控铣床编程实例

N110 G01 X0 Y−10；	直线插补
N120 G40 G00 X−50 M09；	取消刀补，退离加工表面，关切削液
N130 Y100 Z30 M05；	回起刀点，主轴停
N140 M30；	程序停

复习思考题

1. 简述数控机床的组成和基本原理。
2. 简述数控机床的应用场合。
3. 数控机床的坐标轴及基本方向如何确定？
4. 简述字地址可变程序段格式及其程序段组成。
5. 确定工件坐标系的依据与方法是什么？
6. G02与G03如何判定？圆心坐标如何表示？
7. 试述刀具半径补偿与长度补偿的应用及补偿方法。
8. 数控加工工艺的特色有哪些？数控加工对刀具有何要求？
9. 试述工件坐标系与基本机床坐标系的关系。
10. 在编程中如何使用工件坐标系？
11. 数控语言编程包含哪些要素？

第13章　电火花加工

本章重点　电火花加工的基础知识，电火花机床的运动、结构和工作特点，工件装夹和定位、工具电极结构与加工质量的基本概念，工具电极和放电参数的选用。

学习方法　先进行集中讲课，然后进行现场教学，最后按照要求，让学生进行电火花加工凹槽、内孔的操作训练。也可以讲课与训练穿插进行，并让学生按教材中的要求将现场教学和操作中的内容填写入相应的表格，回答相应的问题。

13.1　电火花加工的基本原理

电火花加工是指在工件和工具电极之间脉冲性地火花放电，依靠电火花局部、瞬时产生的高温把金属熔化或氧化，从而蚀除金属的工艺。因为是脉冲性放电，所以在某种场合也称为电脉冲加工，也可统称为电蚀加工。

电火花腐蚀现象早在一百多年前就被人们发现了，例如，在电气开关触点闭合或断开时，往往出现电火花而把接触部分腐蚀成粗糙不平的小凸台或凹坑以至损坏。要将电火花腐蚀原理用于金属材料的尺寸加工，满足被加工零件的尺寸精度、表面粗糙度、生产率等要求，还必须创造一定的条件，解决下列问题。

① 必须有足够的火花放电强度，亦即有很大的电流密度，否则金属只是发热而不能熔化或气化。

② 火花放电的时间必须极短，必须是间歇性的(脉冲性的)瞬时放电。因为只有在很短的瞬时内产生大量的热能，才能使热量来不及传导扩散到其他部分，从而能局部地蚀除金属。每一脉冲延续时间一般应小于 0.001 s，否则，必然会使整个工件发热，表面“发糊”。这只能用于切割或电焊，无法用于尺寸加工。

③ 必须能把电火花加工之后的金属细小的切屑(电蚀产物)不断地从电极间隙中排除出去，否则，加工过程将无法持续正常进行。

以上这些问题最初是通过下列办法解决的：

第一，利用电容器周期性地缓慢充电，快速放电，把积蓄起来的电能在电极间瞬时放出，亦即把电流转换为脉冲电流(这样的装置称为脉冲发生器)；

第二，火花放电过程在不导电的液体(如煤油、机油等)中进行，以利于除去腐蚀下来的产物。

脉冲发生器是利用电容器来充电、放电的，把直流电转变为脉冲电流，电流和电能经过电阻逐渐充集存储在电容器上。电容器上的电压逐渐升高，当它升高到足以使工具电极和工件之间形成火花放电时，电容器上存储的绝大部分能量在电极间隙内瞬时放出，达到很高的电流密度，产生极高的温度（10 000 ℃以上），使工件局部表面熔化和气化，形成凹坑。电容器上的电能瞬时放完后，工具电极和工件间立即恢复绝缘状态，这时又经过电阻重新充电，如此循环不已。

在进行电火花加工时，工具电极接脉冲电源的一极，工件接另一极，两极间充满液体介质，放电间隙自动控制系统控制工具电极向工件移动。当两极间达到一定距离时，极间的液体介质被击穿，发生脉冲放电，工件被蚀出一个小坑穴，工具电极也会因放电而出现损耗。放电后的电蚀产物由液体介质排至放电间隙之外，同时经过短暂的间隔时间后，极间恢复绝缘，即消电离。然后再进行下一次脉冲放电，使工件又蚀出一个小坑穴。如此不断地进行放电蚀除，工具电极不断地向工件移动，维持适宜的放电间隙，在工件上就加工出与工具电极形状相似的型孔或型腔。如果使工具电极和工件进行各种形式的相对运动，则可实现电火花切割加工、共轭回转加工、磨削加工等工艺。

由于金属表面微凸起面此起彼伏地进行火花放电，整个表面将由无数小凹坑所组成，而工具电极的轮廓形状便复印在工件上。

13.2　电火花加工的特点与应用

1. 电火花加工的特点

① 脉冲放电的能量密度高，便于加工用普通的机械加工方法难以加工或无法加工的特殊材料和复杂形状的工件。

② 脉冲放电持续的时间极短，放电时产生的热量传导扩散范围小，材料被加工表面受热影响的范围小。

③ 加工时，工具电极与工件材料不接触，二者之间的宏观作用力极小，工具电极材料不需要比工件材料硬，因此工具电极容易制造。

④ 直接利用电能进行加工，便于实现加工过程的自动化，可减少机械加工工序，加工周期短，劳动强度低，使用维护方便。

2. 电火花加工的应用

目前，电火花加工技术已广泛用于航天、航空、电子、原子能、计算技术、仪器仪表、电机电器、精密机械、汽车拖拉机、轻工等行业和科学研究部门。

电火花加工的主要用途如下。

① 加工各种金属及其合金材料、特殊的热敏感材料、半导体和非导体材料。

② 加工各种复杂形状的型孔和型腔，包括圆孔、方孔、多边孔、异形孔、曲线孔、螺纹孔、微孔、深孔等型孔。可加工从数微米的孔、槽到数米的超大型模具和零件。

③ 切割各种工件与材料，包括切断材料、切断特殊结构零件、切割微细窄缝及微细窄缝组成的零件(如金属栅网、异形孔喷丝板、激光器件等)。

④ 加工各种成形刀、样板、工具、量具、螺纹等成形零件。

⑤ 磨削工件，包括磨削和成形磨削小孔、深孔、内圆、外圆、平面等。

⑥ 刻写、打印铭牌和标记。

⑦ 表面强化，如金属表面高速淬火、渗氮、涂覆特殊材料及合金化等。

⑧ 辅助用途，如去除折断在零件中的丝锥、钻头，修复磨损件，跑合齿轮啮合件等。

总之，电火花加工技术是正在发展中的新技术。它特有的功能，为各种新型材料的发展和应用开辟了新的途径，为各种工业产品的改革与制造提供了新的加工设备，为现代科学技术的发展和试验、设计水平的提高提供了有效的手段。

13.3 电火花加工装置的主要组成部分

为了使电火花加工过程能正常进行，其加工装置(见图 13-1)必须有下面三个基本组成部分。

① 脉冲发生器，即能源系统，供给电极工具和工件间隙火花放电的脉冲电能。

② 自动进给和调节系统，它的作用是实现随着电极工具和工件的蚀除而不断进行补偿进给，并使电极间隙保持为恒定值，防止短路和开路。

③ 工具电极和工件系统，包括工具电极、工件以及保证它们在电火花加工过程中相互间正确位置的机械部分，还包括电极间的工作液介质。

这三部分是相互紧密联系着的，它们对加工过程的生产率、加工精度和表面质量以及其他技术经济指标起着决定性的作用。

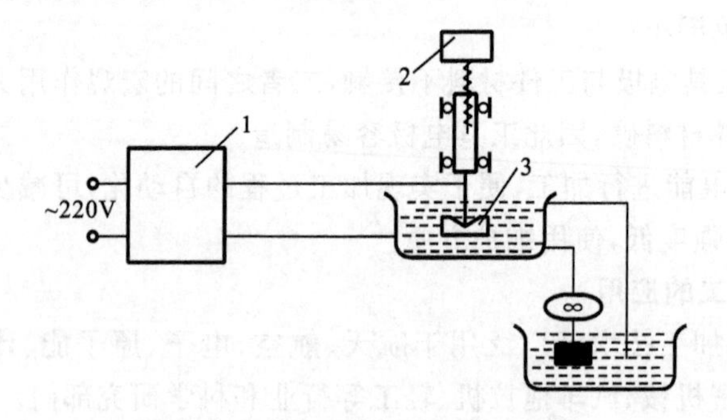

图 13-1　电火花加工装置的组成

1—脉冲发生器　2—自动进给调节系统　3—工具电极和工件系统

13.4　电火花加工的机理

火花放电时，电极表面金属材料是怎样被蚀除下来的呢？这一微观的物理过程大致分为以下四个连续的阶段：极间介质被电离、击穿，形成放电通道；介质热分解、电极材料熔化、气化热膨胀；电极材料抛出；极间介质消电离。从大量实验资料分析，每次电火花腐蚀的微观过程是电场力、磁力、热力、流体动力、电化学和胶体化学等综合作用的过程。

1. 极间介质放电通道的形成

当将脉冲电压施加于工具电极与工件之间时，两电极之间形成一个电场。电场的强度与电压成正比，与距离成反比，随着极间电压的升高或极间距离的减小，极间电场强度增大。由于工具电极和工件的微观表面是凸凹不平的，极间距离又很小，因此极间电场强度是很不均匀的，两极间离得最近的突出点或尖端处的电场强度一般最大，如图13-2所示。

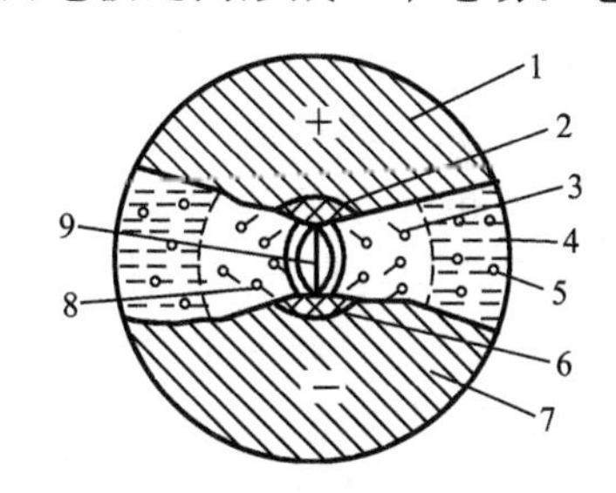

图13-2　放电过程中放电间隙状态示意图

1—阳极　2—从阳极上抛出金属的区域　3—熔化的金属微粒　4—工作液　5—在工作液中凝固的金属微粒　6—从阴极上抛出金属的区域　7—阴极　8—气泡　9—放电通道

液体介质中不可避免地含有杂质（如金属微粒、炭粒子、胶体粒子等），也有一些自由电子，使介质具有一定的电导率。在电场作用下，这些杂质将使极间电场更不均匀。当阴极表面某处的电场强度增加到10^5 V/mm左右时，就会产生场致电子发射，由阴极表面向阳极逸出电子。在电场的作用下电子高速向阳极运动，并撞击工作介质中的分子或中性原子，产生碰撞电离，形成带负电的粒子和带正电的粒子。由于带电粒子呈雪崩式增多，将介质击穿而电阻迅速降低，形成放电通道。从雪崩电离开始到建立放电通道的过程非常短暂，理论上只需10^{-7}～10^{-8} s，间隙电阻从绝缘状态迅速降低到几分之一欧，间隙电流迅速上升到最大值（几安到几百安）。由于通道直径很小，所以通道中电流密度可高达10^5～10^6 A/cm^2，间隙电压则由击穿电压迅速下降到火花维持电压（一般为20～30 V）。

放电通道中正、负带电粒子在相反方向高速运动相互碰撞，产生大量的热，使通道温度升高，但其分布是不均匀的，从通道中心向边缘逐渐降低，通道中心温度可高达10 000 ℃以上。电子流动形成的电流产生磁场，磁场又对电子流产生磁压缩效应，电子流动又同时受周围介质惯性动力压缩效应的作用，使通道瞬间扩展受到很大的阻力，所以放电开始阶段通道截面很小，而通道内由高温热膨胀形成的初始压力可达数十帕。高温高压的放电通道以及随后瞬时金属气化形成的气体急速扩展，产生一个强烈的冲击波向四周传播。在放电过程中，同时还伴随着一系列派生现象，其中有热效应、电磁效应、光效应、声效应，并会产生频率范围很宽的电磁辐射和爆炸冲击波等。

2. 介质气化分解

极间介质一旦被电离、击穿，形成放电通道后，在脉冲电压的作用下，电子和正离子分别高速朝阳极和阴极流动，在碰撞的过程中使通道内正极和负极表面成为瞬时热源，温度升到很高，通道高温将工作液介质气化，进而热裂分解气化，如煤油等碳氢化合物工作液，高温后裂解为氢气、乙炔、甲烷、乙烯和游离炭黑等；水基工作液则热分解为氢气、氧气甚至氢、氧原子等。高温也使金属材料熔化甚至沸腾气化。气化后的工作液和金属蒸气，瞬间体积猛增，在放电的间隙内形成气泡，迅速热膨胀，就像火药点燃后那样具有爆炸特性。电火花加工主要依靠热膨胀和局部微爆炸，使熔化、气化的电极材料被抛出、蚀除。

3. 电极材料抛出

通道和正、负极表面放电，瞬时高温使工作液气化和使金属材料熔化、气化，发生热膨胀而产生很高的瞬时压力。通道中心的压力最高，使气化了的气体体积不断向外膨胀，形成一个扩张的"气泡"。气泡上下、内外的瞬时压力并不相等，压力高处的熔融金属液体和蒸气就被排挤、抛出而进入工作液中。同时表面张力和内聚力的作用，使被抛出的材料具有最小的表面积，冷凝时凝聚成细小的圆球颗粒（直径为0.1～300 μm，随脉冲能量而异）。

实际上熔化和气化的金属在被抛离电极表面时，会向四处飞溅，除绝大部分被抛入工作液中收缩成小颗粒外，还有一小部分飞溅、镀覆、吸附在对面的电极表面上。这种互相飞溅、镀覆、吸附的现象，在某些条件下可以用来减少或补偿工具电极在加工过程中的损耗。

熔融材料被抛出后，在电极表面形成放电痕，熔化区未被抛出的材料冷凝后残留在电极表面，形成熔化层，在四周形成稍凸起的翻边。熔化层下面是热影响层，再往下是无变化的材料基体。

总之，电极材料的抛出是热爆炸力、电动力、流体动力等综合作用的结果。

4. 极间介质的消电离

随着脉冲电压的结束，脉冲电流也降为零，意味着一次脉冲放电结束。此后应有一段间隔时间，使间隙介质消电离，即放电通道中的带电粒子复合为中性粒子，恢复本次放电通道处间隙介质的绝缘强度，以及降低电极表面温度等，避免在同一处重复发生放电而导致电弧放电，从而保证在另外一处按电极相对最近或电阻率最小处形成放电通道。

在电火花加工过程中产生的电蚀产物（如金属微粒、炭粒子、气泡等）如果来不及排除、扩散出去，就会改变间隙介质的成分，降低绝缘强度，同时脉冲火花放电时产生的热量不能及时传出，带电粒子的自由能不易降低，这将大大减少带电粒子复合的概率，使消电离的过程不充分，会使放电通道始终集中在某一部位，易形成有害的电弧放电。此外,工作液局部高温分解后可能结炭,在该处聚成焦粒而在两极间形成搭桥,使加工无法进行,并烧伤电极和工件。

由此可见,为了保证电火花加工过程正常地进行,在两次脉冲放电之间一般要有足够的脉冲间隔时间,通常为 5～50 μs。

13.5　冲模的电火花加工

在冲模加工过程中,最主要的是冲头和凹模的加工。冲头可用机械加工如成形磨削的方法制造,而凹模用一般的机械加工方法是很难制造的。凹模加工劳动量大,质量不易保证,还会因淬火变形而报废。电火花加工可以很好地解决这些问题,而且还可以加工硬质合金冲模。对于复杂的凹模,可以不用镶拼结构,从而大大节约设计和制造工时,提高凹模的强度,故在冲模的凹模加工中,已普遍采用电火花加工工艺。

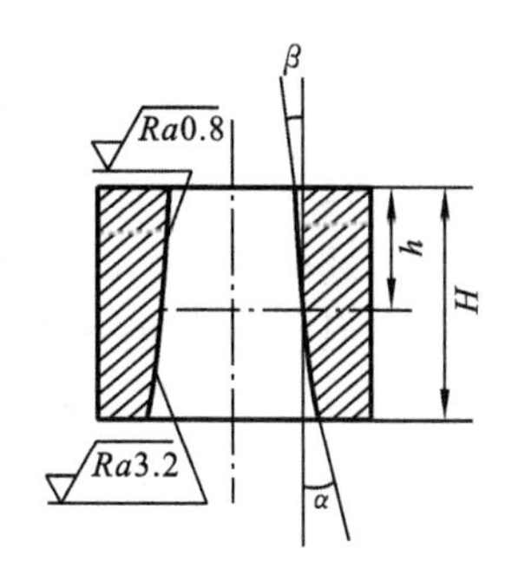

图 13-3　凹模

对一副凹模来说,主要的质量指标是尺寸精度,冲头与凹模的配合间隙 Δ',刃口高度 h,刃口斜度 β 和落料角 α,如图 13-3 所示。β 一般为 $5' \sim 10'$。

根据模具的使用要求,凹模的材料一般为 T10A、T8A、Cr12、GCr15 等,其中 Cr12 用得较多。

1. 冲模的电火花加工工艺方法

凹模的尺寸精度主要靠工具电极来保证,因此,对工具电极的尺寸精度和表面粗糙度都应有一定的要求。如果凹模的尺寸为 L_2,工具电极相应的尺寸为 L_1,单面火花间隙值为 δ,则

$$L_2 = L_1 + 2\delta$$

其中,δ 的值主要取决于电源参数与机床的精度,只要加工规准选择恰当,保证加工的稳定性,δ 的误差是很小的。因此,只要工具电极的尺寸精确,用它加工出的凹模也是比较精确的。

对于冲模,配合间隙 Δ' 是一个很重要的质量指标,它的大小与均匀性都直接影响冲片的质量及模具的寿命,在加工中必须予以保证。达到配合间隙的方法有很多,通常采用的有以下两种。

(1) 冲头修配法　这种方法是指把冲头和电极分别用机械加工方式制出,但冲头不加工到最后尺寸,留一定的余量,然后按电火花加工好后的凹模来修理冲头,径向可达到配合间隙的要求。这种方法的优点是电极材料的选择不受电极制造方法的限制,可以选用电蚀性能较好的材料(如紫铜、黄铜等)作为工具电极;配合间隙是靠修配的方法达到的,所以不同配合间隙的模具都可以加工出来。其缺点是:很难得到均匀的配合间隙,模具质量较差;研配劳动量大,生产率低;冲头和电极分开制造,工

时多,周期长,经济性差。因而冲头修配法只适合用于加工形状较简单或配合间隙较大的冲模。

(2) 直接配合法　把冲头和电极粘接或焊接在一起(或用同一材料),用成形磨削法同时磨出,用它作为工具电极加工凹模,配合间隙依靠调节电源参数、控制火花放电间隙来保证。这样,经电火花加工后的凹模就可以不经任何修正而直接与冲头配合。此即直接配合法。采用这种方法可以获得均匀的配合间隙,模具质量高;电极制造方便,钳工工作量少。但由于冲头和工具电极用同一个砂轮磨出,因而工具电极的材料只能采用铸铁或钢,而不能采用紫铜、黄铜等非铁金属(因为非铁金属磨削时易堵塞砂轮)。这样,对电火花机床的脉冲电源及自动调节和控制系统的要求就比较严格。这是因为"铸铁打钢"或"钢打钢"时工具电极和工件都是磁性材料,在直流电源的作用下具有磁性,电蚀下来的金属屑会被吸附在电极放电间隙的磁场中而形成不稳定的二次放电,使加工过程很不稳定。采用了具有附加高压击穿(高、低压复合回路)的脉冲电源后,情况有了很大改善。虽然调节电源参数可以改变火花放电间隙的大小,但它还是有一定范围的,过大或过小的配合间隙还是有困难的。当冲模的配合间隙很小、火花放电间隙不易保证时,可采用酸浸腐蚀已加工好的电极的方法,把电极均匀地蚀除一层,这样来保证所要求的配合间隙。随着电火花加工工艺的发展,脉冲电源、自动控制系统、机床及其主轴头等的性能愈来愈完善。目前,电火花加工冲模时的单边间隙可达 0.02 mm,甚至达到 0.01 mm。所以,对一般的冲模加工,采用控制火花间隙的方法可以保证冲模配合间隙的要求。直接配合法在生产中已得到广泛的应用。

刃口斜度角 β 是指刃口斜面与轴线的夹角,在电火花加工中主要是靠精规准加工时的"二次放电"形成的锥角来保证的。一般,锥角可达到 $10'$ 以内,目前可控制达到 $2'\sim4'$ 的锥角。而 β 角则为 $5'\sim10'$,基本上可以满足要求。

2. 冲模的电火花加工用工具电极

由于凹模的精度主要取决于工具电极的精度,因而对它有较为严格的要求。要求工具电极的尺寸精度不低于二级,各表面的平行度在 100 mm 长度上不大于 0.01 mm,表面粗糙度值 Ra 不大于 0.08 μm。

正如前述,生产中广泛采用了直接配合法加工冲模,为了使冲头和工具电极能用同一砂轮磨出,工具电极的材料只能选用铸铁和钢。从电蚀性能来看,铸铁比钢略好一些,铸铁电极加工时容易稳定,生产率高,成本低;钢电极则生产率较低,稳定性较差,易起弧。但钢电极也有它的优点:耗损较铸铁小;在同样电规准下,加工后的表面粗糙度值比铸铁加工的略小;电极和冲头可做成整体,简化了电极的加工过程;电极的强度比铸铁的好。因此,应根据具体情况来选择。

设计电极时工具电极与主轴连接后,其重心应位于主轴中心线上,这对于较重的电极尤为重要,否则附加的偏心矩易使电极轴线偏斜,影响模具的精度。应尽可能减轻电极重量,以利于提高加工过程的稳定性。一般是采用钻减轻孔的方法来减轻电极的重量。减轻孔(见图 13-4)不能开成通孔,通孔会影响工作液的强迫循环。

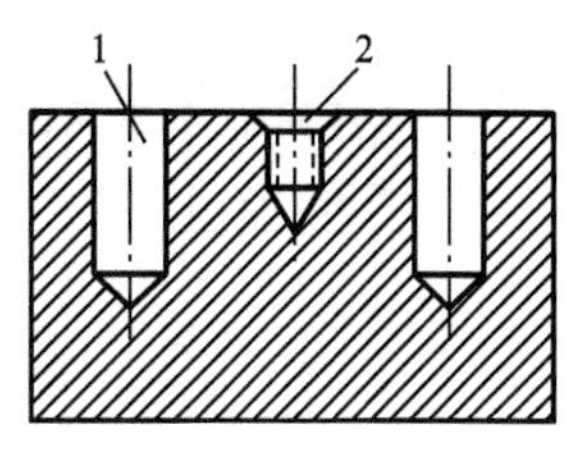

图 13-4 减轻孔

1—减轻孔 2—固定电极用孔

工具电极的长度 L 可用下面的公式进行计算:

$$L = KH$$

式中 H——凹模需电火花加工的厚度;

K——与电极材料、加工方法、型孔复杂程度等有关的系数。

铸铁、紫铜电极的耗损较小,黄铜则耗损较大。用铸铁作为电极时,对于落料模,K 取 2.5～3.5,对于复合模,K 取 3～4.5。型孔愈复杂,K 值应愈大。

若电极太长,则磨削加工困难,精度不易保证,故一般电极长度不应超过 90 mm,与凸模合在一起的总长度不应超过 120 mm。

3. 电规准的确定与转换

电参数配合得好不好,对工艺指标(如生产率、表面粗糙度、间隙等)影响很大,配合不好时甚至会使加工无法进行。目前生产中电参数的配合主要靠大量的工艺试验和长期的生产实践经验来确定。

由于冲模的尺寸精度要求高,配合间隙小,电火花加工的放电间隙也要求小,而且加工粗糙度要求高,放电规准都采用单个脉冲能量小、频率高的短脉冲加工。采用高频短脉冲加工时,相对来讲,也可分为粗、精两种规准,每一种又可以分好几挡来实现。粗规准的任务是蚀除大量的金属和留最小的余量给精加工。对粗规准的要求是:生产率高(不低于 150 mm^3/min),工具电极的损耗小,转换精规准之前的表面粗糙度值 Ra 不大于 6.3 μm(否则将增加精加工的加工余量与加工时间),加工过程要稳定。所以,粗规准主要采用较大的单个脉冲能量,较长的脉冲宽度,较低的频率。

精规准用来最终保证模具所要求的配合间隙、表面粗糙度、刃口斜度等质量指标,并在此前提下尽可能提高其生产率。精规准采用小的单个脉冲能量、高的频率、短的脉冲宽度。当采用晶体管高低压复合回路脉冲电源加工冲模、要求表面粗糙度值 Ra 达到 0.08 μm 以下的小间隙加工时,其工艺方法如下。

① 粗加工转入半精加工和精加工时,模具的单边留量为 0.4～0.5 mm。半精加工时电极的腐蚀高度为刃口高度的 1.5 倍,双边腐蚀量为 0.1 mm。

② 高压脉宽的规准为 5～10 μs,低压脉宽的规准为 10 μs,脉冲停歇时间在开始加工时可以长些,待加工稳定后逐渐缩小。同时配合冲油,在加工稳定情况下,可适当地加大冲油压力。

③ 当电极进给到腐蚀高度后,用脉宽为 2 μs 的 16 个晶体管加工,加工到刃口高度的 50%时再改换微精电路加工。此时火花间隙并接电容,电容量由 0.05 μF 转到 0.03 μF,只用高压回路,不用低压回路。高压脉宽由 10 μs 转到 6 μs。

其加工规准的转换列于表 13-1 中。

表 13-1 半精转精冷冲模具加工规准的转换

序 号	高压回路脉宽/μs	低压回路脉宽/μs	周期/μs	高压回路管子数	低压回路管子数	微精加工电容/μF	加工深度/mm
1	10	10	30～40	6	24	—	1.5H
2	10	2	20～30	6	16	—	0.5H
3	10	2	20～30	6	8	—	0.5H
4	10	—	20	6	—	0.05	0.5H
5	5	—	20	6	—	0.03	1.5H

注：H 为刃口高度。

使粗规准和精规准正确配合，可以适当地解决电火花加工时的质量和生产率之间的矛盾。

复习思考题

1. 试述电火花加工的特点和适用范围。
2. 试述电火花加工的机理。
3. 冲模电火花加工要点有哪些？

参考文献

[1] 吴海华,骆莉.工程实践(非机械类)[M].武汉:华中科技大学出版社,2004.

[2] 尹志华.工程实践教程[M].北京:机械工业出版社,2008.

[3] 骆莉,卢记军.机械制造工艺基础[M].武汉:华中科技大学出版社,2006.

[4] 张木青,于兆勤.机械制造工程训练教材[M].广州:华南理工大学出版社,2005.

[5] 严绍华.热加工工艺基础[M].北京:高等教育出版社,2004.

[6] 刘胜青,陈金水.工程训练[M].北京:高等教育出版社,2005.

[7] 周世权.工程实践(机械及近机械类)[M].2版.武汉:华中科技大学出版社,2005.

[8] 童幸生.材料成型及机械制造工艺基础[M].武汉:华中科技大学出版社,2002.

[9] 张巨香.机械制造基础实习(上册)[M].南京:南京大学出版社,2006.

[10] 邓文英.金属工艺学[M].5版.北京:高等教育出版社,2009.

[11] 刘谨.机械制造[M].北京:机械工业出版社,2008.

[12] 萧泽新.金工实习教材[M].广州:华南理工大学出版社,2005.

[13] 张学政,李家枢.金属工艺学实习教材[M].北京:高等教育出版社,2003.

[14] 郑红梅.工程训练[M].北京:机械工业出版社,2009.

[15] 刘新佳.工程材料[M].北京:化学工业出版社,2006.

[16] 王孝达.金属工艺学[M].4版.北京:高等教育出版社,2000.

[17] 王瑞芳.金工实习[M].北京:机械工业出版社,2008.